Schriftenreihe des Österreichischen Wasserwirtschaftsverbandes
Heft 48

SCHRIFTENREIHE DES
ÖSTERREICHISCHEN WASSERWIRTSCHAFTSVERBANDES

HEFT 48

# Wasserrechtliche Entscheidungen 1958 bis 1968

Zusammengestellt von

## Dr. Paul Grabmayr

Ministerialrat
im Bundesministerium für Land- und Forstwirtschaft

Wien

WIEN
SPRINGER-VERLAG
1969

Alle Rechte, insbesondere das der Übersetzung, vorbehalten.

© 1969 by Österr. Wasserwirtschaftsverband, A-1010 Wien I, An der Hülben 4

Softcover reprint of the hardcover 1st edition 1969

ISBN-13:978-3-211-80926-6     e-ISBN-13:978-3-7091-5492-2

DOI: 10.1007/978-3-7091-5492-2

Eigenverlag des Österr. Wasserwirtschaftsverbandes, Wien 1969

In Kommission bei Springer-Verlag, Wien—New York

Druck: Holzwarth & Berger, A-1010 Wien I, Börseplatz 6.

# Vorwort

*Die Sammlung wasserrechtlicher Entscheidungen wurde mit Heft 26/27 für den Zeitraum 1949—1952 begonnen, in Heft 36/37 für die Jahre 1953—1957 fortgesetzt, und nunmehr liegt die Zusammenstellung für die Jahre 1958—1968 vor. Sie umfaßt also einen Zeitraum von 10 Jahren und berücksichtigt vor allem die Spruchpraxis, welche sich auf die im Jahre 1959 erfolgte umfassende Novellierung des Wasserrechtsgesetzes bezieht.*

*Die Fülle des vorliegenden Materiales zwang dazu, nur die Entscheidungen des Verwaltungs-, Verfassungs- und Obersten Gerichtshofes in diese Zusammenstellung aufzunehmen und auf die Entscheidungen der Obersten Wasserrechtsbörde zu verzichten, obwohl in diesen immer wieder für die Praxis interessante Erläuterungen und Auslegungen zu finden sind.*

*Die fast unüberschaubare Fülle des Geschehens am und im Wasser, das Erkennen bisher nicht beachteter Zusammenhänge — vor allem die großräumige Wirksamkeit wasserwirtschaftlicher Maßnahmen — und die ständig steigenden Ansprüche, welche sowohl von der Bevölkerung als auch von der Wirtschaft an den Wasserkreislauf der Natur gestellt werden, machen es begreiflich, daß auch die Rechtsansichten über wasserwirtschaftliche Tatbestände einer gewissen Wandlung unterliegen. Aber auch die immer stärker werdende Forderung nach gesunden Umweltsbedingungen und nach Erhaltung der natürlichen Lebensvoraussetzungen hat die rechtliche Beurteilung mitbeeinflußt.*

*Diese Vielfalt der Zusammenhänge und die Wandelbarkeit der Ansichten sind aber auch die Ursache dafür, daß eine exakte und vollständige Erfassung aller Tatbestände im Gesetz praktisch ausgeschlossen ist. Gerade deshalb war die Spruchpraxis der Höchstgerichte in wasserrechtlichen Fragen immer schon von besonderer Bedeutung.*

*Die vorliegende Zusammenstellung wird über den engeren Fachkreis hinaus sicher auch bei Wirtschaft, Behörden und Gemeinden auf großes Interesse stoßen. Es ist dem Autor dafür sehr zu danken, daß er wieder die mühevolle Aufgabe der Erfassung und Sichtung der ergangenen Entscheidungen auf sich genommen hat. Der Dank gilt insbesondere auch Herrn Sektionsrat Dr. Robert W u r s t, dessen wertvolle Mitarbeit bei der Zusammenstellung ausdrücklich hervorgehoben werden soll.*

*Wien, im Mai 1969*

Dr. Roland B u c k s c h
Geschäftsführer des
Österr. Wasserwirtschaftsverbandes

# Abkürzungen

| | |
|---|---|
| a. a. O. | = am angeführten Ort (eines vorzitierten Schriftwerkes) |
| ABGB. | = Allgemeines bürgerliches Gesetzbuch |
| Abs. | = Absatz |
| AHG. | = Amtshaftungsgesetz |
| Anm. | = Anmerkung |
| Art. | = Artikel |
| AVG. | = Allgemeines Verwaltungsverfahrensgesetz 1950 |
| BGBl. | = Bundesgesetzblatt |
| BH. | = Bezirkshauptmannschaft |
| BM. f. B. u. T. | = Bundesministerium für Bauten und Technik |
| BM. f. L. u. F. | = Bundesministerium für Land- und Forstwirtschaft |
| BM. f. V. u. v. U. | = Bundesministerium für Verkehr und verstaatlichte Unternehmungen |
| BSVG. | = Binnenschiffahrts-Verwaltungsgesetz |
| BStG. | = Bundesstraßengesetz |
| B.-VG. | = Bundes-Verfassungsgesetz |
| Ev. Bl | = Evidenzblatt der Österr. Juristenzeitung |
| Erk. | = Erkenntnis |
| hg. | = hiergerichtlich |
| JBl. | = Juristische Blätter |
| JN. | = Jurisdiktionsnorm |
| LGBl. | = Landesgesetzblatt |
| LH. | = Landeshauptmann |
| lit. | = litera |
| LWG. | = Landeswassergesetz |
| Nr. | = Nummer |
| NSchG. | = Naturschutzgesetz |
| OGH. | = Oberster Gerichtshof |
| ÖJZ. | = Österreichische Juristenzeitung |
| OLG. | = Oberlandesgericht |
| RGBl. | = Reichsgesetzblatt |
| S. | = Seite |
| s. | = siehe |
| Slg. N. F. Nr. | = Sammlungsnummer (Neue Folge) der Erkenntnisse des Verfassungs- bzw. Verwaltungsgerichtshofes |
| StGG. | = Staatsgrundgesetz (1867) |
| SZ. | = Entscheidungen des Obersten Gerichtshofes in Zivil- und Justizverwaltungssachen, gesammelt von seinen Mitgliedern |
| VerfGH. | = Verfassungsgerichtshof |
| vgl. | = vergleiche |
| VStG. | = Allgemeines Verwaltungsstrafgesetz 1950 |
| VVG. | = Allgemeines Verwaltungsvollstreckungsgesetz 1950 |
| VwGG. | = Verwaltungsgerichtshofgesetz |
| VwGH. | = Verwaltungsgerichtshof |
| WBFG. | = Wasserbautenförderungsgesetz |
| wr. | = wasserrechtlich |
| WRG. | = Wasserrechtsgesetz |
| Z. | = Ziffer |
| Zl. | = Zahl |

# Nr. 1: zu §§ 2, 3 und 98 WRG.

OGH. 31. März 1965, SZ. XXXVIII 46:

**Der „besondere Privatrechtstitel" aus der Zeit vor 1870 des Abs. 2 muß auf die „Wasserwelle" abgestellt sein, also entweder sie oder sie und das Bett des Gewässers erfassen.**

„Was unter dem ‚besonderen Privatrechtstitel' zu verstehen ist, an dessen Nachweis die Privatgewässereigenschaft eines sonst als öffentlich geltenden Gewässers geknüpft ist (§ 2 Abs. 2 WRG. 1959), sofern er aus der Zeit vor 1870 stammt, war seit der Erlassung des Reichswassergesetzes vom 30. Mai 1869, RGBl. Nr. 93, und der auf seiner Grundlage erlassenen Landeswassergesetze (hier bedeutsam das Landesgesetz für Tirol vom 28. August 1870, LGBl. Nr. 64) umstritten (vgl. dazu z. B. die Darstellungen von Randa in: Das österreichische Wasserrecht S. 22, 28 und von Peyrer-Heimstätt Das österreichische Wasserrecht S. 130 ff.). Das WRG. 1934 hat immerhin insofern eine Klärung gebracht, als es ausdrücklich festlegte, daß das Eigentum an den Ufergrundstücken oder am Bett des Gewässers keinen solchen Privatrechtstitel bildet. Da unter den Begriff des ‚Gewässers' sowohl das Bett als auch die Wasserwelle fallen (vgl. dazu Deutschmann-Hartig zum WRG. 1934 Anm. 5 zu § 2, Hartig-Grabmayr zum WRG. 1959 Anm. 9 zu § 2, Krzizek, Komm. z. WRG. 1959 S. 11 f.), die Eigentumsverhältnisse daran aber verschieden sein können, insbes. das Bett eines öffentlichen Gewässers im Eigentum eines Privaten stehen kann (vgl. dazu auch SZ. XXXI 146 und SZ. XXXII 115), ergibt sich daraus, daß der Privatrechtstitel, auf den es nach § 2 Abs. 2 WRG. 1959 ankommt, auf die Wasserwelle abgestellt sein muß, also jedenfalls diese oder sie und das Bett des Gewässers erfassen muß (ähnlich Krzizek a. a. O. S. 20).

Was die Frage betrifft, ob der Kläger — außer der Universalsukzession nach seinem Vater — nur derivativen Erwerb des Eigentumsrechtes seines Vaters am See selbst nachzuweisen braucht oder auch originären Erwerb dessen Rechtsvorgängers, scheinen die Ausführungen Krzizeks a. a. O. dem Standpunkt des Berufungsgerichtes mehr zu entsprechen, denn dieser Autor macht praktisch keinen Unterschied zwischen originären und derivativen Titeln. Die Beklagten können demgegenüber auf die Ausführungen im Kommentar von Haager-Vanderhaag (zum WRG. 1934) verweisen (S. 90), daß im Fall von Kauf-, Tausch- oder Schenkungsverträgen die Berechtigung des Veräußerers durch eine originäre Erwerbsart erwiesen werden müsse. Bei der Prüfung dieses Problems erscheint jedenfalls die Vorschrift des Art. II Abs. 2 des Einführungsgesetzes zum WRG. 1869 von Bedeutung, die schon damals bestimmte, daß der Bestand und der Umfang solcher Rechte — gemeint waren laut Abs. 1 ‚die nach den früheren Gesetzen erworbenen Wasserbenützungs- oder sonstigen, auf Gewässer sich beziehenden Privatrechte' daher auch das Eigentumsrecht an einem Privatgewässer (vgl. Peyrer-Heimstätt a. a. O. S. 99) — nach den früheren Gesetzen zu beurteilen sei.

. . . Der OGH. pflichtet dem Berufungsgericht darin bei, daß aus den Einzelheiten des am 31. August 1869 zwischen der T-Actiengesellschaft und August G., dem Vater des Klägers, abgeschlossenen Kaufvertrages eindeutig hervorgeht, Kaufobjekt sei beim R.-See nicht etwa das Bett, sondern auch die Wasserwelle dieses Gewässers gewesen. Der im Vertrag enthaltene Hinweis, daß die im R.-See selbst, aber auch die im K.-See und im B.-See befindlichen Abflußsperreinrichtungen ‚selbstverständlich' mitverkauft würden, setzt dies außer Zweifel. Wie sehr es dem August G. auf den Erwerb des Wassers als solchen ankam, zeigt auch Pkt. 5 des Vertrages, in dem ihm vom Verkäufer noch ein anderes Wasserbezugsrecht für den Fall eingeräumt wurde, als ‚das von obigen Seen abgeleitete Wasser nicht mehr die nötige Triebkraft für  die vom Käufer . . . zu bauen beabsichtigte Quetsche und Glasschleiferei haben sollte' . . .

Daß Vertragsgegenstand auch das ausschließliche Verfügungsrecht über diese natürlichen Wasserreservoirs, u. zw. auch über das Wasser selbst sein sollte, ergibt sich durchaus logisch aus der Überlegung, daß N. einen Fabriksbetrieb erwerben wollte und sollte, zu dem die ständige und unter allen Umständen gesicherte Wasserversorgung offensichtlich Voraussetzung war.

Der ‚besondere Privatrechtstitel', abgestellt auf den Erwerb der Wasserwelle, ist also bis auf den Vertrag zwischen dem k. k. Montanaerar und Gustav N. zurück verfolgbar . . .

Der OGH. pflichtet daher zusammenfassend den Unterinstanzen darin bei, daß dem Kläger der Nachweis des im § 2 Abs. 2 WRG. geforderten ‚besonderen Privatrechtstitels' aus der Zeit vor 1870 gelungen ist.

Zur Entscheidung der Frage, ob ein Gewässer ein öffentliches oder ein privates Gewässer ist, sind im allgemeinen die Wasserrechtsbehörden, die Gerichte aber dann zuständig, wenn die private Eigenschaft des Gewässers auf Grund eines Privatrechtstitels behauptet wird (§ 98 Abs. 2 in Verbindung mit § 2 Abs. 2 WRG.). Die Beklagten haben sich zu ihrem Zwischenantrag auf Feststellung, der R.-See sei ein öffentliches Gewässer, als Replik auf den Zwischenfeststellungsantrag des Klägers, er sei ein Privatgewässer, veranlaßt gesehen. Daß die Unterinstanzen bei Stattgebung des Zwischenantrages des Klägers, den der Beklagten im Sinne einer Abweisung meritorisch erledigt haben, stellt demnach keinen Gerichtsfehler dar. Auf eine Prüfung der Frage, ob der See gemäß § 2 Abs. 1 lit. c WRG. öffentliches Gewässer ist, weil er nicht Privatgewässer im Sinne des § 3 Abs. 1, insbes. lit. d, WRG. ist, sind sie nicht eingegangen. Hiefür wären sie, da die Beantwortung ja nicht von einem Privatrechtstitel im Sinne des § 2 WRG. abhängt, auch nicht zuständig gewesen.

Es ist auch nicht undenkbar, daß das Recht, von einem an ein Privatgewässer grenzenden Grundstück aus in diesem Gewässer zu baden, dem Erfordernis einer Grunddienstbarkeit entsprechen könnte (vgl. dazu Klang II zu § 473 ABGB. unter 2; JBl. 1964 S. 607).

. . . Ob dem Kläger das Recht zusteht, die Parzellen der Seeanrainer, insbesondere jene der Beklagten, zu Inkassozwecken anläßlich des Badebetriebes zu betreten bzw. betreten zu lassen, ist für die Entscheidung im vorliegenden Prozeß ohne Bedeutung."

## Nr. 2: zu §§ 4, 5 und 9 WRG.

OGH. 26. November 1958, SZ. XXXI 355:

**Das Bett öffentlicher Gewässer kann im Privateigentum stehen. Wer Wasserwelle und Bett eines öffentlichen Gewässers über den Gemeingebrauch hinaus ohne wr. Bewilligung benützt, bedarf der Zustimmung des Grundeigentümers. Die wr. Bewilligung gibt auch das Recht zur unentgeltlichen Benutzung des Bettes.**

## Nr. 3: zu § 4 WRG.

OGH. 30. September 1959, SZ. XXXII 115:

**1. Hinsichtlich des Bettes eines öffentlichen Gewässers kann ein Privater als Eigentümer im Grundbuch eingetragen sein.**

**2. Daß dessen Privatrechtstitel auf die Zeit vor 1870 zurückgeht, wird jedoch hier im Gegensatz zu § 2 Abs. 2 WRG. nicht gefordert.**

**3. Bloß durch Austrocknung des Gewässers oder durch dessen Teilung in mehrere Arme entstandene Inseln oder überschwemmte Grundstücke lassen die Rechte des vorigen Eigentümers unverletzt, wie dies § 408 ABGB, der in seiner Wirksamkeit durch das WRG. nicht berührt wurde, ausdrücklich bestimmt.**

OGH. 22. März 1961, 5 Ob 93/61, ÖJZ. 1961, S. 390 f.:

Das öffentliche Gut steht im Eigentum einer Gebietskörperschaft, ist aber durch den Gemeingebrauch als eine Art öffentlich-rechtliche Dienstbarkeit beschränkt. Darunter ist ein Gebrauch zu verstehen, der der Widmung des Objektes entspricht und den gleichen Gebrauch durch alle anderen Berechtigten nicht dauernd einschränkt oder ausschließt.

## Nr. 5: zu § 4 WRG. und § 411 ABGB.

OGH. 28. September 1963, 6 Ob 225 u. 226/63, ÖJZ. Heft 8, EvBl. Nr. 139:

§ 411 ABGB. ist nur auf fließende Gewässer, nicht aber auf Teiche und Seen anzuwenden.

## Nr. 6: zu § 4 WRG. und § 410 ABGB.

OGH. 17. Jänner 1968, 5 Ob 2/68, ÖJZ 1968, S. 351 f:

Keine Anwendung der Vermutung des § 4 Abs. 1 Satz 2 WRG., wenn die angrenzenden Uferbesitzer schon vor dem 1. November 1934 nach § 410 ABGB. Eigentum an einer Parzelle erworben haben. — Die Aufnahme einer Liegenschaft in das Grundstücksverzeichnis II als öffentliches Gut hat keine konstitutive Wirkung; sie geschieht nur zu Evidenzzwecken.

„Was zunächst die Frage anlangt, welche Rechtswirkung der Aufnahme einer Liegenschaft in das Grundstücksverzeichnis II als öffentliches Gut zukommt, so bestimmt § 62 Grundbuchsverordnung, daß in der Geschäftsabteilung für Grundbuchssachen unter anderem das Verzeichnis der Grundstücke der Katastralgemeinde (Grundstücksverzeichnis I) und das Verzeichnis der Grundstücke, die im Grundbuch der Katastralgemeinde nicht eingetragen sind (Grundstücksverzeichnis II), zu führen sind. § 67 Grundbuchsverordnung legt fest, daß das Grundstücksverzeichnis II alle Grundstücke anzugeben hat, die in der Katastralgemeinde gelegen, aber nicht im Grundbuch eingetragen sind, und wie die Einteilung der Spalten zu erfolgen hat. Schon auf Grund der angeführten Bestimmungen ergibt sich, daß es sich bei den Grundstücksverzeichnissen um Behelfe der Geschäftsstelle handelt. Der Aufnahme einer Liegenschaft in das Grundstücksverzeichnis II als öffentliches Gut kommt, wie der OGH. in Übereinstimmung mit dem Schrifttum (Bartsch Grundbuchsgesetz S. 6; Haager-Vanderhaag Das neue österreichische Wasserrecht S. 112 Anm. 6) ausgesprochen hat (Notariatszeitung 1914 S. 20, Österr. Zentralblatt für die juristische Praxis 1916 Nr. 2), keine konstitutive Wirkung zu; die Aufnahme erfolgt lediglich zu Evidenzzwecken.

Eine Neuregelung der Rechtslage, betreffend das öffentliche Wassergut, erfolgte durch die Bestimmung des § 4 WRG. 1934. Nach der angeführten Gesetzesstelle sind wasserführende und verlassene Bette öffentlicher Gewässer, wenn die Republik Österreich als Eigentümer in den öffentlichen Büchern eingetragen ist, öffentliches Wassergut. Sie gelten aber bis zum Beweis des Gegenteils auch dann als dem Bunde gehöriges öffentliches Wassergut, wenn sie wegen ihrer Eigenschaft als öffentliches Gut in kein öffentliches Buch aufgenommen sind oder wenn in den öffentlichen Büchern ihre Eigenschaft als öffentliches Gut zwar ersichtlich gemacht, aber kein Eigentümer eingetragen ist. Der zweite Satz des § 4 Abs. 1 WRG. stellt für die wegen ihrer Eigenschaft als öffentliches Gut in kein öffentliches Buch aufgenommenen Grundstücke — nur dieser Fall kommt hier in Betracht — bis zum Beweis des Gegenteils die gesetzliche Vermutung für das Vorliegen eines öffentlichen Wassergutes auf (s. hiezu Haager-Vanderhaag a. a. O. S. 112 letzter Absatz, S. 113). Abs. 5 des § 4 WRG. ordnete an, daß durch Ersitzung das Eigentum oder ein anderes dingliches Recht am öffentlichen Wassergut nach dem Inkrafttreten dieses Gesetzes nicht mehr erworben werden kann. Das WRG. 1959 hat in seinem § 4 den Text des § 4 WRG. 1934 übernommen (Krzizek Kommentar zum WRG. S. 33).

Es war nun zu prüfen, ob auf die im Verzeichnis des öffentlichen Gutes und in der Mappe der Katastralgemeinde P. enthaltenen Grundstücke das WRG. 1934 Anwendung gefunden hat. Nach den Feststellungen der Vorinstanzen bestand einmal ein Werkskanal. Seit jeher, jedenfalls aber seit dem Jahr 1927, werden die Parzellen als Ackerland benützt und als Eigentum der sie umgebenden Flurstücke angesehen. Daraus ergibt sich, daß im vorliegenden Fall vor dem Wirksamwerden des WRG. 1934, welches am 1. November 1934 in Kraft trat, jedenfalls kein schiffbares öffentliches Gewässer vorlag. Das als Ackerland benützte verlassene Bett des Werkskanals fiel nach der vor dem Wirksamwerden des § 4 WRG. 1934 geltenden Bestimmung des § 410 ABGB. den angrenzenden Uferbesitzern zu (Krzizek a. a. O. S. 34; Manz'sche Große Ausgabe des ABGB. Anm. zu § 410 ABGB.; Klang II 280). Daraus folgt, daß die Rekurswerberin als Eigentümerin der die beiden Parzellen umgebenden Grundstücke nach § 410 ABGB. kraft Gesetzes Eigentum an dem ehemaligen Werkskanal erworben hat. Der Erwerb kraft Gesetzes trat dabei schon Jahre vor dem Inkrafttreten des WRG. 1934 ein."

## Nr. 7: zu § 4 WRG.

VwGH. 28. Jänner 1960, Slg. N. F. Nr. 5188/A:

**Dem Pächter einer öffentliches Wassergut bildenden Grundparzelle kommt nicht die Stellung eines „Beteiligten" im Sinne des § 4 Abs. 7 WRG. zu. Er ist daher auch nicht zur Stellung eines Antrages auf Ausscheidung der von ihm pachtweise genutzten Grundparzellen aus dem öffentlichen Wassergut berechtigt und kann demgemäß durch die im Instanzenzug erfolgte Abweisung seines Antrages in einem gesetzlich geschützten Recht nicht verletzt werden.**

„Der Beschwerdeführer hat im Wege des Amtes der Landesregierung einen auf § 4 Abs. 7 gestützen Antrag hinsichtlich einer öffentliches Wassergut bildenden Grundparzelle des A.-Sees gestellt und sich zu seiner Legitimation darauf berufen, daß er das bisher pachtweise genutzte Grundstück käuflich erwerben wolle.

Nun weist zwar der Ausdruck ‚Beteiligter' im § 4 Abs. 7 WRG. auf die Begriffsbildung des § 8 AVG. hin, so daß man ohne nähere Betrachtung zu dem Schluß gelangen könnte, es könne solche Anträge mit Verbindlichkeit für den Landeshauptmann auch jemand stellen, der keinen Rechtsanspruch auf Übertragung des Eigentums an der betreffenden Liegenschaft darzutun vermag. Aus Abs. 6 geht indes mit der notwendigen Klarheit hervor, daß unter den ‚Beteiligten' nur die an der Übertragung des Eigentums Beteiligten (d. s. der Bundesschatz einerseits und der Erwerber der Liegenschaft anderseits) zu verstehen sind und daß Abs. 7 nur mehr den Vorgang der in Abs. 6 für die Eigentumsübertragung geforderten vorausgehenden Ausscheidung aus dem öffentlichen Wassergute regelt.

Der Beschwerdeführer hat nicht dargetan, daß er einen Rechtstitel für den Erwerb der beanspruchten Liegenschaft besitze und aus einem solchen Rechtsgrunde die Ausscheidung der gegenständlichen Grundparzelle aus dem öffentlichen Wassergute beantrage. Damit ist aber offenbar geworden, daß er weder einen Rechtsanspruch noch ein rechtliches Interesse darauf besaß, daß die in erster Instanz angerufene Wasserrechtsbehörde seinem Antrag entspreche. Er konnte deshalb auch durch die abweisliche Entscheidung der im Rechtsmittelverfahren angerufenen belangten Behörde in keinem gesetzlich geschützten Rechte verletzt werden."

# Nr. 8: zu § 4 WRG.

VwGH. 24. November 1960, Slg. N. F. Nr. 5427/A:

Der Kaufwerber wird durch die Abweisung seines Antrages auf Ausscheidung der kaufgegenständlichen Liegenschaft aus dem öffentlichen Wassergut in keinem gesetzlich geschützten Recht verletzt; es steht ihm daher gegen den abweislichen Bescheid kein Beschwerderecht zu.

# Nr. 9: zu §§ 4 und 8 WRG.

VwGH. 28. September 1961, Slg. N. F. Nr. 5626/A:

Die Widmung einer Grundfläche als öffentliches Wassergut dient dem Zwecke, den Gemeingebrauch zu sichern und die Teilnehmer am Gemeingebrauch davor zu schützen, daß ihnen gegenüber die Verletzung eines Privatrechtes eingewendet und dadurch der Gemeingebrauch verhindert oder erschwert werde. Ein Anspruch auf Ausscheidung einer Grundfläche aus dem öffentlichen Wassergut kann daher nur gegeben sein, wenn diese Fläche für den Gemeingebrauch dauernd entbehrlich ist.

„Gemäß § 4 Abs. 7 WRG. hat der Landeshauptmann auf Antrag eines Beteiligten die Ausscheidung von Grundflächen aus dem öffentlichen Wassergute dann auszusprechen, wenn diese Flächen für den mit der Widmung als öffentliches Wassergut verbundenen Zweck dauernd entbehrlich erscheinen. Diese Bestimmung geht also davon aus, daß die Widmung als öffentliches Wassergut grundsätzlich bestimmten Zwecken zu dienen hat. Welche Zwecke dies sind, sagt das Gesetz nicht aus. Doch ergibt sich aus der Begriffsbezeichnung ‚öffentliches Wassergut‘, daß damit der Rechtsbegriff des ‚öffentlichen Gutes‘ im Sinne des § 287 ABGB. zu verstehen ist. Das öffentliche Wassergut steht nach der herrschenden Lehre (vgl. die einschlägigen Ausführungen im Kommentar zum ABGB. von Dr. Heinrich Klang) zwar in der Verfügungsmacht des Staates oder einer anderen Gebietskörperschaft. Diese Verfügungsmacht ist aber beschränkt durch den Gemeingebrauch im Sinne des § 287 ABGB., welcher Begriff in § 8 WRG. eine weitgehende Darstellung gefunden hat.

Die Widmung als öffentliches Wassergut dient mithin offenbar dem Zweck, den Gemeingebrauch zu sichern und die Teilnehmer am Gemeingebrauch davor zu schützen, daß ihnen gegenüber die Verletzung eines Privatrechtes eingewendet und dadurch der Gemeingebrauch verhindert oder erschwert werde.

Der belangten Behörde kann nicht gefolgt werden, wenn sie die Ansicht vertritt, daß der Widmungszweck solcher Grundstücke im Dienst als Bett und Ufer des Gewässers zu finden sei. Sie übersieht dabei, daß sich eine Widmung solcher Art allein aus den in der Natur oder künstlich geschaffenen Verhältnissen ergibt und so lange keine Abänderung erfahren kann, als diese Verhältnisse unverändert fortbestehen, so daß die Eigentumsverhältnisse — öffentliches oder privates Eigentum — für die Widmung in diesem Sinn überhaupt nicht bedeutungsvoll sein können. Der Gesetzgeber hat die Widmung als öffentliches Wassergut in § 4 Abs. 1 WRG. außerdem keineswegs darauf abgestellt, ob Bett und Ufergrundstücke eine derart dienende Rolle tatsächlich innehaben. Es gelten danach ja auch verlassene Bette öffentlicher Gewässer, die nicht mehr der Wasserhaltung oder -führung dienen, neben den wasserführenden Betten unterschiedslos weiterhin als öffentliches Wassergut.

Zur weiteren Klarstellung sei im übrigen noch darauf hingewiesen, daß es für die Frage der Sicherung oder zweckmäßigen Gestaltung der Uferverhältnisse gänzlich belanglos sein muß, ob die betreffenden Grundflächen im Eigentum einer Gebietskörperschaft oder in dem anderer Personen stehen. In beiden Fällen besteht

die gleichmäßige Bindung an die Bestimmungen des WRG., welche willkürliche
Eingriffe in der Ufergestaltung wirkungsvoll unterbinden (vgl. hiezu u. a. § 38
WRG. 1959). Geht man von diesen Erwägungen aus, so ergibt sich, daß ein Anspruch auf Ausscheiden einer Fläche aus dem öffentlichen Wassergut nur dann
gegeben sein kann, wenn diese Fläche für den Gemeingebrauch dauernd entbehrlich ist, sei es, weil ein solcher nicht mehr ernstlich in Betracht kommt (so bei einem
verlassenen Wasserbett oder einem weitgehend versumpften Uferbereich), sei es,
daß ein höherwertiges Interesse der Allgemeinheit die Aufgabe des Gemeingebrauches rechtfertigt. Auf die letztgenannte Möglichkeit weist die Bestimmung
des § 4 Abs. 10 WRG. hin, wonach bei Erteilung einer Bewilligung nach § 38 die
hiefür zuständige Wasserrechtsbehörde aussprechen kann, daß die Bewilligung (des
Vorhabens) die Ausscheidung aus dem öffentlichen Wassergut in sich schließt.
Fälle dieser Art ergeben sich z. B. bei der Errichtung von Eisenbahn- und Straßen-
brücken oder von Trägern der Hochspannungsleitungen. In allen anderen Fällen
kann bei Grundflächen, die als Wasserbett eines öffentlichen Gewässers dienen,
grundsätzlich nicht gesagt werden, daß sie für den Gemeingebrauch dauernd entbehrlich sind, weil das Vorhandensein einer Wasserwelle die Möglichkeit des Gemeingebrauches gibt. Dies schließt freilich nicht aus, daß für solche Flächen die
Bewilligung für Einbauten, etwa für Landestege, Bootshütten und dergleichen erteilt wird, selbst wenn hiedurch der Gemeingebrauch, wenn schon nicht überhaupt
ausgeschlossen, so doch zumindest weitgehend eingeschränkt wird, weil durch eine
solche Bewilligung die in Betracht kommende Grundfläche dem Gemeingebrauch
nicht auf Dauer, also auf unabsehbare Zeit, entzogen wird.

Im vorliegenden Falle haben die Beschwerdeführer nicht behauptet, daß an
der in Betracht kommenden Grundfläche, welche zur Zeit noch die Wasserwelle
trägt, kein Gemeingebrauch möglich sei oder daß ein anderes als ein rein privates
Interesse die Aufhebung des Gemeingebrauches auf immerwährende Zeiten rechtfertigt. Die Abweisung des Antrages ist daher nicht rechtswidrig. Wenn die Beschwerdeführer in diesem Zusammenhang vorbringen, daß es sich bei diesem
Grundstück nur um eine 7 m² große Fläche handle, die bei der Gesamtfläche des
Sees nur unbedeutend sei, so ist ihnen entgegenzuhalten, daß mit dieser Begründung
auch von jedem anderen und an jeder anderen Stelle des Sees ein Anspruch auf
Ausscheiden einer kleinen Grundfläche aus dem öffentlichen Wassergut erhoben
werden könnte, welche Flächen in ihrer Gesamtheit sodann sehr wohl für den
Gemeingebrauch von Bedeutung wären."

## Nr. 10: zu §§ 4 und 121 WRG.

VwGH. 6. Februar 1964, Zl. 839/63:

**Unter der Verwaltung der zum öffentlichen Wassergut gehörenden Grund-
stücke muß auch die Sicherung des Wassergutes gegen fremden Zugriff verstanden
werden.**

„Die Beschwerdeführerin hat nicht bestritten, daß die von ihr errichtete und
an den Badesteg angefügte Liegeplatte durch die erteilte wr. Bewilligung nicht
umfaßt worden war. Daß sie durch diese Überschreitung des zugestandenen Ein-
griffes in das öffentliche Wassergut in das Recht der Verwaltung dieses Wassergutes eingegriffen hat, darüber nicht willkürlich verfügen zu lassen, ist selbstverständlich. Ebenso selbstverständlich ist es, daß die konsenslose Errichtung einer
Badeplatte über mehr als 10 m² Seeraum und die Anlage einer Stiege hiezu auch
nicht mehr als geringfügig zu wertende Abweichung vom Projekt verstanden werden kann. Das Nichteinverständnis des Landeshauptmannes zu diesen Projekts-
überschreitungen mußte deshalb für die belangte Behörde zwingend als Hindernis
für eine nachträgliche Genehmigung im Sinne des § 121 Abs. 1 WRG. gelten."

# Nr. 11: zu § 4 WRG. und § 409 ABGB.

VwGH. 24. Juni 1965, Zl. 8/65:

**Entschädigungsansprüche nach § 409 ABGB. sind öffentlich-rechtlicher Natur und unterliegen nicht der Verjährung.**

„Gemäß § 4 Abs. 7 WRG. ist der Landeshauptmann u. a. zur Entscheidung über Entschädigungsansprüche berufen, die auf § 409 ABGB. gegründet werden. Letztere Gesetzesstelle wiederum besagt, daß dann, wenn ein Gewässer sein Bett verläßt, vor allem die Grundbesitzer, welche durch den neuen Lauf des Gewässers Schaden leiden, das Recht haben, aus dem verlassenen Bett oder dessen Wert entschädigt zu werden. Sofern der Beschwerdeführer die Auffassung vertritt, daß der Anspruch nach § 409 ABGB. nicht verjähren könne, ist ihm insoweit beizupflichten, als es sich hiebei seit dem Wirksamwerden des WRG. 1934 um einen nach diesem Gesetze bei einer Verwaltungsbehörde durchzusetzenden und damit öffentlich-rechtlich geordneten Anspruch handelt. Denn solche Ansprüche sind nach der ständigen Judikatur des VwGH. einer Verjährung nur dann zugänglich, wenn dies in dem betreffenden Gesetze ausdrücklich bestimmt ist. Eine Verjährung der nach dem WRG. durchzusetzenden Entschädigungsansprüche ist aber nicht vorgesehen.“

# Nr. 12: zu § 4 WRG. und § 409 ABGB.

VwGH. 2. Juni 1966, Zl. 187/66:

**1. Bei einem Verfahren nach § 409 ABGB. handelt es sich um ein Zweiparteienverfahren, bei dem aber nicht der Landeshauptmann als Verwalter des öffentlichen Wassergutes als Vertreter dieses auftreten kann, sondern nur der Vertreter des Bundes.**

**2. Die Bediensteten eines Vermessungsamtes sind kraft ihrer Zugehörigkeit zu einer Dienststelle des Bundes auch für die Wasserrechtsbehörde amtliche Sachverständige.**

„Die nach § 409 ABGB. erhobene Forderung kann bescheidmäßig nur durch den Ausspruch beantwortet werden, daß der Inhaber des öffentlichen Wassergutes verpflichtet sei, an den Anspruchsberechtigten eine bestimmte Leistung zu erbringen bzw. daß dem gestellten Begehren (ganz oder teilweise) keine Folge gegeben werde. Dadurch, daß der Landeshauptmann im § 4 Abs. 7 WRG. berufen wurde, eine derartige behördliche Entscheidung zu treffen, wurde vom Gesetzgeber klar zum Ausdruck gebracht, daß in diesen Fällen dem Anspruchswerber als notwendige Gegenpartei der Bund gegenübertrete, der ja nach Abs. 1 derselben Gesetzesstelle grundsätzlich als Eigentümer des öffentlichen Wassergutes vorgesehen ist. Daß dem Landeshauptmann außer der Zuständigkeit zu Entscheidungen im Sinne des § 409 ABGB. auch die Verwaltung der zum öffentlichen Wassergut gehörenden Grundstücke überantwortet ist, verschafft ihm keineswegs beide Rollen eines solchen Verfahrens, weil der Begriff der Verwaltung regelmäßig nicht auch die Befugnis der Veräußerung oder Belastung des verwalteten Gutes umfaßt. Darauf weist auch § 4 Abs. 6 hin, der davon handelt, daß für die Übertragung des Eigentums an den zum öffentlichen Wassergute gehörenden Liegenschaften nicht nur die Ausscheidung aus dem öffentlichen Wassergut erforderlich ist, sondern daß auch die für die Veräußerung oder Belastung von unbeweglichem Bundeseigentum geltenden (im WRG. nicht enthaltenen) Vorschriften zu beachten sind. Diese Kon-

sequenz ergibt sich überdies aus der Überlegung, daß der vom Landeshauptmann
im Sinne des § 409 ABGB. zu erlassende Bescheid bei Stattgebung des erhobenen
Anspruches eine vollstreckbare Verpflichtung aussprechen und diese Verpflichtung
denjenigen treffen muß, dem das Eigentum an dem betreffenden öffentlichen
Wassergut zukommt. Folgerichtig ergibt sich aus dieser Situation, daß der Eigentümer des öffentlichen Wassergutes im Verfahren Parteistellung genießt und
Gelegenheit haben muß, zu dem erhobenen Anspruch Stellung zu nehmen. Es ist
also nicht so, wie dies die belangte Behörde anzunehmen scheint, daß sich ein
solches Verfahren nur zwischen der Wasserrechtsbehörde und dem Anspruchswerber
abzuwickeln hat. Es muß vielmehr die zu verpflichtende Partei — der Bund — in
das Verfahren eingeschaltet werden. Diese Partei wird auch Gelegenheit finden
müssen, den Fall gründlich zu bereinigen, um damit zu vermeiden, daß sie im
Streitverfahren allenfalls unterliegt und unter Umständen als ‚Sachfällige' mit
einem Kostenersatzanspruch des Gegners im Sinne des § 123 Abs. 2 WRG. zusätzlich konfrontiert wird."


# Nr. 13: zu §§ 5, 9, 19, 26 und 138 WRG.

OGH. 25. Oktober 1961, SZ. XXXIV 156:

**Zulässigkeit der negatorischen Klage des Eigentümers einer mit einem Was-
serbezugsrecht belasteten Liegenschaft gegen den Dritten, dem der Servituts-
berechtigte unbefugt ein Unterbezugsrecht eingeräumt hat.**


# Nr. 14: zu §§ 5 und 12 WRG.

VwGH. 25. Oktober 1962, Zl. 1451/61:

**Beschränkte Nutzungsbefugnis bei Miteigentum.**

„Nach dem vorliegenden Projekt beabsichtigt die Gemeinde, eine Quelle für
eine Wasserversorgungsanlage zu nutzen, bezüglich welcher ihr, zufolge ihres an
der betreffenden Grundparzelle nur zu einem Drittel bestehenden Grundeigentums, das uneingeschränkte Verfügungsrecht nicht zukommt. Sie kann daher im
Falle des Widerspruches der Miteigentümer gegen die von ihr geplante Art der
Quellnutzung (Ableitung eines Drittels der auf dem gemeinsamen Grundstück entspringenden und gefaßten Quelle aus diesem Grundstück) im Sinne der Vorschrift
des § 828 ABGB. die geplante Wasserbenützung nicht vornehmen, ohne die Rechte
der Miteigentümer zu verletzen. Da sie dabei zwangsläufig nicht nur die allenfalls an sich einwandfrei teilbare, jeweils zur Verfügung stehende Wassermenge,
sondern auch die auf dem gemeinsamen Grund und Boden befindliche Wasser-
fassungsanlage — ganz abgesehen von dem für die Fortleitung benötigten Grundteil — beanspruchen muß, kann nämlich nicht davon gesprochen werden, daß
die Rechtsstellung der Beschwerdeführer durch die beabsichtigte Maßnahme nicht
beeinträchtigt werde.

Unter diesen Umständen hatte die belangte Behörde die zwingenden Vorschriften des § 12 Abs. 1 und 2 WRG. zu beachten und sowohl auf die den Beschwerdeführern nach § 5 Abs. 2 zukommende Nutzungsbefugnis wie auch auf
das ihnen zukommende Grundeigentum Bedacht zu nehmen. Sie durfte daher das
Projekt der Gemeinde, soweit es sich auf die gegenständliche Quelle bezog, mangels einer gütlichen Übereinkunft zwischen den Parteien als Miteigentümerin nicht
bewilligen."

14

# Nr. 15: zu §§ 5 und 102 WRG.

VwGH. 12. September 1963, Slg. N. F. Nr. 6087/A:

**Die Bestimmung des § 102 Abs. 2, wonach derjenige, der die Stellung als Partei auf Grund eines Wasserbenutzungsrechtes beansprucht, bei sonstigem Verlust dieses Anspruches eine Eintragung im Wasserbuch darzutun oder den Nachweis zu erbringen hat, daß ein entsprechender Antrag an die Wasserrechtsbehörde gestellt wurde, bezieht sich nicht auf Nutzungsbefugnisse im Sinne des § 5 Abs. 2.**

„Die Beschwerdeführer sind zu der wr. Verhandlung in ihrer Eigenschaft als Eigentümer benachbarter Liegenschaften geladen worden. Es steht ihnen daher das Recht zur Benutzung des in ihren Grundstücken enthaltenen unterirdischen Wassers (Grundwassers) zu. Da durch eine Einrichtung, die der Entnahme von Grundwasser und der Beseitigung von Manipulations- und Niederschlagswässern dient, die Nutzungsbefugnisse der Beschwerdeführer beeinträchtigt werden können, kann die Parteistellung der Beschwerdeführer in dem abgewickelten Verwaltungsverfahren nicht zweifelhaft sein. Ob eine Beeinträchtigung tatsächlich stattfindet, ist Gegenstand des Verfahrens, berührt jedoch nicht die Parteieigenschaft der Beschwerdeführer. Unzutreffend ist auch die von der belangten Behörde gleichfalls in ihrer Gegenschrift vertretene Rechtsansicht, daß den Beschwerdeführern schon deswegen keine Parteistellung zukomme, weil sie bei der mündlichen Verhandlung die Eintragung ihrer Rechte im Wasserbuch nicht dargetan haben. Diese Ansicht gründet die belangte Behörde offensichtlich auf die Bestimmung des § 102 Abs. 2, wonach derjenige, der die Stellung als Partei auf Grund eines Wasserbenutzungsrechtes beansprucht, bei sonstigem Verlust dieses Anspruches seine Eintragung im Wasserbuch darzutun oder den Nachweis zu erbringen hat, daß ein entsprechender Antrag an die Wasserbuchbehörde gestellt wurde. Die belangte Behörde übersieht dabei, daß sich diese Bestimmung nur auf W a s s e r n u t z u n g s r e c h t e , nicht aber auf N u t z u n g s b e f u g n i s s e (im Sinne des § 5 Abs. 2) bezieht, die der Eintragung in das Wasserbuch weder fähig noch bedürftig sind.“

# Nr. 16: zu § 6 WRG.

VwGH. 24. April 1958, Slg. N. F. Nr. 4647/A:

**Die bloße Ausnützung der tragenden Kraft des Wassers zum Befahren einer bestimmten Gewässerstrecke mit Ruderbooten ist an keine besondere wr. Bewilligung gebunden.**

# Nr. 17: zu §§ 5, 6, 8, 12, 102 und 117 WRG.

VwGH. 9. Juli 1959, Slg. N. F. Nr. 5028/A:

**Der Fährbetrieb zählt sowohl nach § 6 WRG. als auch nach den Bestimmungen des Binnenschiffahrtsverwaltungsgesetzes begrifflich zur Schiffahrt.**

„Sicherlich ist das Recht zur Benützung öffentlicher Gewässer für den Betrieb von Überfuhren — abgesehen von seiner näheren Regelung durch Sondervorschriften — dem Begriffe des ‚Gemeingebrauches‘ im Sinne des § 5 Abs. 1 erster Satz WRG. als jener Bestimmung der Wasserrechtsgesetzgebung zuzuordnen, welche gegenüber den speziellen nachfolgenden Vorschriften der §§ 6 und 8 als übergeordnete, generelle Norm anzusehen ist (vgl. hiezu die einschlägigen Ausführungen zu § 6 WRG. im Kommentar zum WRG. von Dr. Karl Haager-Vanderhag). Kann aber der Gemeingebrauch laut § 12 Abs. 2 — wenngleich dort nur auf die im WRG. (§ 8) besonders geregelten Formen des Gemeingebrauches verwiesen wird — grundsätzlich nicht zu den durch das WRG. geschützten fremden Rechten gerechnet werden, dann können die Wasserrechtsbehörden nicht berufen sein, die durch ein Wasserbauprojekt bedingte Beeinträchtigung eines Überfuhrbetriebes gemäß § 12 Abs. 2 als Verletzung fremder Rechte wahrzunehmen, allenfalls die Berechtigung zum Betrieb im Sinne des § 12 Abs. 3 durch Zwangsrechte zu beseitigen oder zu beschränken und hiefür Entschädigungen zu bestimmen. Auf diese Rechtslage weist auch § 102 Abs. 3 und 4 WRG. hin, nach welcher Gesetzesstelle den ‚Interessenten am Gemeingebrauch' im Verfahren nur das Recht zukommt, ihre Interessen darzulegen, nicht aber das — den Parteien vorbehaltene — Recht zur Erhebung von Einwendungen (vgl. hiezu auch das Erkenntnis des VwGH. vom 18. Jänner 1916, Slg. Nr. 11.212, über den rechtlichen Charakter des Gemeingebrauches). Daß aber die nach der Sondervorschrift des BSVG., BGBl. Nr. 550/1935, für den Überfuhrbetrieb erteilte Bewilligung (§ 3 des Gesetzes) keines der im § 12 WRG. erfaßten Rechte darstellt, bedarf keiner besonderen Begründung.“

## Nr. 18: zu §§ 6, 5 und 8 WRG.

VerfGH. 15. Dezember 1962, V 13/12, Slg. N. F. Nr. 4330;
VwGH. 17. Jänner 1963, Zl. 124/62:

**§ 6 Abs. 1 trifft keine inhaltliche Regel der Benutzung der tragenden Kraft des Wassers, sondern nimmt die mit der Benützung der Gewässer zur Schiff- und Floßfahrt zusammenhängenden Fragen aus dem Bereich des WRG. grundsätzlich heraus. Das schließt nicht aus, daß einzelne Bestimmungen des WRG. zufolge ihres Wortlautes und ihrer Zielsetzung Belange der Schiff- und Floßfahrt miterfassen, z. B. in der Frage der Gewässerreinhaltung. Diesen Bestimmungen kommt aber nur die Bedeutung von Spezialbestimmungen zu, die Ausnahmen vom allgemeinen Grundsatz verfügen.**

„Nach dem Wortlaut des § 8 Abs. 4 WRG. können auf Grund dieser Gesetzesstelle nur wasserpolizeiliche Anordnungen über die Ausübung des Gemeingebrauches erlassen werden. Dabei ist unter ‚Gemeingebrauch' zufolge des Zusammenhanges der Absätze des § 8 jener Gemeingebrauch zu verstehen, der in den Absätzen 1 bis 3 des § 8 geregelt ist. Da das Gewässer, dessen Befahren durch die angefochtene Verordnungsbestimmung verboten wird, ein öffentliches Gewässer ist, kommt hinsichtlich des Umfanges des Gemeingebrauches, dessen Ausübung auf Grund des § 8 Abs. 4 geregelt werden darf, nur der Gemeingebrauch an öffentlichen Gewässern in Betracht, der in § 8 Abs. 1 gesetzlich umschrieben wird. Hinsichtlich der Benutzung der tragenden Kraft des Wassers enthält § 8 Abs. 1 keine gesetzliche Regelung. Auch in einer anderen Bestimmung des WRG. findet sich keine inhaltliche Regelung der Benutzung der tragenden Kraft des Wassers. § 5 Abs. 1 spricht nämlich zwar grundsätzlich aus, daß die Benutzung der öffentlichen Gewässer jedermann gestattet ist, läßt diese Benutzung aber nur ‚innerhalb der durch die Gesetze gezogenen Schranken' zu. Erst aus diesen ergibt sich dann im Zusammenhang mit der in § 5 Abs. 1 normierten grundsätzlichen Benutzungsfreiheit der Inhalt des Gemeingebrauches an öffentlichen Gewässern. § 6 Absatz 1 ordnet nun hinsichtlich der Benützung der Gewässer zur Schiff- und Floßfahrt an, daß hiefür die jeweils bestehenden besonderen Bestimmungen gelten. Diese Gesetzesstelle trifft sohin gleichfalls keine inhaltliche Regelung der Benutzung der tragenden Kraft des Wassers, sondern verweist nur auf andere gesetzliche Vorschriften. Es kann nun dahingestellt bleiben, ob die Umschreibung des Gemeingebrauches durch § 8 Abs. 1 eine erschöpfende ist oder nicht, denn jeden-

falls ordnet § 6 Abs. 1 an, daß für die Benutzung der Gewässer zur Schiff-
und Floßfahrt die jeweils hiefür bestehenden besonderen Bestimmungen gelten.
Damit hat der Gesetzgeber die mit der Benutzung der Gewässer zur Schiff- und
Floßfahrt zusammenhängenden Fragen jedenfalls aus dem Bereich der durch das
WRG. getroffenen Regelungen derart herausgenommen, daß die wr. Vorschriften
dieses Gesetzes grundsätzlich nicht für die Benutzung der Gewässer zur Schiff-
und Floßfahrt gelten. Dafür spricht auch, daß nach § 6 Abs. 2 die Errichtung
von Überfuhren unbeschadet einer sonst erforderlichen Genehmigung ‚auch‘ der
wr. Bewilligung bedarf, insofern es sich um Anlagen der im § 38 bezeichneten Art
handelt. Ferner spricht dafür, daß, wie das BM. f. L. u. F. in seiner Äußerung
dargetan hat, noch die im letzten Entwurf der Regierungsvorlage für die Wasserrechtsnovelle 1959 enthaltene Fassung des § 8 Abs. 4 vorgesehen hatte, daß die
Wasserrechtsbehörde über die Ausübung des Gemeingebrauches ‚einschließlich der
Benutzung der Gewässer durch Wasserfahrzeuge, soweit nicht die Bestimmungen
des § 6 zur Anwendung kommen‘ wasserpolizeiliche Anordnungen treffen kann,
daß dies in den Erläuternden Bemerkungen damit begründet wurde, daß durch
die Neufassung klargestellt werden sollte, ‚daß auch das Fahren mit Motorbooten
eingeschränkt werden kann, wenn es z. B. zum Schutz der Ufer, von Badenden,
der Fischerei oder des Fremdenverkehrs (Lärmschutz) notwendig wird‘, daß aber
die vorgeschlagene Neuregelung dann weder in die endgültige Regierungsvorlage
für die Wasserrechtsnovelle 1959 noch auch in den Gesetzesbeschluß des Nationalrates aufgenommen wurde. Daraus ergibt sich, daß die Benutzung der tragenden
Kraft des Wassers zur Schiff- und Floßfahrt nicht zum Gemeingebrauch im Sinne
des § 8 Abs. 1 gehört, sondern einen Gemeingebrauch darstellt, der in besonderen
Bestimmungen im Sinne des § 6 Abs. 1 geregelt ist. Das schließt freilich nicht aus,
daß durch einzelne Regelungen des WRG. zufolge ihres Wortlautes und ihrer
Zielsetzung Belange der Schiff- und Floßfahrt miterfaßt werden (z. B. der Frage
der Reinhaltung der Gewässer, §§ 30 ff. WRG. 1959). Diesen Bestimmungen
kommt aber dann nur die Bedeutung von Spezialbestimmungen zu, die Ausnahmen
vom allgemeinen Grundsatz verfügen. Aus der durch die angefochtene Verordnungsstelle getroffenen Regelung läßt sich jedoch nicht erkennen, daß sie in Ausführung einer solchen Spezialbestimmung ergangen wäre. Dagegen spricht vor
allem auch, daß sich die angefochtene Verordnungsstelle gar nicht auf eine solche
Spezialbestimmung, sondern lediglich auf § 8 Abs. 4 beruft und daß auch der
Landeshauptmann in seiner Gegenschrift nichts in dieser Richtung dargetan hat.
Bei dieser Sachlage muß angenommen werden, daß es sich bei der angefochtenen
Verordnungsbestimmung um eine solche handelt, die gerade lediglich eine Frage
der Benutzung eines öffentlichen Gewässers zur Schiffahrt betrifft, ohne daß
andere Belange mit eine Rolle spielen.“

# Nr. 19: zu § 8 WRG.

VwGH. 10. Dezember 1959, Zl. 446/58:

**Kein subjektiv-öffentlicher Rechtsanspruch auf ungestörte Erhaltung des
Gemeingebrauches.**

# Nr. 20: zu § 8 WRG.

OGH. 1. September 1964, 8 Ob 235/64, JBl. 1964, Heft 23/24, S. 607:

**Das Recht des Badens in einem See kann den Gegenstand einer Dienstbar-
keit bilden und ersessen werden.**

## Nr. 21: zu §§ 8 und 98 WRG.

OGH. 10. Mai 1966, 8 Ob 106/66, ÖJZ. 1966, Heft 19, EvBl. Nr. 396:

Wer in der Ausübung des Gemeingebrauches an einem Weg gestört wird, kann — auch gegen einen Privaten — Abhilfe nur von der zuständigen Verwaltungsbehörde verlangen, weil sein Anspruch aus einem öffentlichen Recht auf Benützung einer dem Gemeingebrauch gewidmeten Sache abgeleitet wird (§ 290 ABGB.).

## Nr. 22: zu § 9 WRG.

VwGH. 24. April 1958, Slg. N. F. Nr. 4647/A:

Bei den der Ausübung des Betriebes einer Ruderbootverleihanstalt dienenden, am Ufer eines Gewässers errichteten Landeplätzen und Holzhütten für Kassazwecke handelt es sich um keine Wasserbenutzungsanlagen im Sinne des WRG.

## Nr. 23: zu § 9 WRG.

VwGH. 13. März 1959, Slg. N. F. Nr. 4910/A:

Die Errichtung einer Stützmauer am Werkskanal einer bestehenden Wasserkraftanlage bedarf der Bewilligung der Wasserrechtsbehörde.

## Nr. 24: zu §§ 9 und 113 WRG.

VerfGH. 15. Juni 1959, B 288/58:

Privatrechtliche Einwendungen stehen der Prüfung eines Bewilligungsantrages vom öffentlich-rechtlichen Standpunkte aus nicht entgegen.

## Nr. 25: zu §§ 9 und 5 WRG.

OGH. 25. Oktober 1960, 4 Ob 531/60:

Wassernutzungsrechte können Grunddienstbarkeiten sein.

## Nr. 26: zu § 9 WRG.

VwGH. 28. September 1961, Zl. 1544/59:

Kein direkter Verfahrenskonnex zwischen Wasserversorgung und Abwasserbeseitigung.

„Gegenstand des durchgeführten Verwaltungsverfahrens war die Bewilligung der von der Wasserwerksgenossenschaft projektierten Wasserversorgungsanlage. Ob dieses Projekt vom Standpunkte der von den Wasserrechtsbehörden wahrzunehmenden Interessen zulässig war, darüber allein ging es bei dem durchgeführten Verwaltungsverfahren. Es ist gewiß richtig, daß, im Falle dieses Projekt zur Durchführung gelangen sollte, sich Änderungen in der bisherigen Regelung der Abwässerbeseitigung ergeben können und vermutlich, zumindest bei voller Ausnützung der Kapazität der Wasserversorgungsanlage, auch ergeben werden. Allein darüber, wie die Beseitigung der Abwässer zu erfolgen haben wird, hatte die belangte Behörde im gegenständlichen Verfahren nicht zu entscheiden. Der Gesetzgeber überläßt es zunächst den Parteien, sich darüber schlüssig zu werden, welche Vorkehrungen sie hiefür treffen wollen, wobei nicht außer acht gelassen

werden darf, daß die Beseitigung der Abwässer Sache jener Personen ist, in deren
Haushalt, Betrieb oder Grundstück Abwässer anfallen. Wenn die Beseitigung der
Abwässer nur auf eine solche Art vorgenommen werden kann, die öffentliche
Interessen berührt, wie dies bei der Ableitung der Abwässer in öffentliche Gewässer der Fall ist, dann bedarf diese Art der Abwässerbeseitigung als über den
Gemeingebrauch hinausgehend gemäß § 9 einer Bewilligung der Wasserrechtsbehörde. Daher wird auch die Kuranstalt, soferne der durch die neue Wasserversorgungsanlage erhöhte Wasserverbrauch einen über das bisher gestattete Ausmaß hinausgehenden Anfall von Abwässern herbeiführt, ein Projekt erstellen müssen, das, sei es in Form einer Erweiterung der bestehenden Abwässerbeseitigungsanlage, sei es auf andere Weise (etwa durch Anschluß an die Kanalisation des
Ortes), für eine den öffentlichen Interessen entsprechende Beseitigung der Abwässer Sorge trägt. Erst in dem über ein solches Projekt durchzuführenden Verwaltungsverfahren wird die Beschwerdeführerin allfällige Einwendungen geltend
machen können. Daß die Kuranstalt, ohne Partei des der vorliegenden Beschwerde
zugrunde liegenden Verfahrens zu sein, zu einer diesbezüglichen Antragstellung
verpflichtet ist, wenn sie die Ableitung der Abwässer auf eine an eine wr. Bewilligung gebundene Art vornehmen will, ergibt sich unmittelbar aus dem Gesetz,
welches für solche Fälle die Einholung einer Bewilligung zwingend vorschreibt.
Sie kann für eine Zuwiderhandlung gegen dieses Gebot nunmehr gemäß § 137
im Verwaltungsstrafverfahren zur Verantwortung gezogen werden, sie kann aber
auch — und in dieser Hinsicht steht der Beschwerdeführerin ein Rechtsanspruch
auf das Einschreiten der Wasserrechtsbehörde zu — gemäß § 138 dazu verhalten
werden, eigenmächtig vorgenommene Neuerungen, wenn sie nicht nachträglich
genehmigt werden können, zu beseitigen. Es ist somit den Beteiligten gesetzlich
ein ausreichender Schutz gewährt."

A n m e r k u n g : Zu beachten bleibt § 103 Abs. 1 lit. h WRG.

# Nr. 27: zu § 9 WRG.

VwGH. 1. Februar 1962, Zl. 622/61:

**Die Ablassung eines Fischteiches ohne Bewilligung und ohne Berücksichtigung
fremder Rechte ist gesetzwidrig.**

# Nr. 28: zu §§ 9, 8 und 12 WRG.

VwGH. 20. September 1962, Slg. N. F. Nr. 5864/A:

**Ein Gemeingebrauch wird nur durch Verletzung oder Schädigung von beste-
henden Rechten im Sinne des § 12 Abs. 2 WRG. bewilligungspflichtig.**

# Nr. 29: zu §§ 9, 15 und 38 WRG.

VwGH. 21. November 1963, Slg. N. F. Nr. 6163/A:

**Die Vornahme von Baggerarbeiten an einem öffentlichen Gewässer zum
Zwecke der Kies- und Sandgewinnung bedarf der wr. Bewilligung nach § 9.**

„Die belangte Behörde hat in Übereinstimmung mit dem erstinstanzlichen
Bescheid dem Beschwerdeführer die Parteistellung im Sinne des § 15 Abs. 1 deshalb abgesprochen, weil es sich hier nicht um ein Wasserbenutzungsrecht, sondern
nur um eine nach § 38 bewilligungspflichtige Anlage handle. Darin vermag ihr
der VwGH. nicht zu folgen.

Von einer Anlage im Sinne des § 38 konnte hier schon deshalb nicht die Rede
sein, weil die mitbeteiligte Partei keineswegs einen ‚Einbau in ein stehendes öffent-

liches Gewässer' im Sinne dieser Gesetzesstelle vornehmen, sondern lediglich Kies
und Schotter aus dem Seegrunde gewinnen will, um diesen dergestalt zu ver-
tiefen. Daß seinerzeit die Badeanstalt — offenkundig für ihre Einbauten auf Seegrund — als Einbau in diesem Sinne wasserrechtlich bewilligt worden ist, vermag
keine rechtliche Verbindung zu dem jetzt beabsichtigten Vorhaben herzustellen,
das wohl in Verbindung mit den Zwecken der Badeanlage ausgeführt werden soll,
nicht aber auch für sich als Einbau gewertet werden kann, weil' eben nichts in den
See eingebaut werden soll. Die Beurteilung des Vorhabens nach § 38 war daher
durch nichts gerechtfertigt. Wohl aber bedurfte die mitbeteiligte Partei einer Bewilligung nach § 9. Denn bewilligungsfrei war die Entnahme von Kies und Sand
aus dem Seegrunde nach § 8 dieses Gesetzes jedenfalls nur dann, wenn sie ohne
b e s o n d e r e  Vorrichtungen vorgenommen werden sollte. Da aber die Entnahme
mit Hilfe von Baggergeräten ausgeführt werden soll, war von vornherein klargestellt, daß es sich um einen Gebrauch  m i t  besonderen Vorrichtungen handle,
daß damit der Gemeingebrauch überschritten werde und daher eine Benutzung
eines öffentlichen Gewässers vorliege, die gemäß § 9 einer Bewilligung der Wasserrechtsbehörde bedürfe.

In diesem Fall aber stand dem Beschwerdeführer gemäß § 15 Abs. 1 das
Recht zu, gegen die Bewilligung dieses Wasserbenutzungsrechtes Einwendungen zu
erheben und für den Fall, daß die Einwendungen wegen einer durch sie bedingten
unverhältnismäßigen Erschwerung des zur Bewilligung beantragten Vorhabens
nicht berücksichtigt werden könnten, angemessen entschädigt zu werden. Die belangte Behörde hat diese Rechtslage nicht erkannt und hiedurch ihre Entscheidung
mit inhaltlicher Rechtswidrigkeit belastet.“

## Nr. 30: zu §§ 9 und 137 WRG.

VwGH. 25. Juni 1964, Zl. 1703/63 und 1668/63:

**§ 9 regelt nur die über den Gemeingebrauch hinausgehende Benützung der
öffentlichen Gewässer sowie die Errichtung und Änderung der dazu dienenden
Anlagen und kommt als Straftatbestand nicht in Betracht.**

A n m e r k u n g : Straftatbestand ist die Gewässerbenutzung ohne wr. Bewilligung; dieses
Zuwiderhandeln gegen § 9 ist nach § 137 Abs. 1 strafbar.

## Nr. 31: zu §§ 9 und 32 WRG.

VwGH. 18. März 1965, Zl. 1516/64:

**Eine Partei, welcher die von ihr angestrebte Bewilligung erteilt wird, kann
durch letztere in keinem subjektiven Recht verletzt sein.**

## Nr. 32: zu § 10 WRG.

VwGH. 25. Februar 1960, Zl. 2227/59:

**Von einem Wirtschaftsgebäude kann dann gesprochen werden, wenn es
überwiegend anderen als Wohnzwecken dient.**

## Nr. 33: zu §§ 10 und 98 WRG.

VwGH. 27. Oktober 1960, Zl. 1087/59:

**Der Wasserbedarf eines Gastbetriebes und eines Wohnhauses geht nicht über
den Bedarf bäuerlicher oder kleingewerblicher Betriebe hinaus.**

## Nr. 34: zu §§ 10, 26 und 32 WRG.

OGH. 17. Jänner 1964, 1 Ob 195/63, ÖJZ. 1964, Heft 13, EvBl. Nr. 239:

Die Beantwortung der Frage, ob von einem Bauunternehmer die Kenntnis der Folgen einer Senkung des Grundwasserspiegels erwartet werden könne, scheint nicht oder doch nicht ausschließlich in das Sachgebiet aus dem Gebiet des Wasserwesens, sondern auch oder eher in das eines Sachverständigen für Tief-, insbesondere Kanalbau, zu fallen.

## Nr. 35: zu §§ 12, 100, 114, 115 und 142 WRG.

VwGH. 18. Dezember 1958, Slg. N. F. Nr. 4837/A:

Die dem Land Oberösterreich durch das Gesetz vom 18. August 1919, LGBl. Nr. 148, verliehene Bewilligung zur Ausführung und zum Betrieb aller Anlagen zur Ausnützung der Wasserkräfte der Donau auf oberösterreichischem Gebiet ist durch das 2. Verstaatlichungsgesetz, BGBl. Nr. 81/1947, nicht auf die öffentliche Hand übertragen worden. Doch greifen die durch die Wasserrechtsnovelle 1945, StGBl. 113/1945, in das WRG. eingefügten Bestimmungen über bevorzugte Wasserbauten auch gegenüber diesem dem Land Oberösterreich durch das Gesetz verliehenen Wasserrecht Platz.

## Nr. 36: zu § 12 WRG.

VwGH. 26. Juni 1959, Zl. 1659/57:

Leichtere Zugänglichkeit eines Besitzes gehört nicht zu den durch § 12 geschützten Rechten.

## Nr. 37: zu § 12 WRG.

VerfGH. 3. März 1961, B 180/60:

Eine Verletzung des verfassungsgesetzlich gewährleisteten Eigentumsrechtes liegt nur vor, wenn der Eingriff entweder ohne jegliche gesetzliche Grundlage erfolgt oder sich auf ein verfassungswidriges Gesetz stützt oder wenn ein verfassungsmäßiges Gesetz denkunmöglich angewendet wird.

## Nr. 38: zu §§ 12 und 38 WRG.

VwGH. 1. Februar 1962, Zl. 662/61:

Bestehende Rechte nach § 12 Abs. 2 genießen auch dann rechtlichen Schutz, wenn sie durch besondere bauliche Herstellungen im Sinne des § 38 berührt werden.

## Nr. 39: zu § 12 WRG.

VwGH. 17. Jänner 1963, Zl. 63/62:

Wasserbenutzungsberechtigte können anläßlich der Bewilligung einer Wasseranlage die Vorschreibung jener Kontrolleinrichtungen (an der Entnahme- bzw. Einleitungsstelle) begehren, die dazu angetan sein können, eine konsenswidrige Verletzung ihres Wasserrechtes jederzeit zu erkennen.

# Nr. 40: zu § 12 WRG. sowie Art. 144 B-VG.

VerfGH. 16. Oktober 1963, B 331/61, Slg. N. F. Nr. 4573:

**Art. 5 StGG. schützt nur Privatrechte.**

# Nr. 41: zu §§ 12, 6, 14, 102 und 105 WRG.

VwGH. 24. Februar 1966, Zl. 1772/65:

**Flößerei begründet keinen Anspruch auf wr. Parteistellung.**

„Wie der Verwaltungsgerichtshof bereits in seinem Erkenntnis vom 9. Juli 1959, Slg. N. F. Nr. 5028/A, ausführlich dargelegt hat, wurde die Regelung der Schiff- und Floßfahrt in die Wasserrechtsgesetzgebung nicht einbezogen.

Wohl war es der Wasserrechtsbehörde gemäß § 105 lit. b überantwortet, die nachgesuchte Bewilligung für den Fall, daß eine erhebliche Beeinträchtigung der Floßfahrt zu besorgen wäre, in Wahrung öffentlicher Interessen nur unter entsprechenden Bedingungen zu bewilligen. Es kam den Beschwerdeführern aber darauf, daß das Vorliegen eines solchen Falles festgestellt und demgemäß Auflagen zugunsten der Beschwerdeführer erteilt würden, nach den vorerwähnten Bestimmungen bloß ein wirtschaftliches und kein rechtlich geschütztes Interesse zu. Daran vermag auch die Tatsache nichts zu ändern, daß sich die belangte Behörde veranlaßt sah, in Wahrung öffentlicher Interessen an Hand der Bestimmung des § 14 WRG. eine Auflage zugunsten der durch den Kraftwerksbau beeinträchtigten Wegverbindungen und Bringungsmöglichkeiten für Holz zu Lande zu setzen. Die früher aus Anlaß der Errichtung anderer Wasserbauten zugunsten der Flößerei bescheidmäßig ergangenen Anordnungen der Wasserrechtsbehörde waren nicht geeignet, den Beschwerdeführern bestimmte Rechte zu vermitteln und hatten im übrigen einen anderen Sachverhalt zur Voraussetzung als der bekämpfte Bescheid.“

Anmerkung: Vgl. Nr. 17.

# Nr. 42: zu §§ 12 und 26 WRG.

VwGH. 24. Februar 1966, Zl. 1229/65:

**Keine Versagung der wr. Bewilligung, wenn in einem Gutachten eine Beeinträchtigung fremder Rechte zwar nicht gänzlich ausgeschlossen, jedoch eine Gefährdung als nicht wahrscheinlich bezeichnet wird.**

„Es ist richtig, daß die im Verfahren erhobenen Beweise eine Gefährdung des Rechtes der Beschwerdeführerin nicht gänzlich ausschließen, sondern daß der Sachverständige eine Gefährdung nur als nicht wahrscheinlich bezeichnet hat. In einem solchen Falle kann aber die Behörde auf Grund des Wortlautes des § 12 Abs. 2 nicht mit einer Versagung des begehrten Wasserrechtes vorgehen, weil Voraussetzung der Versagung der e x a k t e Nachweis der Beeinträchtigung fremder Rechte ist. Daß dies der Sinn des Gesetzes ist, ergibt sich auch aus den Bestimmungen des § 26, die nur dann sinnvoll sind, wenn bei der Errichtung eines Wasserbaues Schäden eintreten können, an die bei der Bewilligung nicht gedacht wurde.“

## Nr. 43: zu §§ 12 und 102 WRG.

VwGH. 9. Februar 1967, Zl. 1212 und 1579/66:

Lediglich dingliche Rechte am Grundeigentum zählen nicht zu den „bestehenden Rechten" und geben keine Parteistellung. Auch „Gefährdungen durch Strahlungen aus einem wasserführenden Stollen und durch Erhöhung der Blitzgefahr" fallen nicht unter das durch § 12 Abs. 2 geschützte subjektiv-öffentliche Recht auf Unversehrtheit des Grundeigentums.

## Nr. 44: zu §§ 12, 107 und 121 WRG.

VwGH. 21. September 1967, Zl. 663/67:

Die Forderung, die an einer berührten Grundfläche zustehende privatrechtliche Dienstbarkeit durch grundbücherliche Einverleibung sichern lassen zu wollen, kann, wenn überhaupt, nur im Bewilligungs- nicht mehr im Überprüfungsverfahren gestellt werden.

## Nr. 45: zu §§ 12 und 102 WRG.

VerfGH. 30. November 1967, B 395/67:

Ein Vorkaufsrecht an einer Liegenschaft erschöpft sich in dem Anspruch des Berechtigten, daß ihm im Falle der Veräußerung die Liegenschaft zur Einlösung angeboten wird. Dieses persönliche Recht ist kein nach § 12 Abs. 2 geschütztes Recht und verleiht keine Parteistellung (§ 102 WRG.).

## Nr. 46: zu § 12 WRG.

VwGH. 26. Juni 1968, Zl. 1590/67:

Solange das Maß einer beabsichtigten Wasserbenutzung nicht feststeht, kann die Wasserrechtsbehörde weder den Vorschriften der §§ 12 und 13 noch jener des § 16 gerecht werden.

## Nr. 47: zu §§ 12, 103, 107 und 113 WRG.

VwGH. 8. Oktober 1959, Slg. N. F. Nr. 5069/A; 9. Februar 1961, Zl. 1593/59:

Einwendungen privatrechtlicher und öffentlich-rechtlicher Natur.

„Gemäß § 12 Abs. 1 war das Maß und die Art der zu bewilligenden Wasserbenutzung derart zu bestimmen, daß bestehende Rechte nicht verletzt werden konnten. Als solches Recht wurde von der Beschwerdeführerin im Sinne des § 12 ihr Eigentum an der Parzelle und ihr Recht zur Benutzung der auf ihrem Grunde entspringenden Quellwässer — mit der durch die Servitut gegebenen Einschränkung — im Sinne ebendieser Gesetzesstelle bzw. des § 5 Abs. 2 eingewendet.

In beiden Fällen handelt es sich — wie der VwGH in seinem Erkenntnis vom 8. Oktober 1959 ausgeführt hat — um Einwendungen, die an sich privatrechtlicher Natur wären, die jedoch durch den im WRG. verfügten ausdrücklichen Schutz solcher Rechte zu öffentlich-rechtlichen Einwendungen gestaltet werden, über welche die Wasserrechtsbehörde abzusprechen hat.

Als privatrechtliche Einwendung durfte somit nur jenes Vorbringen der Beschwerdeführerin gewertet werden, welches sich gegen die Auslegung des Servitutsvertrages und das auf diese Auslegung gegründete Maß seines Wasserbezuges wandte. Zur Entscheidung über die diesbezüglich bestehenden Streitpunkte konnte die Wasserrechtsbehörde gemäß § 113 nicht berufen sein, weil die vertragliche Beschränkung des Eigentums- und Quellnutzungsrechtes der Beschwerdeführerin an sich nicht in Streit gezogen wurde und nur hinsichtlich des Umfanges der Beschränkung gegensätzliche Standpunkte bezogen worden sind. Der Streit über den ein Privatrecht beschränkenden Rechtstitel mußte also der Austragung vor dem ordentlichen Gericht vorbehalten und die wr. Bewilligung den damit verbundenen Einschränkungen unterworfen werden.

Insoweit aber die Beschwerdeführerin dem Unternehmen ihre Rechte aus dem Eigentum und der damit verbundenen Befugnis zur alleinigen Nutzung des darauf entspringenden Quellwassers entgegenstellte, war es Aufgabe der Wasserrechtsbehörde, durch Versagung der wr. Bewilligung, insoweit die Anlage diese Rechte berührte, eine Rechtsverletzung im Sinne des § 12 Abs. 1 WRG. hintanzuhalten oder aber die erforderlichen Zwangsrechte zu begründen. In diesem Falle war die Wasserrechtsbehörde nur dann in die Lage versetzt, den Ausspruch über die Notwendigkeit, den Gegenstand und Umfang von Zwangsrechten einer gesonderten Erledigung vorzubehalten, wenn, was übrigens auch im Bescheidspruche festgehalten werden müßte, grundsätzlich feststand, daß die gesetzlichen Voraussetzungen für die Zulässigkeit der Begründung bestimmter Zwangsrechte gegeben waren und außerdem die Möglichkeit nicht bestand, über die Frage von Zwangsrechten bereits im Bewilligungsbescheid zu erkennen.

Im übrigen war jedoch der Wasserrechtsbehörde auferlegt, von dem Einschreiter alle jene Unterlagen zu fordern, welche notwendig waren, um den Gegenstand der zu erteilenden wr. Bewilligung ausreichend zu umschreiben und damit den am Verfahren beteiligten Parteien Gelegenheit zu geben, anläßlich der nachfolgenden Verhandlung hiezu Stellung zu nehmen. Dies ist nach Ausweis der Verhandlungsschrift nicht geschehen, weil der Amtssachverständige bei der Verhandlung ausdrücklich bemängelte, daß Pläne der Anlage nicht vorhanden seien und daß ein Verzeichnis aller durch die Anlage berührten Grundstücke mit den notwendigen Einzelangaben, besonders auch hinsichtlich der Inanspruchnahme durch die Anlage fehle. Da kein Zweifel daran bestehen kann, daß das Gesuch des Einschreiters solche Unterlagen enthalten mußte, um überhaupt den Umfang der angestrebten Bewilligung für Behörde und Parteien erkennbar zu machen, wäre die Wasserrechtsbehörde verpflichtet gewesen, zunächst die Ergänzung des Gesuches zu fordern."

## Nr. 48: zu §§ 13, 8, 102 und 105 WRG.

VwGH. 9. Februar 1961, Slg. N. F. Nr. 5496/A:

**Die Wahrnehmung der öffentlichen Interessen im wr. Verfahren fällt auch in der Frage der Hintanhaltung wesentlicher Behinderungen des Gemeingebrauches in den ausschließlichen Aufgabenbereich der Wasserrechtsbehörden. Der Gemeingebrauch läßt sich begrifflich nicht unter die den Gemeinden im Rahmen des § 13 Abs. 3 zustehenden Wassernutzungen einreihen.**

„Wohl kommt den Gemeinden nach der Bestimmung des § 13 Abs. 3 das Recht zu, im Verfahren zur Bewilligung einer Wasserbenutzung vorzubringen, daß das für die Abwendung von Feuersgefahren, für sonstige öffentliche Zwecke oder für Zwecke des Haus- und Wirtschaftsbedarfes ihrer Bewohner erforderliche Wasser bei Bewilligung des begehrten Wasserrechtes entzogen würde. In dieser Richtung hat der Gesetzgeber den Gemeinden auch in § 84 Abs. 1 lit. d ausdrücklich die Parteistellung eingeräumt.

Dieser Rechtsanspruch betrifft jedoch nur die in § 13 Abs. 3 ausdrücklich bezeichneten Wassernutzungen, nämlich jene für Feuerlöschzwecke, für sonstige öffentliche Zwecke und für jene des Haus- und Wirtschaftsbedarfes. Der Gemeingebrauch läßt sich unter diese Begriffe nicht subsumieren. Er stellt insbesondere auch keine Verwendung von Wasser für ‚öffentliche Zwecke‘ dar, denn unter solchen Zwecken kann nur eine im öffentlichen Interesse also im Interesse des Gemeinwesens als solchem stehende Verwendung von Wasser und nicht eine Verwendung verstanden werden, die jedermann unter der Voraussetzung erlaubt ist, daß dadurch insbesondere fremde Rechte und öffentliche Interessen n i c h t  v e r l e t z t  werden (§ 8 Abs. 1 WRG.), eine Verwendung, die mithin an sich nicht im öffentlichen Interesse steht.

Der Schutz wohlverstandener Interessen an einer Aufrechterhaltung des Gemeingebrauches ist einzig und allein den Wasserrechtsbehörden überantwortet, welche gemäß § 105 bei der Annahme einer w e s e n t l i c h e n  Behinderung dieses Gebrauches — durch welche die Übung des Gemeingebrauches erst in die Sphäre des öffentlichen Interesses gerückt wird — ein Unternehmen von vornherein als unzulässig ansehen und abweisen oder nur unter entsprechenden Bedingungen bewilligen können. Es mag den Gemeinden freistehen, anläßlich eines Bewilligungsverfahrens die Wasserrechtsbehörde auf Umstände hinzuweisen, die eine wesentliche Behinderung des Gemeingebrauches aufzuzeigen vermögen. Ein subjektiv-öffentlicher Rechtsanspruch aber, daß die Behörde solchen Hinweisen Rechnung trage, ist den Gemeinden im WRG. nicht eröffnet."

# Nr. 49: zu §§ 13, 32, 34 und 102 WRG.

VwGH. 27. Oktober 1967, Zl. 1388/67:

**Weder aus § 13 Abs. 3 noch aus einer anderen Norm kann die Gemeinde die Befugnis zur Vertretung der Schutzbedürfnisse ihrer Gemeindeeinwohner gegen Einwirkungen im Sinne des § 32 WRG. ableiten.**

„Die Beschwerdeführerin erachtet sich durch die angefochtene Entscheidung in ihrem angeblich aus § 13 Abs. 3 erfließenden Recht auf Reinhaltung des Grundwassers im Stadtgebiet von W. zum Zwecke der Versorgung der Bevölkerung (durch Einzelwasserversorgungsanlagen) mit Trinkwasser und im Zusammenhang damit im Rechte auf Wahrung des Parteiengehörs verletzt.

§ 13 Abs. 3 handelt lediglich von dem Rechtsanspruch der Gemeinden, daß das M a ß  einer zu bewilligenden Wasserbenutzung im Einklang mit dem W a s s e r b e d a r f  für den Feuerschutz, für sonstige öffentlichen Zwecke oder für Zwecke des Haus- und Wirtschaftsbedarfes der Gemeindebewohner festgesetzt werde. Im Gegenstande handelt es sich jedoch nicht um eine wr. Bewilligung, deren Gebrauchnahme zur Herabsetzung jener Mindestwassermenge führen könnte, die für die erwähnten Zwecke im Gemeindebereich zur Verfügung stehen soll. Die von der belangten Behörde erteilte Bewilligung beruht vielmehr auf der Grundlage des § 32 Abs. 2 lit. c, wonach Einwirkungen auf Gewässer (Maßnahmen), die zur Folge haben, daß durch Eindringen (Versickern) von Stoffen in den Boden das Grundwasser verunreinigt wird, der wr. Bewilligung bedürfen. Die belangte Behörde ging demnach davon aus, daß die von den mitbeteiligten Parteien beabsichtigte Schottergewinnung zu solchen Einwirkungen auf das Grundwasser führen würde und erteilte daher die Bewilligung bei Setzung von Auflagen, die offenbar zum Ziele haben, derartige Einwirkungen zu unterbinden.

Ein Rechtsfall der im § 13 Abs. 3 geschilderten Art lag also im Beschwerdefall entgegen der Annahme der Beschwerdeführerin eindeutig nicht vor, so daß diese durch die angefochtene Entscheidung in ihren durch diese Gesetzesstelle geschützten Rechten nicht verletzt werden konnte. Eine Bestimmung, die den Gemeinden ein weitergehendes rechtliches Interesse an der Gestaltung wr. Bewilligungen zugunsten der Wasserversorgung ihrer Einwohner einräumen würde, wie etwa die Vertretung des Schutzbedürfnisses der Einwohner gegen Einwirkungen der im § 32 geschilderten Art, findet sich im WRG. nicht. Auch die Vorschrift des § 34 Abs. 6 weist nicht in eine solche Richtung. Dort heißt es zwar, daß bei Maßnahmen und Anlagen, die eine Wasserversorgung im Sinne der ‚vorstehenden Bestimmungen', d. h. im Weg einer Verunreinigung oder einer Minderung der Ergiebigkeit, beeinträchtigen können und die den ‚Gegenstand eines behördlichen Verfahrens bilden', das in Betracht kommende Wasserversorgungsunternehmen oder die in Betracht kommende Gemeinde Parteistellung im Sinne des § 8 AVG. 1950 hat. Doch abgesehen davon, daß die Verleihung der Parteistellung für sich allein noch nicht aufzeigt, in welchen konkreten Rechten eine solche Legalpartei berührt zu werden vermag, handelt es sich bei der Vorschrift des § 34 Abs. 6 offenkundig nicht um die Bedachtnahme auf nach w a s s e r r e c h t l i c h e n Vorschriften abzuführende Verfahren. Die dem Schutze der Wasserversorgungsanlagen gewidmeten Bestimmungen des § 34 haben in erster Linie die Ermächtigung der Wasserrechtsbehörden zum Inhalt, im Wege individueller oder genereller Anordnungen Verfügungen zur Verhinderung der Verunreinigung oder Beeinträchtigung der Ergiebigkeit von Wasserversorgungsanlagen zu erlassen. Wenn dann abschließend ‚den in Betracht kommenden Wasserversorgungsunternehmen oder den in Betracht kommenden Gemeinden' die Parteistellung bei behördlichen Verfahren eingeräumt wird, denen Maßnahmen und Anlagen zugrunde liegen, die eine Wasserversorgung beeinträchtigen können, so ergibt sich bereits aus der Tatsache, daß Wasserversorgungsunternehmen in einem nach dem WRG. abzuführenden Verfahren bei solchen Tatbeständen die Parteistellung schon laut § 102 Abs. 1 lit. b als berührten Wasserberechtigten zukommt, daß hier a n d e r e als nach Wasserrecht abzuführende Verfahren gemeint sein müssen. Gedacht ist offenbar etwa an Betriebsanlageverfahren nach der Gewerbeordnung oder Verfahren zur Erteilung eisenbahnrechtlicher Genehmigungen u. ä., bei denen die derart berührten Wasserversorgungsunternehmen oder (für sie) die Gemeinden zu Einwendungen aus dem Titel des Wasserschutzes berechtigt sein sollen.

Es ergibt sich also, daß der Schutz der durch die Beschwerdeführerin geltend gemachten Interessen den Ortsgemeinden im Wasserrechtsgesetz nicht überantwortet erscheint, worauf übrigens auch die Tatsache hinweist, daß § 102 Abs. 1 lit d den Gemeinden eine Parteistellung in wr. Verfahren nur nach Maßgabe des im § 13 Abs. 3 verankerten Anspruches zuweist."

A n m e r k u n g : Parzmayr verweist in der Österreichischen Gemeindezeitung vom 1. März 1968 darauf, daß diese Entscheidung überraschen mußte, da bisher die Parteistellung der Gemeinde zur Wahrung ihrer Interessen an einem qualitativ einwandfreien Trinkwasser der Gemeindebewohner in Theorie und Praxis anerkannt war. Im Erk. vom 7. Juli 1904, Zl. 7374, habe der VwGH. bei fast gleicher Rechtslage entschieden, daß der Schutz der Gemeinden nicht nur auf die Quantität sondern auch auf die Qualität des Wassers bezogen werden müsse.

## Nr. 50: zu § 14 WRG.

VwGH. 16. November 1961, Slg. N. F. Nr. 5663/A:

**Die Vorschrift des § 14 dient nur dem öffentlichen Interesse an der Sicherheit von Personen und Eigentum sowie an der Aufrechterhaltung wirtschaftswichtiger Verkehrsverbindungen an sich, nicht aber dem Einzelinteresse bestimmter Personen.**

## Nr. 51: zu § 14 WRG.

VwGH. 20. Juni 1963, Slg. N. F. Nr. 6058/A:

**Die Wasserrechtsbehörde kann dem Bewilligungswerber die Herstellung der zur Aufrechterhaltung der bisherigen zur Vermeidung wesentlicher Wirtschaftserschwernisse erforderlichen Verkehrsverbindungen notwendigen Wege (Brücken) auferlegen, nicht aber die Anlage von Wegen (Brücken) für bisher nicht vorhanden gewesene Verkehrsverbindungen.**

# Nr. 52: zu § 15 WRG.

VerfGH. 13. Oktober 1962, B 355/61:

Das Fischereirecht ist ein selbständiges Recht, dessen Inhalt in dem Recht, Fische zu fangen, besteht. Es begründet an den einzelnen Fischen nur ein Präoccupationsrecht, das Eigentumsrecht als solches wird hingegen erst durch den Fang erworben (§ 383 ABGB.).

# Nr. 53: zu § 15 WRG.

OGH. 12. Juni 1963, 6 OB 111/63, ÖJZ. 1963, Heft 23, Ev.Bl. Nr. 462:

Vom Grundeigentum abgesonderte Fischereirechte sind unregelmäßige persönliche Dienstbarkeiten und deshalb frei veräußerlich und vererblich.

Kein Untergang der Dienstbarkeit des Fischereirechtes durch Aussterben der Fische im betreffenden Gewässer.

# Nr. 54: zu § 15 und 117 WRG.

VerfGH. 10. Juni 1968, B 19/68:

Ein Fischereirecht ist auch dann ein Privatrecht im Sinne des Art. 5 StGG. über die allgemeinen Rechte der Staatsbürger, wenn es nicht vom Grundeigentümer in einem ihm gehörigen Gewässer ausgeübt wird. Die herrschende Lehre des Zivilrechtes beurteilt es als ein selbständiges dingliches Recht (Klang, Kommentar zum ABGB., 2. Auflage, zu § 383 ABGB. S. 251). Verfassungsrechtliche Bedenken gegen § 15 Abs. 1 und § 117 sind im Zusammenhang mit der Beschwerde nicht entstanden.

# Nr. 55: zu § 15 WRG.

VwGH. 28. September 1961, Zl. 608/58:

Die völlige Sicherheit der Hintanhaltung jeder Schädigung des Fischwassers kann nicht gefordert werden.

„Nach § 15 können nur Maßnahmen gegen schädliche Verunreinigungen gefordert werden, wenn hiedurch der anderweitigen Wasserbenutzung kein unverhältnismäßiges Erschwernis verursacht wird. Konnte die Behörde auf Grund des Sachverständigengutachtens annehmen, daß die vom Mitbeteiligten gewählte Art der Reinigung der Abwässer einen ausreichenden Schutz gegen eine Verunreinigung des Fischwassers bietet, so kann der Bewilligung der Abwässerbeseitigungsanlage nicht damit entgegengetreten werden, daß eine andere Art der Abwässerklärung eine größere Sicherheit gegen eine Schadenszufügung bietet."

# Nr. 56: zu §§ 15, 4 und 102 WRG.

VwGH. 22. März 1962, Slg. N. F. Nr. 5754/A:

Fischereiberechtigte können durch die Ausscheidung von Wasserflächen aus dem öffentlichen Wassergut in ihren Rechten oder rechtlichen Interessen nicht verletzt werden, sie haben in dem bezüglichen Verfahren nicht Parteistellung. Den Fischereiberechtigten ist ein Recht zur Erhebung bestimmter Einwendungen bzw. auf angemessene Entschädigung nur für den Fall der Bewilligung von Wasserbenutzungsrechten und von Schutz- und Regulierungsbauten eingeräumt.

# Nr. 57: zu §§ 15 und 9 WRG.

VwGH. 20. September 1962, Zl. 1784/61:

Fischereirechte für sich allein vermögen durch ihre Verletzung oder Schädigung die Überschreitung des Gemeingebrauches und damit die Bewilligungspflicht nicht auszulösen.

# Nr. 58: zu §§ 15 und 26 WRG.

OGH. 17. Jänner 1964, 1 Ob 195/63, ÖJZ. 1964, Heft 13, Ev.Bl. Nr. 239:

Schadenersatzpflicht des Bauunternehmers, der im Zuge der Errichtung einer Kanalanlage durch Abpumpen von Grundwasser den Wasserzufluß zu einem auf einem angrenzenden Grundstück gelegenen Fischteich unterbindet und dadurch die Fischzucht schädigt.

# Nr. 59: zu §§ 15, 38, 102 und 113 WRG.

VwGH. 26. November 1964, Zl. 1504/64:

Keine Parteistellung der Fischereiberechtigten im Verfahren nach § 38; für diese Einwendungen gilt sinngemäß § 113 Abs. 2 WRG.

# Nr. 60: zu §§ 15 und 26 WRG.

VwGH. 28. Jänner 1965, Zl. 1159/64:

Fischereirechte können nur im Rahmen des § 15 WRG. berücksichtigt werden.

„Das Fischereirecht zählt nicht zu den Wasserrechten, da es ja nicht im Wasserrechtsgesetze, sondern in den Fischereigesetzen der Länder erfaßt und geregelt ist. Demgemäß kann es auch nicht als ‚rechtmäßig geübte Wassernutzung‘ im Sinne des § 12 gelten und nicht als ‚bestehendes Recht‘ eingewendet werden. Gerade diese Rechtslage führte ja zu der Ausnahmebestimmung des § 15, in der den Fischereiberechtigten das Recht eröffnet wird, gegen die Bewilligung von Wasserbenutzungsrechten Einwendungen bestimmter Art zu erheben bzw. für den Fall der Nichtstattgebung entschädigt zu werden. Auch § 26 Abs. 2 besagt nur, daß auch für eine im Zeitpunkt einer wasserrechtlichen Bewilligung nicht mitbedachte Beeinträchtigung eines Fischereirechtes die Schadenersatzhaftung des Wasserberechtigten eintritt.

Der Beschwerdeführer verkennt ferner, daß seinen Einwendungen über eine infolge der Unterwasser-Baggerung eintretende weitgehende Verunreinigung (Trübung) des Wassers und dadurch bedingte Beeinträchtigung der Fischerei gemäß §15 Abs. 1 nur dann Rechnung zu tragen war, wenn hiedurch der geplanten Schotterentnahme kein unverhältnismäßiges Erschwernis verursacht wurde. In dieser Richtung hat aber die belangte Behörde auf Grund der Ergebnisse des Ermittlungsverfahrens als erwiesen angenommen, daß die Beschränkung der Schotterentnahme auf das Gebiet über dem Niederwasser- bzw. Mittelwasserspiegel eine zeitliche Einschränkung der Materialentnahme auf den Zeitraum etwa von Mitte September bis Ende Mai eines jeden Jahres bedeuten würde, wobei sich im Winter die Grabungskosten wegen des gefrorenen Untergrundes erheblich erhöhen würden. Die Zwischendeponierung des Materials würde die Entnahme wegen der hiedurch notwendigen Kosten zweimaligen Ladens sowie einer ordnungsgemäßen Lagerung außerhalb des Hochwasserabflußgebietes verteuern. Die Bedenken des Beschwerdeführers gegen eine Gestattung der Schotterentnahme unter Wasser mochten vom Standpunkt der Fischereiwirtschaft gewiß gerechtfertigt sein. Sie können aber nicht hinreichen, die Wasserrechtsbehörde berechtigterweise zu einer entsprechenden Einschränkung des beantragten Wasserbenutzungsrechtes zu verhalten, weil allein maßgebend war, ob die geplante Wasserbenutzung bei solcher Einschränkung unverhältnismäßig erschwert würde. Letzteres wurde aber von den belangten Behörden angesichts der zu erwartenden wesentlichen Verteuerung und Erschwerung der Schottergewinnung mit Recht bejaht."

## Nr. 61: zu § 15 WRG.

VwGH. 19. April 1968, Zl. 347/68:

**Die Zuerkennung einer Entschädigung setzt voraus, daß von den Fischereiberechtigten zeitgerecht Einwendungen erhoben wurden.**

## Nr. 62: zu § 15 WRG.

VwGH. 17. September 1968, Zl. 71/68:

**Die fischereiliche Forderung nach Errichtung eines Schutzwalles im See zum Schutze des Schilfgebietes (Laichgebietes) gegen hohen Wellengang betrifft keine fischereischädliche Verunreinigung und findet daher in § 15 Abs. 1 keine Deckung.**

## Nr. 63: zu §§ 15 und 102 WRG.

VerfGH. 26. September 1968, B 141/68:

**Fischereiberechtigte können gegen die Bewilligung von Wasserbenutzungsrechten nur Einwände mit dem im WRG. näher bezeichneten Inhalt erheben.**

## Nr. 64: zu §§ 15 und 98 WRG.

VwGH. 4. Oktober 1968, Zl. 827/68:

**Daß § 15 verfassungswidrig sei, weil er die Frage der Entschädigung der Fischereiberechtigten für Nachteile, die ihnen aus Anlagen nach § 38 erwachsen, nicht regelt, ist keineswegs zu ersehen. Wenn nämlich der Gesetzgeber solche Streitfälle nicht in die öffentlich-rechtliche Regel des WRG. einbezogen hat, so ist damit eben klargestellt, daß für ihre Austragung die Zivilgerichte kompetent sind (§ 1 JN.).**

## Nr. 65: zu § 15 Abs. 2 WRG.

VwGH. 8. Oktober 1959, Slg. N. F. Nr. 5072/A:

**Der im § 15 Abs. 2 und 3 WRG. vorgesehenen Erklärung von Wasserstrecken und Wasserflächen zu Laichschonstätten und als Winterlager der Fische kommt Verordnungscharakter zu.**

## Nr. 66: zu § 17 WRG.

VwGH. 12. März 1959, Zl. 2232/55:

**Die Versorgung mit elektrischem Strom durch kleinere ortsgebundene Unternehmen kann nur dann als volkswirtschaftlich rationell und damit als dem Gemeinwohl dienend und daher schutzwürdig angesehen werden, wenn sie die gegenwärtigen und in naher Zukunft auftretenden Bedürfnisse zu befriedigen imstande sind.**

# Nr. 67: zu §§ 17, 100, 109 und 115 WRG.

VwGH. 22. Juni 1962, Slg. N. F. Nr. 5831/A:

1. Ein Widerstreit muß als gegeben angenommen werden, wenn die verschiedenen Bewerbungen um geplante Wasserbenutzungen zugrunde liegenden Projekte dergestalt sind, daß das eine nicht ausgeführt werden kann, ohne daß dadurch die Ausführung des anderen behindert oder vereitelt werden muß.

2. Die „Beschränkung auf die Frage des Vorzuges" (§ 109 Abs. 1) verpflichtet die Behörde, zunächst mittels Bescheides auszusprechen, welche Bewerbung als bevorzugt zu gelten hat und daher dem Bewilligungsverfahren zu unterziehen ist. Dies bedeutet auch, daß die die bevorzugten Wasserbauten (§ 100 Abs. 2) begünstigenden Bestimmungen des § 115 für das Widerstreitverfahren nicht von Bedeutung sind.

„Die belangte Behörde war deshalb nach der zwingenden Vorschrift des § 109 Abs. 1 für den Fall, daß keiner der beiden Bewerbungen offenkundig der Vorzug gebühre, gehalten, das Verfahren vorerst auf die Frage des Vorzuges zu beschränken. Daß einem der beiden Projekte offenkundig der Vorzug gebühre, konnte die belangte Behörde umsoweniger von vornherein aussprechen, als sie ja hinsichtlich b e i d e r Bauvorhaben durch die Erklärung zum bevorzugten Wasserbau festgestellt hatte, daß ihre beschleunigte Ausführung im besonderen Interesse der österreichischen Volkswirtschaft gelegen sei. Sie hat nun gar nicht versucht, die Frage des zu bevorzugenden Projektes zu behandeln, sondern die Rechtsauffassung vertreten, daß ein Widerstreit im Falle des Werkes A. nicht vorliege, weil es sich nur um eine sogenannte ‚Zwischennutzung' für den Fall handle, daß das Projekt K. in dem mit dem sogenannten 5 - S t u f e n p r o j e k t noch abzuführenden Widerstreitverfahren obsiege und anschließend ausgeführt würde. Die belangte Behörde hat bei dieser Betrachtungsweise außer acht gelassen, daß die Tatsache des zwischen dem ‚5-Stufen'-Projekt und dem Projekt K. noch durchzuführenden Widerstreitverfahrens für den gegenständlichen Fall r e c h t l i c h völlig bedeutungslos sein mußte, da das zur Bewilligung stehende Projekt nur das Wasserbauvorhaben A. betraf und daher allein die Frage des Widerstreites zwischen diesem Bauvorhaben und dem Bauvorhaben K. zu lösen war.

Die Frage einer ‚Zwischennutzung' wäre nur dann von Bedeutung gewesen, wenn die Zweitbeschwerdeführer von vornherein erklärt hätten, auf die Ausübung des angestrebten Wasserrechtes etwa ab jenem Zeitpunkte bedingungslos zu verzichten, in dem der Erstbeschwerdeführerin das ihrerseits begehrte Wasserrecht erteilt worden sei und diese davon einen den Projektsbereich der Zweitbeschwerdeführer berührenden Gebrauch machte. Denn in diesem Falle wäre ein echter Widerstreit zwischen den beiderseits geplanten Wasserbenutzungen wohl nicht zu ersehen gewesen. Der belangten Behörde lag jedoch eine derartige Willenskundgebung der Zweitbeschwerdeführer nicht vor. Diese hatten vielmehr keinen Zweifel daran gelassen, daß sie das Kraftwerk A. keineswegs nur als vorübergehende, kurzfristig auszunützende Wasseranlage errichten wollen, und daß sie diese darüber hinaus nur als erste Stufe des ‚5-Stufen'-Projektes auszubauen und damit die Verwirklichung des Projektes K. zu verhindern beabsichtigten. Der durch die belangte Behörde nicht behebbare Widerstreit zwischen den Projekten A. und K. als einander zumindest teilweise ausschließenden P l a n u n g e n lag also tatsächlich vor. Die belangte Behörde hätte deshalb ihr Verfahren gemäß § 109 Abs. 1 vorerst auf die Frage des Vorzuges beschränken müssen und die seitens der Zweitbeschwerdeführer angestrebte wasserrechtliche Bewilligung nur unter der Voraussetzung erteilen dürfen, daß das Projekt A. zu bevorzugen (§ 17 Abs. 2 bzw. 3) und zunächst hierüber mit Bescheid entschieden worden war. Denn die Vorschrift des § 109 Abs. 1, wonach bei widerstreitenden Bewerbungen (ohne offenkundigen Vorzug einer dieser Bewerbungen) das Verfahren vorerst auf die Frage des Vorzuges zu beschränken ist, muß dazu führen, daß die Wasserrechtsbehörde zunächst in einer der Rechtskraft fähigen Weise und daher mittels eines gesonderter Anfechtung unterliegenden Bescheides auszusprechen hat, welche Bewerbung als bevorzugt zu gelten hat und daher dem Bewilligungsverfahren zu unterziehen ist. Diese für den Fall a l l e r widerstreitenden Bauvorhaben geschaffene gesetzliche Regelung des einzuhaltenden Vorganges bewirkt übrigens bei den zu bevorzugten Wasserbauten erklärten Bauvorhaben notwendigerweise, daß die sie begünstigenden Vorschriften des § 115 für das Widerstreitverfahren selbst ohne Bedeutung sind, d. h. also in solchen Fällen erst dann bedeutsam werden können, wenn das Widerstreitverfahren zugunsten des bevorzugten Wasserbaues geendet hat."


# Nr. 68: zu §§ 17, 100, 105, 109 und 115 WRG.

VwGH. 28. März 1963, Slg. N. F. Nr. 6003/A:

1. Ob einer von mehreren geplanten Kraftwerksbauten dem öffentlichen Interesse besser dient als ein anderer, ist nicht allein danach zu beurteilen, ob der eine mehr elektrische Energie zu liefern verspricht als der andere, es ist auch auf die — nach dem Wasserrechtsgesetz nicht entschädigungsfähigen — Eingriffe Bedacht zu nehmen, die die geplante Wasserbenützung in den Lebensbereich breiter Bevölkerungskreise mit sich bringen würde.

2. Der mit der Bestimmung des § 17 verbundene Hinweis auf § 105 kann nicht als tauglich für die ausreichende Charakterisierung des zu prüfenden öffentlichen Interesses erkannt werden. Das öffentliche Interesse im Sinne des § 17 Abs. 1 kann nach Überzeugung des VwGH. überhaupt nicht ein solches sein, das seinen Niederschlag in gesetzlichen Anordnungen gefunden hat; denn gesetzliche Bestimmungen über die Art, in welcher ein Wasserkraftprojekt dem öffentlichen Interesse zu dienen hat, sind nicht nur nicht vorhanden, sondern kaum denkbar, dies deshalb, weil das Interesse des Volksganzen an der Gewinnung elektrischer Energie einerseits selbstverständlich und andererseits derart vielschichtig ist, daß sich eine erschöpfende legistische Darstellung dieses Interesses wohl nicht finden ließe.

„§ 17 Abs. 1 weist den Vorzug im Widerstreit jenem Vorhaben zu, das dem öffentlichen Interesse besser dient. Der damit verbundene Hinweis auf § 105 kann nicht als tauglich für die ausreichende Charakterisierung des dergestalt zu prüfenden öffentlichen Interesses erkannt werden. Dies aus mehrfachen Gründen. In erster Linie ist festzustellen, daß § 105 dazu dient, für die vorläufige — und einem Widerstreitverfahren vorausgehende — Überprüfung eines Unternehmens von vornherein klarzustellen, welchen Interessen es nicht z u w i d e r l a u f e n darf, um überhaupt als zulässig befunden zu werden. Für die entgegengesetzte Prüfung, welchen Interessen ein Unternehmen besser dient, ist also mit solchen Gesichtspunkten nichts gewonnen. Um aber dennoch den diesbezüglichen Einwänden der Erstbeschwerdeführerin zu begegnen, sei gesagt, daß von einer Wasserverschwendung durch das Fünfstufenprojekt im Sinne des § 105 lit. h nicht die Rede sein kann. Es ist selbstverständlich und liegt in der Natur der widerstreitenden Projekte, daß im einen Falle die Wasserkraft günstiger ausgewertet wird als im anderen. Eine Wasserverschwendung könnte aber nach der Bedeutung dieses Wortes nur dann angenommen werden, wenn das Wasser für Zwecke verwendet werden soll, die auch auf andere Weise erreicht werden könnten, oder wenn mehr Wasser in Anspruch genommen wird, als zur Erreichung des gedachten Zweckes notwendig ist. Die gleichen Gesichtspunkte müssen auch für die Frage einer möglichst vollständigen wirtschaftlichen Ausnutzung der in Anspruch genommenen Wasserkraft gelten, ob nämlich das Projekt an sich die nach seiner Planung erfaßte Wasserkraft dergestalt ausnützt. Wäre dem nicht so, dann müßten Laufkraftwerke mit einem geringen Aufstau gemäß § 105 regelmäßig schon dann als unzulässig angesehen werden, wenn mit einem höheren Aufstau eine größere Wasserkraftnutzung zu erwarten wäre. Dies kann aber nicht die Absicht des Gesetzes gewesen sein. Damit erscheinen übrigens auch die diese Frage berührenden Einwände der Erstbeschwerdeführerin gegen das anstandslose Ergebnis des vorläufigen Überprüfungsverfahrens der belangten Behörde als hinfällig.

Das öffentliche Interesse im Sinne des § 17 Abs. 1 kann aber nach Überzeugung des Verwaltungsgerichtshofes überhaupt nicht ein solches sein, das seinen Niederschlag in gesetzlichen Anordnungen gefunden hat. Denn Gesetzesbestimmungen über die Art, in welcher ein Wasserkraftprojekt zur Gewinnung elektrischer Energie dem öffentlichen Interesse zu dienen hat, sind nicht nur nicht vorhanden, sondern kaum denkbar. Dies deshalb, weil das Interesse des Volksganzen an der Gewinnung elektrischer Energie aus der Wasserkraft einerseits selbstverständlich und anderseits derart vielschichtig ist, daß sich eine erschöpfende legistische Darstellung dieses Interesses wohl nicht finden ließe. Wäre unter diesen Interessenbereichen nur das Interesse an der bestmöglichen Wasserbenutzung und daher im Gegenstande an der Gewinnung von möglichst vieler und günstig zu liefernder elektrischer Energie zu verstehen, dann hätte dies als nächstliegender Gesichtspunkt im Gesetze zum Ausdruck kommen müssen, und dann wäre die hier zur Beantwortung stehende Frage sofort gelöst. Denn dann müßte dem Projekte K. unstreitig der Vorzug gebühren. Nun besteht aber nicht ein öffentliches Interesse an Gewinnung elektrischer Energie u m j e d e n P r e i s, also auch nicht um den Preis sehr einschneidender Eingriffe in den Lebensraum breiter Volksschichten. Gewiß muß das Interesse einer Minderheit an der Erhaltung ihrer bisherigen Lebensbedingungen häufig dem Interesse der Mehrheit an öffentlichen Einrichtungen mannigfachster Art weichen. Dafür ist ja auch im Wasserrechtsgesetz die Möglichkeit von Zwangseingriffen gegen Entschädigung geschaffen worden. Bedingen die mit einem Projekte notwendigerweise verbundenen Eingriffe in den Lebensraum eines Teiles der Bevölkerung aber nicht nur solche Zwangsschritte großen Ausmaßes, sondern darüber hinaus Fernwirkungen bedeutsamster und nach dem Wasserrechtsgesetze (§§ 60 ff.) nicht mehr entschädigungsfähiger Art, dann erhebt sich zwangsläufig die Frage, in welchem Maße noch ein derartiges Projekt dem Volksganzen zu dienen fähig sei und ob die Mehrdarbietung elektrischer Energie an die Allgemeinheit jene Nachteile aufzuwiegen vermöge, die es gegenüber einem weniger Energieausbeute versprechenden Projekt einer breiten Volksschichte zuzufügen droht. Wollte man diese Folgerungen, die sich bei der Beurteilung eines derartigen Widerstreites nach § 17 Abs. 1 abzeichnen, vernachlässigen, könnte man dem nicht zu übersehenden Sinne dieser Gesetzesvorschrift nach Überzeugung des Verwaltungsgerichtshofes nicht gerecht werden. Aus diesen Überlegungen folgt weiter, daß bei einem Projekte dieser Art, das mit überaus einschneidenden Eingriffen in die Lebensführung weiter Kreise der Bevölkerung einhergeht, nur dann eine Berücksichtigung dieser Eingriffe entfallen darf, wenn es ausgeführt werden muß, um größere Nachteile hintanzuhalten, die sonst dem Volksganzen bevorstünden. Mit anderen Worten gesagt, müßte feststehen, daß die Energieproduktion in solcher Weise unabdinglich ist, um die Energieversorgung aufrechtzuerhalten.“

## Nr. 69: zu §§ 17, 27, 105 und 112 WRG.

VwGH. 27. Oktober 1966, Zl. 204/66:

**Der Gesichtspunkt, daß im Widerstreit einem Vorhaben zur Befriedigung eines gegenwärtigen dringenden Bedarfes der Vorzug gebührt gegenüber der Befriedigung eines künftigen und ungewissen Bedarfes, widerspricht nicht dem Gesetz.**

„Wie sich aus der Begründung des angefochtenen Bescheides, insbesondere aber auch aus dem Vorbringen des Vertreters der belangten Behörde bei der mündlichen Verhandlung vor dem Verwaltungsgerichtshof ergibt, hat die belangte Behörde dem Vorhaben der mitbeteiligten Partei vor allem deswegen den Vorzug gegeben, weil dieses Vorhaben der Befriedigung eines gegenwärtigen dringenden Bedarfes, das Vorhaben der Beschwerdeführerin dagegen nur der Befriedigung eines künftigen, zeitlich noch nicht entsprechend fixierten Bedarfes dient. Der VwGH. kann nicht finden, daß diese Auslegung dem Gesetz widerspricht.

§ 17 Abs. 1 weist den Vorzug im Widerstreitverfahren jenem Vorhaben zu, welches dem öffentlichen Interesse besser dient. Zu dem in dieser Gesetzesstelle verwendeten Ausdruck ‚besser dienen‘ hat der Verwaltungsgerichtshof in seinem Erkenntnis vom 23. Oktober 1953, Slg. N. F. Nr. 3152/A, ausgeführt, daß es sich hiebei um einen unbestimmten Rechtsbegriff handelt, der einer näheren Abgrenzung unter Bedachtnahme auf den Sinn der gesetzlichen Vorschriften bedarf. In dem Erkenntnis vom 28. März 1963, Slg. N. F. Nr. 6003/A, hat der VwGH. auch dargelegt, daß der durch die Zitierung des § 105 im § 17 erfolgte Hinweis für eine ausreichende Charakterisierung des zu prüfenden öffentlichen Interesses nicht herangezogen werden kann. Er hat in diesem Erkenntnis weiter ausgeführt, daß dieses öffentliche Interesse überhaupt nicht ein solches sein kann, das seinen Niederschlag in einer gesetzlichen Anordnung gefunden hat. Es war daher nicht rechtswidrig, wenn die belangte Behörde bei der Entscheidung des Widerstreites nicht auf die im § 105 angeführten Interessen, denen jedes Vorhaben entsprechen muß, soll es überhaupt in den Kreis der zu vergleichenden Unternehmen einbezogen werden, Bedacht genommen hat, sondern den Gesichtspunkt herangezogen hat, daß das eine Vorhaben der Befriedigung eines unmittelbar gegebenen, das andere der Befriedigung eines künftigen Bedarfes dienen soll. Daß eine solche Erwägung den Intentionen des WRG. entspricht, ergibt sich sowohl aus der Bestimmung des § 112, wonach zugleich mit der Bewilligung von Wasseranlagen angemessene Fristen für den Baubeginn und die Bauvollendung zu bestimmen sind, als auch aus der Vorschrift des § 27 Abs. 1 lit. f, wonach ein Wasserbenutzungsrecht auch dann erlischt, wenn der Bau nicht rechtzeitig begonnen oder nicht rechtzeitig vollendet wird. Beide gesetzlichen Bestimmungen lassen die Absicht des Gesetzgebers erkennen, daß Wasserbenutzungsrechte nicht ‚gehortet‘ werden dürfen . . .

Es ist gerichtsbekannt, daß die europäische Energieversorgung bereits weitgehend auf dem gegenseitigen Austausch elektrischer Energie im Rahmen der Verbundwirtschaft aufgebaut ist und daß Österreich Strom nicht nur exportiert, sondern häufig auch auf Stromimporte, u. a. aus der Bundesrepublik Deutschland, angewiesen ist. Ein Widerspruch mit allgemeinen volkswirtschaftlichen Interessen kann daher in einem Stromexport der gegenständlichen Art, abgesehen davon, daß es sich dabei bisher ja um etwa zwei Drittel Fremdbezüge der mitbeteiligten Partei handelte, nicht erblickt werden. Es kann daher nicht als mit den Intentionen des WRG. im Widerstreit stehend angesehen werden, wenn die mitbeteiligte Partei in der Vergangenheit und in der Zukunft Strom ins Ausland liefert. Daß jede solche Lieferung überdies in irgendeiner Form in ausländischer Währung oder in ausländischen Waren — aber auch durch Gegenlieferung von Strom — abgegolten wird, ist eine volkswirtschaftliche Tatsache.“

# Nr. 70: zu § 18 WRG.

VwGH. 10. März 1966, Slg. N. F. Nr. 6881/A:

Die in § 18 den Bundesländern anderen Bewerbern gegenüber eingeräumte Bevorzugung kann nur dann eintreten, wenn es sich um eine vom Land im eigenen Namen und auf eigene Rechnung auszuführende und zu betreibende Anlage handelt.

„Aus dem Gesetzeswortlaut geht unmißverständlich hervor, daß die den Bundesländern gegenüber anderen Bewerbern eingeräumte Bevorzugung nur dann eintreten soll, wenn es sich einwandfrei um eine vom Land im eigenen Namen und auf eigene Rechnung auszuführende und zu betreibende Wasserkraftanlage handelt. Nun hat die belangte Behörde nach der Begründung des angefochtenen Bescheides aus der seitens der Landesgesellschaft bekanntgewordenen Absicht, den Bach der e i g e n e n Planung vorzubehalten und zu diesem Zwecke die Beanspruchung des im § 18 vorgesehenen Rechtes zu veranlassen, weiters der Tatsache, daß das vom Beschwerdeführer vorgelegte Projekt im Auftrage der Landesgesellschaft ausgearbeitet worden ist, endlich aus dem in der Landeszeitung veröffentlichten Berichte des Landeshauptmannes über den Ausbau des Bachprojektes und dessen sichtliche Einreihung unter die Kraftwerksbauten der Landesgesellschaft den Schluß gezogen, daß das Projekt in Wahrheit durch die Landesgesellschaft erstellt und die in Anspruch genommene Wasserkraft daher in Wahrheit für diese mit dem Bundeslande nicht idente Rechtsperson gesichert werden soll.

Der Verwaltungsgerichtshof muß anerkennen, daß dieser Schluß der Folgerichtigkeit durchaus nicht entbehrt. Er beruht auch nicht auf einer Aktenwidrigkeit, weil alle maßgebenden Momente aktenkundig sind.

Kam die belangte Behörde aber berechtigt zu dem Schlusse, daß das beanspruchte Recht nicht unmittelbar durch das Land ausgenützt werden solle und daß sie daher aus solchen Gründen nicht ermächtigt sei, in das wr. Bewilligungsverfahren nach § 18 einzutreten, so mußte die Beschwerde bereits aus dieser Überlegung als unbegründet abgewiesen werden.“

# Nr. 71: zu §§ 19 und 64 WRG.

OGH. 7. Juni 1963, 1 Ob 86/63, ÖJZ. 1964, Heft 2, Ev.Bl. Nr. 31:

Für die nach dem WRG. entstandenen und zu beurteilenden Wasserrechte ist die Wasserrechtsbehörde zuständig. Dies ist insbesondere dann der Fall, wenn ein Zwangs- oder Mitbenützungsrecht eingeräumt wird.

# Nr. 72: zu §§ 22 und 124 WRG.

VwGH. 25. Oktober 1962, Zl. 1739/61:

Eine Anzeige nach § 22 Abs. 2 bedarf keiner besonderen Kenntnisnahme; der behördlichen Kenntnisnahme kann daher kein Bescheidcharakter zukommen.

# Nr. 73: zu § 22 WRG.

VerfGH. 25. Juni 1964, B 344/63, Slg. N. F. Nr. 4754:

1. Keine verfassungsrechtlichen Bedenken gegen § 22.

2. Es ist durchaus denkmöglich, daß ein Wasserrecht an die Wasserbenutzungsanlage gebunden und mit dem Wegfall des bisher Berechtigten nicht erloschen ist, sondern nun vielmehr dem neuen Erwerber der Anlage zusteht.

3. Es ist denkmöglich, daß die Unterlassung der Anzeige der Übergabe einer Wasseranlage in Ermangelung des konstitutiven Charakters von Wasserbucheintragungen nicht das Erlöschen des Wasserbenützungsrechtes zur Folge hat.

# Nr. 74: zu § 22 WRG.

VwGH. 10. September 1964, Slg. N. F. Nr. 6415/A:

**Eine Wasserversorgungsanlage besteht begriffsnotwendig nicht nur aus dem Rohrleitungsnetz, sondern vornehmlich aus dem Wasserspender, so daß durch die (Eigentums-)Übertragung am Rohrleitungsnetz allein das Wasserrecht an der Wasserversorgungsanlage und die damit verbundenen Verpflichtungen nicht übergehen können.**

„Die Beschwerdeführerin bekämpft zunächst die Auffassung, wonach gemäß § 22 das der Aktiengesellschaft verliehene Wasserrecht auf Grund eines Vertrages auf die Gemeinde übergegangen sei, mit der Begründung als rechtswidrig, daß in diesem Vertrag lediglich von dem Verkaufe der ca. 6 km langen Rohrleitungen des gesamten Wasserversorgungsnetzes für die Ortschaften P. und A. samt der zur Gemeinde T. gehörigen Ortsteile von P. und der Auferlegung einer Lieferungsverpflichtung die Rede, daß eine Übertragung des die Wasserleitung versorgenden Werksbrunnens nicht erfolgt und daß das gekaufte Rohrnetz an den gemeindeeigenen Brunnen angeschlossen worden sei. Unter einer Betriebsanlage im Sinne des § 22 könne aber nur eine mit einem Wasserbenutzungsrecht verknüpfte technische Anlage verstanden werden. Wasserbenutzungsrecht und Betriebsanlage bildeten, wasserrechtlich gesehen, eine Einheit. Wenn im vorliegenden Falle lediglich eine Übertragung des Rohrnetzes ohne den Werksbrunnen erfolgt sei, so sei dadurch keine Übertragung im Sinne des § 22 erfolgt. Diesen Ausführungen muß beigepflichtet werden. Eine Wasserversorgungsanlage besteht begriffsnotwendig nicht nur aus dem Rohrleitungsnetze, sondern vornehmlich aus der diese Leitung mit Wasser versorgenden Anlage.“

# Nr. 75: zu § 22 WRG.

VerfGH. 27. März 1963, V 16/62:

**1. Eine Verordnung ist gesetzwidrig, wenn sie, obwohl sie generellen Charakter hat, nicht im Bundesgesetzblatt kundgemacht worden ist.**
**2. Wenn eine Verordnung über die Bewertung von Wasserbenutzungen alle diesbezüglichen Nutzungsrechte schlechthin betrifft und die mit Liegenschaften verbundenen Nutzungsrechte nicht ausnimmt, so widerspricht sie § 11 des Bewertungsgesetzes 1955.**

A n m e r k u n g : Aufhebung einiger Sätze der Verordnung des Bundesministeriums für Finanzen vom 13. April 1960, Zl. 156.916-10/59, Amtsblatt für die österr. Finanzverwaltung Nr. 125/1960.

# Nr. 76: zu §§ 26 und 15 WRG.

OGH. 9. Juli 1958, SZ. XXXI 97:

**Schadenersatzpflicht einer Wasserkraft- und Elektrizitätsgesellschaft bei Beeinträchtigung des Fischbestandes der Kraftwerksstauräume.**

# Nr. 77: zu §§ 26 und 117 WRG.

VwGH. 16. April 1959, Slg. N. F. Nr. 4941/A:

**1. Zur Entscheidung über den Ersatz eines durch eine bestehende Wasserkraftanlage verursachten Schadens ist nicht die Wasserrechtsbehörde zuständig.**
**2. Wurde in den Bewilligungsbescheid hinsichtlich der Entschädigung der vom Höherstau betroffenen Grundeigentümer ein Vorbehalt für die Zeit bis zur**

Kollaudierung aufgenommen, ohne vorläufig überhaupt eine Entschädigung fest-
zusetzen, und bei der Kollaudierung zwischen den Beteiligten über die Ent-
schädigungsfrage Einigung erzielt, können weitere Entschädigungs- bzw. Schadenersatzansprüche im Verwaltungsweg nicht mehr geltend gemacht werden.

## Nr. 78: zu §§ 26 und 117 WRG.

VwGH. 8. Oktober 1959, Slg. N. F. Nr. 5069/A:

Der Grundnachbar besitzt einen Rechtsanspruch darauf, daß bei Erteilung
einer wr. Bewilligung darüber abgesprochen wird, ob mit dem Eintritt nachteiliger Wirkungen auf sein Eigentum überhaupt nicht oder nur in einem bestimmten Umfang gerechnet wird.

„Ob bei der Erteilung einer wr. Bewilligung mit dem Eintritt nachteiliger
Wirkungen überhaupt nicht oder nur in einem geringeren Umfange gerechnet
worden ist, ist für das zur Entscheidung über einen Schadenersatzanspruch angerufene Gericht Sachverhaltselement und von diesem nach den Vorschriften über
das gerichtliche Verfahren festzustellen. Als ein wichtiges Beweismittel in dieser
Hinsicht kommen die Akten des Verwaltungsverfahrens in Betracht.

Aus der vorstehend dargelegten Rechtslage ergibt sich, daß die Wasserrechtsbehörde zu einem Ausspruch über die Leistung eines Schadenersatzes nicht zuständig ist.

Das Vorbringen des Beschwerdeführers kann jedoch auch so verstanden werden, die Wasserrechtsbehörde möge feststellen, daß mit dem Eintritt eines Schadens überhaupt nicht oder nur in einem bestimmten Ausmaß gerechnet wurde, um
dem Beschwerdeführer die Möglichkeit der Anrufung der Gerichte im Sinne des
§ 26 WRG. zu geben. Wegen der mit einer solchen Feststellung verbundenen
Rechtsfolgen steht dem Nachbar ein Anspruch auf diese Feststellung zu.“

## Nr. 79: zu §§ 26 und 31 WRG.

OGH. 17. Jänner 1964, 1 Ob 195/63, ÖJZ. 1964, Heft 13, Ev.Bl. Nr. 239:

Ein Bauunternehmer hat trotz behördlicher Genehmigung der ihm übertragenen Arbeiten die mit der Durchführung für fremdes Eigentum verbundenen
Gefahren im Rahmen des § 1299 ABGB. selbstverantwortlich zu prüfen.

## Nr. 80: zu §§ 26 und 98 WRG.

OGH. 22. April 1964, 6 Ob 15/64, JBl. 1964, Heft 21/22, S. 569:

Keine Amtshaftung, wenn ein Schaden durch Maßnahmen einer öffentlich-
rechtlichen Körperschaft als Trägerin von Privatrechten ohne Befehls- und
Zwangsgewalt, also im Verhältnis rechtlicher Gleichordnung zugefügt wurde.

## Nr. 81: zu § 26 WRG.

OGH. 2. Dezember 1964, 6 Ob 313/64, JBl. 1965, Heft 11/12, S. 319; ÖJZ. 1965,
Heft 18, Ev.Bl. Nr. 321:

1. Der Sachverständige haftet für sein Gutachten grundsätzlich nur dem
Besteller (§§ 1299 und 1300 ABGB.).
2. In der Regel besteht keine Haftung des Sachverständigen gegenüber dritten Benützern seines Gutachtens.

# Nr. 82: zu §§ 26 und 31 WRG.

OGH. 17. März 1965, 6 Ob 72/65, JBl. 1965, Heft 17/18, S. 474:

**Die Schadenshaftung eines Anlageneigentümers für den verkehrssicheren und gefahrlosen Zustand darf nicht überspannt werden; nur die Außerachtlassung der verkehrsüblichen Aufmerksamkeit fällt ins Gewicht (§§ 1295 ABGB.).**

# Nr. 83: zu § 26 WRG.

OGH. 28. Juni 1965, SZ. XXXVIII 106:

**Nachbarrechtliche Haftung einer Gemeinde für Immissionsschäden, die durch ein Gebrechen an einer in ihrem Eigentum stehenden, wr. nicht bewilligten Wasserleitungsanlage an Nachbargrundstücken entstehen.**

„Die Errichtung und Instandhaltung einer Wasserleitung wird, auch wenn eine Gebietskörperschaft dafür verantwortlich ist, wohl nicht immer zum Bereich der Hoheitsverwaltung gehören; im Falle der Stadt W. hat aber das Berufungsgericht diese Frage zutreffend bejaht.

Die Unterinstanzen haben richtig gesehen, daß die Beklagte nicht ‚Wasserberechtigte‘ im Sinne des WRG. ist, weil ihre Wasserleitungsanlage nicht auf Grund einer wasserrechtsbehördlichen Bewilligung errichtet wurde. Daher kommen die Bestimmungen des § 26 WRG., welche die Grundlagen für Ersatzforderungen im Zusammenhang mit bewilligten Wasserbenützungsanlagen im Vergleich zu jenen des ABGB. teils erweitert, teils eingeschränkt haben, nicht zur Anwendung (vgl. Hartig-Grabmayr Anm. 3 zu § 26 WRG.), obgleich eine Wasserleitung als Trink- und Nutzwasserversorgungsanlage gewiß auch — wie das Berufungsgericht zutreffend erkannte — zu den Wasserbenützungsanlagen gehört (vgl. dazu auch Krzizek WRG. S. 59). Daraus ergibt sich zunächst, daß — vom Standpunkt des Wasserrechtes aus gesehen — einer Heranziehung der nachbarrechtlichen Vorschriften des ABGB. nichts entgegensteht.

Nun muß allerdings auch noch berücksichtigt werden, daß die Tätigkeit der Beklagten auf dem Gebiet der öffentlichen Wasserversorgung — wie bereits einleitend festgehalten wurde — zum Bereich der Hoheitsverwaltung gehört. Das ist aber nur insoweit bedeutsam, als die Kläger echte Schadenersatzansprüche, also Ansprüche im Sinne der §§ 1293 ff. ABGB., erheben und die Amtshaftung der Beklagten für ein Verschulden ihrer Organe geltend machen. Die nachbarrechtlichen Ersatzansprüche nach §§ 364 ff. ABGB. sind aber keine Schadenersatzansprüche nach §§ 1293 ff. ABGB., sondern Ansprüche eigener Art, nämlich Ausgleichsansprüche, wie bereits das Berufungsgericht hervorgehoben hat. Sie sind am ehesten mit dem Anspruch auf Entschädigung für Enteignung zu vergleichen. Besonders deutlich ist dies im Falle des § 364 a ABGB., d. h. bei der nachträglichen Entschädigung von Immissionen, die von einer behördlich genehmigten Anlage ausgehen, weil hier — eben zufolge der behördlichen Bewilligung — nicht einmal von einer Rechtswidrigkeit gesprochen werden kann (vgl. Klang a. a. O. zu § 364 a unter 3 a; Lachout a. a. O.). Im Fall einer nach § 364 ABGB. zu beurteilenden Immission nimmt die Lehre zwar Rechtswidrigkeit an, wie bereits in anderem Zusammenhang erwähnt wurde, ihren Standpunkt, es handle sich aber trotzdem nicht um einen Schadenersatz-, sondern um einen Ausgleichsanspruch, hat der OGH. aber auch in seiner neuesten Rechtsprechung geteilt (SZ. XXXII 88 u. a., zuletzt etwa 6 Ob 115/65).

Bei der Wasserleitung handelt es sich nicht um einen Teil des öffentlichen Gutes, wie dies bei der L.-Straße der Fall ist, sie gehört vielmehr zum sogenannten Verwaltungsvermögen der Beklagten; sie ist nämlich nicht der Allgemeinheit zum

Gebrauch überlassen wie die Straße, sondern dient der Beklagten zur Erfüllung ihrer hoheitsrechtlichen Aufgaben auf dem Gebiet der öffentlichen Wasserversorgung (vgl. dazu Klang a. a. O. zu §§ 287 f. ABGB. unter I B und C 1 a). Damit scheidet sie aber nicht schlechthin aus dem Anwendungsbereich der Privatrechtsordnung aus. Eine Kaserne gehört gewiß zum Verwaltungsvermögen des Bundes und wird, wenn sie zur Unterbringung eines Truppenteiles dient, auch von ihrem Eigentümer zur Erfüllung von Aufgaben im Bereich der Hoheitsverwaltung verwendet. Deshalb bestehen zu den Eigentümern benachbarter Grundstücke aber doch gewisse nachbarrechtliche Beziehungen. Die Vorsorge, daß vom Kasernenbereich nicht Abwässer, Rauch usw. die Nachbargrundstücke beeinträchtigen, gehört nicht zum Bereich der Hoheitsverwaltung (Landesverteidigung). Hier kann der Staat als Eigentümer der Kaserne den Nachbarn auch nicht mit Befehlsgewalt entgegentreten; diese brauchen sich solche Immissionen ebensowenig gefallen zu lassen wie der Staat, wenn von den Nachbargrundstücken Immissionen in den Kasernenbereich ausgingen.

Ähnlich ist die Rechtslage auch bei der Wasserleitung der Beklagten. Ihr Betrieb und ihre Erhaltung gehören insoweit zum Bereich der Hoheitsverwaltung, als es sich um die Aufrechterhaltung einer ausreichenden und einwandfreien Versorgung der Bevölkerung mit Wasser handelt. Die Vorsorge und Verantwortung dafür, daß im Fall eines Defektes nicht Immissionen in benachbarte Privatgrundstücke erfolgen, dient nicht der Erfüllung von Aufgaben der Hoheitsverwaltung (öffentliche Wasserversorgung), sondern findet ihren rechtlichen Beurteilungsbereich zunächst in der Bestimmung des § 364 Abs. 1 und dann im § 364 Abs. 2 ABGB.

Für die Verfolgung des daraus ableitbaren Ausgleichsanspruches bei dem es auf die Frage eines Verschuldens der Beklagten oder ihrer Organe nicht ankommt, besteht darum weder nach dem Amtshaftungsgesetz noch nach sonstigen Vorschriften ein Hindernis.“

# Nr. 84: zu §§ 26 und 15 WRG.

OGH. 1. Dezember 1965, 7 Ob 298/65:

**Voller nachbarrechtlicher Schutz des Eigentümers des Fischereirechtes bei Fischsterben durch nachbarliche Asphaltierungsarbeiten.**

# Nr. 85: zu §§ 26, 50 und 74 WRG.

OGH. 31. März 1966, SZ. XXXIX 61:

**Schadenersatzanspruch des Fischereipächters gegen eine Wassergenossenschaft wegen Nichtverhinderung von Anstauungen und Unterlassung der Treibeisentfernung ist kein Amtshaftungsanspruch, sondern betrifft eine Angelegenheit der Wirtschaftsverwaltung.**

„Bei der Prüfung der Frage, ob es sich bei dem geltend gemachten Anspruch, der von den Klägern unter Hinweis auf die im § 26 Abs. 6 WRG. 1959 normierte Zuständigkeit der ordentlichen Gerichte erhoben worden ist, um einen solchen nach dem Amtshaftungsgesetz handelt, ist davon auszugehen, daß es die beklagte Partei schuldhaft und rechtswidrig unterlassen haben soll, Vorkehrungen zur Verhinderung von Eisstauungen in ihrem Wassernutzungsgebiet zu treffen, und daß sie es zudem versäumt haben soll, den Ablaßgraben ordentlich instandzuhalten und für die Weiterbeförderung des in diesen Graben gelangten Treibeises zu sorgen.

Gemäß dem § 1 AHG. ist es eine Voraussetzung seiner Anwendbarkeit, daß die Organe der belangten Körperschaft bei der Schadenszufügung in Vollziehung der Gesetze gehandelt haben, worunter im Sektor der Verwaltung nur der Bereich der Hoheitsverwaltung zu verstehen ist. Im Gegensatz dazu steht die Wirtschaftsverwaltung. Nach ständiger Rechtsprechung des OGH., welche mit der herrschenden Lehre (Adamovich Handbuch des österreichischen Verwaltungsrechtes S. 8 ff.) im Einklang steht, ist das maßgebliche Merkmal der Wirtschaftsverwaltung darin zu erblicken, daß hier eine rechtliche Gleichordnung der Körperschaft öffentlichen Rechtes gegenüber den anderen Rechtssubjekten besteht und daß keine Befehls- und Zwangsgewalt gegeben ist (1 Ob 355/60 ZVR. 1961 Nr. 179; Loebenstein-Kaniak Komm. zum AHG. S. 44; SZ. XXVII 256; Melichar Zur Problematik der Privatwirtschaftsverwaltung JBl. 1956 S. 429; SZ. X 138, 6 Ob 15/64 u. v. a.). Wird das Vorbringen der Kläger nach diesen Gesichtspunkten beurteilt, dann zeigt sich, daß die beklagte Partei in ihrer Eigenschaft als Wasserberechtigte den Schaden durch Nichterfüllung der ihr kraft Gesetzes (Erkenntnis des VwGH. vom 28. September 1956, Slg. 4151/A) obliegenden, im § 50 WRG. 1959 geregelten Instandhaltungspflicht schuldhaft herbeigeführt haben soll. Nach dem Vorbringen der Kläger hat es die beklagte Partei versäumt, der ihr gleichzeitig mit der Verleihung des Wassernutzungsrechtes gesetzlich auferlegten Instandhaltungspflicht nachzukommen. Die Instandhaltungspflicht trifft alle Wasserberechtigten unter der Voraussetzung, daß es sich um eine genehmigte Wasseranlage handelt und keine rechtsgültigen Verpflichtungen anderer bestehen, in gleicher Weise.

Der Umstand, daß einerseits die Wasserrechtsbehörde einen wasserpolizeilichen, den Titel für eine Vollstreckungsverfügung nach § 4 VVG. 1950 bildenden Auftrag zur Nachholung unterlassener Arbeiten erteilen kann (§ 138 Abs. 2 WRG.), und anderseits die Verletzung der Instandhaltungspflicht unbeschadet einer allfälligen strafgerichtlichen Ahndung von der örtlich zuständigen Bezirksverwaltungsbehörde als Verwaltungsübertretung zu bestrafen ist (§ 137 WRG.), beweist nicht nur die Gleichordnung der beklagten Partei mit anderen, den Bestimmungen des WRG. unterworfenen Rechtssubjekten; es wird damit auch klargestellt, daß sie selbst hinsichtlich der ihr in der Klage zum Vorwurf gemachten Versäumnisse der Befehls- und Zwangsgewalt der Wasserrechtsbehörde untersteht, eine solche aber nicht den Klägern gegenüber ausüben könnte. Es ist weder behauptet worden noch ein Anhaltspunkt dafür hervorgekommen, daß diese Mitglieder der beklagten Genossenschaft wären.

Insoweit der Revisionsrekurs glaubt, in der Sperre des Werksbaches einen in das Gebiet der Hoheitsverwaltung fallenden Verwaltungsakt erblicken zu können, kann er für seinen Standpunkt deshalb nichts gewinnen, weil diese Anordnung nach dem Klagevorbringen nicht von der beklagten Partei, sondern von der ‚S. Wasserwerksgenossenschaft' getroffen worden ist, von der beklagten Partei allerdings verschuldet worden sein soll.

Dem Rekursgericht ist demnach darin beizupflichten, daß weder das Amtshaftungsgesetz noch sonstige Vorschriften der Verfolgung des erhobenen, ausdrücklich auf § 26 WRG. gestützten Schadenersatzanspruches vor dem angerufenen Gericht entgegenstehen.“


## Nr. 86: zu §§ 26, 12, 111 Abs. 3, 114 und 122 WRG.

OGH. 15. September 1966, SZ. XXXIX 117:

**Zulässigkeit des Rechtsweges für den Anspruch auf Unterlassung von Überflutungen im Zuge eines Kraftwerksbaues, bevor die Wasserrechtsbehörde, die zur Durchführung des Enteignungs- und Entschädigungsverfahrens zuständig ist, eine einstweilige Verfügung getroffen hat.**

## Nr. 87: zu §§ 27 und 36 WRG.

VerfGH. 15. März 1963, B 127 a, b, c/62, Slg. N. F. Nr. 4378:

Nach § 27 Abs. 1 lit. a erlischt ein Wasserrecht nur durch den der Behörde zur Kenntnis gebrachten Verzicht, nicht jedoch schon durch seine bloße Nichtausübung. Daher hat die Verpflichtung zum Anschluß an die Verbandswasserleitung und Sperrung des Hausbrunnens das Erlöschen des diesbezüglichen Wasserrechtes nicht unmittelbar zur Folge.

## Nr. 88: zu §§ 27, 112 und 137 WRG.

VwGH. 2. Mai 1963, Zl. 1893/62, ÖJZ. 1964, Heft 3, Ev.Bl. Nr. 94:

Die Nichteinhaltung der Bauvollendungsfrist hat die Wirkung, daß die wr. Bewilligung nach § 27 Abs. 1 lit. f erlischt. Sie kann nicht als Nichteinhaltung einer in einem Bescheid der Wasserrechtsbehörde getroffenen Anordnung im Sinne des § 137 Abs. 1 WRG. angesehen werden.

## Nr. 89: zu § 27 WRG.

VwGH. 9. März 1961, Zl. 2543/59:

1. Nach § 27 Abs. 1 lit. g kommt es nicht auf die Reparaturfähigkeit an, sondern auf die Tatsache der Unterbrechung der Wasserbenutzung durch bestimmte Zeit.

2. Als wesentlicher Teil im Sinne von Abs. 1 lit. g gilt jeder Teil einer Wasseranlage, ohne den diese nicht betrieben werden kann.

3. Eine Fristerstreckung im Sinne des § 27 Abs. 2 kommt begrifflich nur dann in Frage, wenn die dreijährige gesetzliche Fallfrist noch nicht abgelaufen, das Recht sohin noch aufrecht ist.

## Nr. 90: zu § 27 WRG.

VwGH. 27. April 1961, Zl. 168/60:

Der Wegfall des Zweckes oder die eigenmächtige Zweckveränderung kann nur dann dem Erlöschenstatbestand des Abs. 1 lit. h unterstellt werden, wenn dieser Zweck seinerzeit für die Einräumung eines Zwangsrechtes oder für die Entscheidung eines Widerstreitverfahrens maßgebend war.

Eine Unterbrechung der Wasserbenützung im Sinne des Abs. 1 lit. g liegt nicht bei teilweisem Wegfall einzelner Versorgungsobjekte, sondern erst vor, wenn der Wegfall einer zur Wasserbenützung nötigen Vorrichtung die Wasserbenützung völlig unterbricht.

## Nr. 91: zu §§ 27, 21 und 22 WRG.

VerfGH. 25. Juni 1964, B 344/63, Slg. N. F. Nr. 4754:

1. Keine verfassungsrechtlichen Bedenken gegen § 27 Abs. 1.

2. Daß die Einschränkung des mit Wasser versorgten Personenkreises keine zum Erlöschen des Wasserrechtes gemäß § 27 Abs. 1 lit. h führende Zweckänderung (§ 21 Abs. 5) bedeutet, ist nicht denkunmöglich.

3. Es ist denkmöglich, daß der Bestand oder Nichtbestand von Wasserbenutzungsrechten ausschließlich nach öffentlichem Recht zu beurteilen ist, so daß die gerichtliche Feststellung des Erlöschens einer Wasserservitut hierauf keinen Einfluß ausübt.

# Nr. 92: zu § 29 WRG.

VwGH. 13. Oktober 1960, Slg. N. F. Nr. 5385/A:

1. Die wr. Bewilligung einer Wasserkraftanlage gestaltet eine in das Projekt einbezogene, bereits bestehende Anlage auch dann zur „Anlage" im Sinne des Abs. 1, wenn das bewilligte Projekt nicht ausgeführt und auf das erteilte Wasserrecht verzichtet wird. — Die Wasserrechtsbehörde kann dem auf das Wasserrecht Verzicht leistenden Anlagenbesitzer nur bestimmte und befristete Vorkehrungen auftragen, nicht jedoch auch die dauernde Erhaltung der Anlage oder einzelner Anlageteile.

2. Die erforderlichen Löschungsvorkehrungen sind unabhängig von der Frage der zivilrechtlichen Verfügungsgewalt über die Anlage und unbeschadet anderslautender früherer Vereinbarungen über die künftige Erhaltungspflicht dem bisher Berechtigten vorzuschreiben.

# Nr. 93: zu § 29 WRG.

VwGH. 23. Februar 1961, Zl. 2190/59:

Aus dem technischen Gutachten muß klar hervorgehen, inwieweit die gelegentlich der Auflassung einer Wasseranlage zu treffenden Vorkehrungen aus öffentlichen Rücksichten oder im Interesse bestimmter Personen wirklich notwendig sind.

# Nr. 94: zu § 29 WRG.

VwGH. 9. März 1961, Zl. 2543/59:

Bei der bescheidmäßigen Bejahung des Erlöschens handelt es sich nur mehr um die Feststellung des bereits ex lege eingetretenen Rechtsverlustes.

# Nr. 95: zu §§ 29 und 38 WRG.

VwGH. 1. Februar 1962, Zl. 622/61:

1. Die zur Feststellung des Erlöschens zuständige Behörde ist nicht berufen, für die gemäß § 29 Abs. 1 als grundsätzlich notwendig erkannten, aber bewilligungspflichtigen Instandsetzungsarbeiten außerhalb des Bewilligungsverfahrens Auflagen hinsichtlich ihrer Durchführungsart zu erteilen. Nur den Bestand, nicht aber auch den Betrieb einer Wasseranlage betreffende Vorkehrungen dürfen hiebei aufgetragen werden.

2. Die im Zuge eines Erlöschensverfahrens notwendige Anbringung einer neuen Mauer vor einem wasserdurchlässig gewordenen Teil bedarf als besondere Herstellung (§ 38 WRG.) einer eigenen wr. Bewilligung.

„Dem Mitbeteiligten wurde auf dieser Gesetzesgrundlage nach dem Sinne der darüber ergangenen Entscheidung aufgetragen, den Teich, der der aufgelassenen Wasserkraftanlage als Staubehälter gedient hatte und ihr daher zuzurechnen ist, in einer die Sicherheit der Wasserhaltung gewährleistenden Art neu abzudämmen. Der bisher Wasserberechtigte wurde mithin verpflichtet, an dem wasserdurchlässig gewordenen Damm Instandsetzungsarbeiten vorzunehmen, die er bis dahin offenkundig versäumt hatte. Allerdings kann nicht übersehen werden, daß sich die aufgetragenen Baumaßnahmen nach dem Inhalt des insoweit durch den angefochtenen Bescheid unverändert belassenen Berufungsbescheides keineswegs nur auf die bisher bestandene Dammanlage beziehen; sondern dem Mitbeteiligten darüber hinaus die Abänderung der bisherigen Anlage auferlegen. Dem bestehenden Damm ist nämlich eine rund 15 m lange, neu zu errichtende Betonmauer vorzusetzen. Wie richtig erkannt wurde, konnte ein derartiger Auftrag nur dann ordnungsgemäß erfüllt werden, wenn vorher entsprechende Bau- und Lagepläne vorgelegt wurden. Was dabei aber übersehen wurde, ist die Tatsache, daß der Mitbeteiligte für eine derartige neue abändernde Bauführung gemäß § 38 Abs. 1 einer gesonderten wr. Bewilligung bedarf und daß eine solche Bewilligung die Bedachtnahme auf fremde Rechte, also auch auf das Recht des Beschwerdeführers zur Benützung des aus dem Teich abfließenden Wassers (§ 12 Abs. 2) erfordert. Im Rahmen des über dieses Vorhaben durch die zuständige Wasserrechtsbehörde durchzuführenden Bewilligungsverfahrens ist auch der Beschwerdeführer zu hören, wobei dieser jene Einwendungen vorbringen kann, welche eine allfällige Beeinträchtigung seines Wasserbenutzungsrechtes durch die Baudurchführung aufzeigen. Die belangte Behörde konnte ebensowenig wie die Vorinstanz bei dieser Rechtslage dazu berufen sein, bereits von sich aus und außerhalb eines Bewilligungsverfahrens Auflagen für die Durchführung der grundsätzlich als notwendig anerkannten und daher gemäß § 29 aufgetragenen Instandsetzungsarbeiten solcher Art zu erteilen. Noch viel weniger konnte ihr eine Zuständigkeit für die überdies erteilte Auflage zukommen, den Teich außerhalb der normalen Abfischungszeit nur mit Bewilligung der Wasserrechtsbehörde abzulassen, d. h. also auch, ihn während der Abfischungszeit bewilligungslos und damit ohne Berücksichtigung fremder Rechte abzulassen. Denn § 29 läßt nur die Auferlegung von Vorkehrungen zu, die den Bestand, nicht aber solche, die den Betrieb einer Wasseranlage betreffen. Der weitere Betrieb würde ja ein aufrechtes Wasserrecht voraussetzen, während § 29 vom gegenteiligen Fall ausgeht."

## Nr. 96: zu §§ 29 und 98 WRG.

OGH. 7. Juni 1963, 1 Ob 86/63, ÖJZ. 1964, Heft 2, Ev.Bl. Nr. 31:

**Über das Bestehen und den Umfang eines vertraglich eingeräumten Wasserleitungs- und Wasserbezugsrechtes haben die ordentlichen Gerichte zu entscheiden.**

## Nr. 97: zu § 29 WRG.

VwGH. 9. April 1964, Zl. 816/63:

**Ein Wasserbenutzungsrecht erlischt in den Fällen des § 27 Abs. 1 in dem Zeitpunkt, in dem der gesetzliche Tatbestand verwirklicht ist. Der „bis dahin Wasserberechtigte" kann sich seiner Verpflichtung zur Vornahme der durch die Auflassung notwendigen Vorkehrungen im Sinne des § 29 Abs. 1 nicht durch eine nachträgliche Veräußerung der restlichen Betriebsanlage oder der Liegenschaft entziehen.**

„Nun hat die belangte Behörde unbestritten festgestellt, daß das gegenständliche Wasserbenutzungsrecht im Mai 1959 erloschen ist, da die Mühle durch ein Hochwasser im Mai 1956 zerstört wurde und eine Verlängerung der dreijährigen Frist vor deren Ablauf im Sinne des § 27 Abs. 2 nicht beantragt wurde. Sie hat weiter festgestellt, daß die Beschwerdeführerin die Mühle erst mit Vertrag vom 29. Dezember 1959 veräußert hat, so daß im Zeitpunkt des Erlöschens noch die Beschwerdeführerin Wasserberechtigte war und sohin nur diese allein als ‚bisher Wasserberechtigte' im Sinne des § 29 Abs. 1 in Betracht kommen kann. Die letztere Annahme der belangten Behörde bekämpft die Beschwerdeführerin mit dem Hinweis, daß die belangte Behörde zu Unrecht ihre Einwendung, daß die Liegenschaft von der Beschwerdeführerin verkauft wurde und auf Grund dieses Verkaufes alle mit dem Grundeigentum verbundenen Pflichten auf die Käufer übergegangen sind, unberücksichtigt gelassen habe.

Nach § 29 Abs. 1 ist bei Erlöschen des Wasserbenutzungsrechtes der bisher Wasserberechtigte grundsätzlich verpflichtet, die Wasserbenutzungsanlage zu beseitigen und den früheren Zustand wiederherzustellen. Da das hier in Frage kommende Wasserbenutzungsrecht im Mai 1959 kraft Gesetzes erloschen ist, konnte sich die Beschwerdeführerin durch eine nachträgliche Veräußerung der restlichen Betriebsanlage oder der Liegenschaft von ihren gesetzlichen Verpflichtungen zur Vornahme der durch die Auflassung notwendigen Vorkehrungen im Sinne des § 29 Abs. 1 nicht entziehen. Der belangten Behörde kann daher nicht entgegengetreten werden, wenn sie die Beschwerdeführerin in diesem Verfahren als passiv legitimiert erachtete."

## Nr. 98: zu §§ 29, 27 und 123 WRG.

VwGH. 29. April 1965, Zl. 1569/64:

1. Im Falle des Erlöschens eines Wasserbenutzungsrechtes hat die Wasserrechtsbehörde grundsätzlich von Amts wegen einzuschreiten und gemäß der Offizialmaxime sämtliche, nicht nur die von der Partei angegebenen Erlöschensmöglichkeiten des § 27 zu prüfen.

2. Das Erlöschensverfahren nach § 29 ist wegen seines amtswegigen Feststellungscharakters kein Verfahren mit „sachfälliger" bzw. „unterlegener" Partei im Sinne des § 123 Abs. 2.

## Nr. 99: zu § 31 WRG.

OGH. 23. September 1959, SZ. XXXII 113:

Die Pflicht zur schonenden Ausübung einer Dienstbarkeit beinhaltet auch die Verbindlichkeit, die erforderlichen Anlagen in gutem Zustand zu erhalten; die Ausübung der Dienstbarkeit ist demnach unzulässig, solange diese Anlagen sich nicht in gutem Zustande befinden und dadurch Nachteile für das dienende Gut eintreten können. Dies ist u. a. dann der Fall, wenn der Eigentümer des herrschenden Gutes Abwässer in die über das dienende Gut führende Holzrinne ableitet, obwohl diese schadhaft war und die Abwässer sich daher auf ein Grundstück des Servitutsbelasteten ergossen.

## Nr. 100: zu §§ 31, 32 und 137 WRG.

VwGH. 29. Oktober 1964, Zl. 896/64:

Bei Transport von Müll über einen See muß verläßlich dafür gesorgt werden, daß die Unratsmenge sicher im vorgesehenen Wasserfahrzeug (Motorboot) untergebracht wird und nicht ein Teil davon in den See fallen kann, wodurch das grundsätzliche Verbot der Verunreinigung von Gewässern ohne wr. Bewilligung gem. § 32 verletzt wird.

## Nr. 101: zu §§ 31, 26, 98 und 138 WRG.

OGH. 15. Dezember 1964, SZ. XXXVII 181:

Zulässigkeit des Rechtsweges für den Anspruch auf Unterlassung der Verunreinigung des Grundwassers durch Abwässer des Nachbarn.

## Nr. 102: zu §§ 31, 32 und 137 WRG.

VwGH. 12. November 1964, Zl. 684/64:

Einem Betriebsinhaber bzw. seinem Personal ist eine regelmäßige Überprüfung der durch einen Kanal abgeführten Schmutz-, Regen- und Kesselwässer durchaus zuzumuten, weil es nicht ausgeschlossen sein kann, daß — aus welchem Grunde immer — verunreinigte Abwässer in einem Ausmaß in einen Vorfluter gelangen, das wr. Bewilligungsbedürftigkeit anzeigt.

## Nr. 103: zu §§ 30—33, 122 und 138 WRG.

VerfGH. 17. Juni 1968, B 396/67:

Die Bestimmungen der §§ 30 bis 33 bieten in Verbindung mit den §§ 122 und 138 die Rechtsgrundlage, bei Gefahr im Verzuge Sofortmaßnahmen zu treffen und nicht erst den Abschluß eines Verfahrens abzuwarten. Wenn die Behörde im Hinblick auf die in nahegelegenen Schottergruben vorgefundenen Müllablagerungen Absperrmaßnahmen vorschreibt, die den straßenseitigen Zutritt einer Schottergrube unterbinden sollen, so steht dies jedenfalls nicht mit dem Sinn und Zweck der gesetzlichen Bestimmungen, betreffend die Reinhaltung der Gewässer und insbesondere des Grundwassers, in Widerspruch.

„Das Verfahren, durch das die Erlassung der einstweiligen Verfügung ausgelöst wurde, betraf den Antrag des Beschwerdeführers auf wr. Genehmigung, in seiner Schottergrube Naßbaggerungen in einer Tiefe von 5 m durchführen zu können.

Anläßlich eines Lokalaugenscheines wurde vom technischen Amtssachverständigen festgestellt, daß grundwasserstromabwärts der geplanten Tiefbaggerung in einer Entfernung von etwa 70 m vom derzeit offenen Grundwasser sich ein Wohnhaus befinde. Dieses wie auch einige in der Nähe gelegene Wohn- und Wirtschaftsobjekte würden ausschließlich aus Einzelbrunnen mit Trink- und Nutzwasser versorgt. Das gleiche gelte für eine ca. 1.100 bis 1.200 m grundwasserstromabwärts befindliche Siedlung. Etwa 1.700 bis 1.800 m nördlich der Schottergrube befinden sich die neuen, für die Trinkwasserversorgung einer Stadt bestimmten Rohrbrunnen. Vom technischen Amtssachverständigen wurde daher die Unterbrechung des Verfahrens zur Einholung eines hydrogeologischen Gutachtens sowie die Erlassung einer einstweiligen Verfügung zum Schutze des frei zutageliegenden Grundwassers beantragt, da eine nachteilige Beeinflussung der Wasserqualität der vorhandenen Einzelbrunnen sowie der beiden Tiefbohrbrunnen der Städtischen Wasserleitung möglich sei. Dem Befund des technischen Amtssachverständigen ist somit zu entnehmen, daß die beantragte Naßbaggerung geeignet ist, Einwirkungen auf die Beschaffenheit von Gewässern hervorzurufen. Auch die Anrainer (die Eigentümer der eingangs erwähnten Wohn- und Wirtschaftsgebäude) haben in der mündlichen Verhandlung Abhilfe verlangt.

Die Verletzung des Gleichheitsgrundsatzes wird vom Beschwerdeführer deshalb behauptet, weil die einstweilige Verfügung ein Willkürakt der Behörde sei. Willkürlich sei die Behörde deshalb vorgegangen, weil nicht allen Grubenbesitzern gleiche Aufträge erteilt worden seien. Es gehe nicht an, daß man sich ohne nähere Begründung einen Grubenbesitzer heraussuche, um abzuwarten, wie sich die oberen Behörden zu einer derartigen Maßnahme stellen.

Die belangte Behörde hat jedoch nicht willkürlich einen Schottergrubenbesitzer herausgegriffen, um die einstweilige Verfügung zu erlassen. Zu der Erlassung der einstweiligen Verfügung ist es nämlich nur deshalb gekommen, weil der Beschwerdeführer selbst die Erteilung einer wr. Bewilligung angestrebt hat. Da das Grund-

wasser nahezu auf der ganzen Grundfläche offen zutage tritt und sich grundwasserstromabwärts Trinkwasserbrunnen befinden, hat die belangte Behörde, gedeckt
durch das Gutachten des technischen Amtssachverständigen, nicht willkürlich angenommen, daß Gefahr im Verzug ist. Abgesehen davon hat die belangte Behörde
in der Begründung des angefochtenen Bescheides darauf hingewiesen, daß mit
Rücksicht auf die bald beabsichtigte Gesamtsanierung aller Schottergruben dem
Berufungswerber nur die Einfriedung an der nördlichen und südlichen Grund-
grenze gegen die Verkehrswege zu, sowie die Sicherung der Enden des Zaunes
durch Erdaufschüttungen aufgetragen worden ist. Es verstößt nicht gegen den
Gleichheitsgrundsatz, wenn die belangte Behörde zunächst nur die anläßlich eines
konkreten wasserrechtlichen Verfahrens notwendig erachtete einstweilige Verfügung
trifft, sich aber gleichzeitig gegenüber allen anderen Schottergrubenbesitzern die
erforderlichen Sanierungsmaßnahmen vorbehält. Ob die vorgeschriebenen Maßnahmen auch ausreichend sind, hat mit der Frage, ob die Behörde Willkür geübt
hat, nichts zu tun. Selbst wenn der belangten Behörde ein Irrtum unterlaufen sein
sollte, verstößt die einstweilige Verfügung noch nicht gegen den Gleichheitsgrundsatz.

Der angefochtene Bescheid stützt sich auf § 122 Abs. 1. Diese Bestimmung
ermächtigt die jeweils zuständige Wasserrechtsbehörde zur Erlassung einstweiliger
Verfügungen. Welche öffentlichen Interessen oder Rechte Dritter bei Gefahr im
Verzuge zu schützen sind, ergibt sich aus den materiell-rechtlichen Bestimmungen
des WRG. Für den vorliegenden Fall kommen die Bestimmungen über die Reinhaltung und den Schutz der Gewässer, insbesondere des Grundwassers, demnach
die Bestimmungen der §§ 30 bis 33 in Frage. § 138 bietet wieder die Rechtsgrundlage, unabhängig von einem etwaigen Strafverfahren, Personen, die Eingriffe
vorgenommen haben, bescheidmäßig aufzutragen, eigenmächtig vorgenommene
Neuerungen zu beseitigen, unterlassene Arbeiten nachzuholen, die durch eine
Gewässerverunreinigung verursachten Mißstände zu beheben usw. § 122 gibt nun
die Möglichkeit, bei Gefahr im Verzuge S o f o r t m a ß n a h m e n zu treffen und
nicht erst den Abschluß eines Verfahrens abzuwarten. Zusammenfassend ergibt
sich, daß die belangte Behörde die einstweilige Verfügung nicht ohne gesetzliche
Grundlage getroffen hat. Gegen die Verfassungsmäßigkeit der genannten gesetzlichen Bestimmungen hat der Beschwerdeführer nichts vorgebracht; auch beim
VerfGH. sind im gegebenen Zusammenhang Bedenken gegen die angeführten
Gesetzesstellen nicht entstanden. Eine Verletzung des verfassungsgesetzlich gewährleisteten Eigentumsrechtes könnte demnach nur in einer denkunmöglichen Anwendung des Gesetzes gelegen sein.

Anläßlich des Genehmigungsverfahrens (Bewilligung zur Naßbaggerung in der
Schottergrube des Beschwerdeführers) wurde festgestellt, daß in der Schottergrube
das Grundwasser bereits offen zutage liegt, ferner, daß in geringerer Entfernung
in Richtung des Grundwasserstromes sich der erste Hausbrunnen befindet. Die Bestimmungen der §§ 30 bis 33 schreiben die Reinhaltung der Gewässer, insbesondere des Grundwassers vor. Da in nahegelegenen Schottergruben Müllablagerungen
vorgefunden wurden, kann der Behörde nicht entgegengetreten werden, wenn sie
die Meinung vertritt, daß solche Müllablagerungen auch in der gegenständlichen
Schottergrube erfolgen und das Grundwasser verunreinigen könnten. Es ist ferner
denkbar, daß eine Verunreinigung auch durch Waschen und Baden erfolgen könnte.
Wenn daher die belangte Behörde in ihrer einstweiligen Verfügung durch die Vorschreibung von Absperrmaßnahmen den Zutritt straßenseitig zu unterbinden trachtet, so steht dies jedenfalls nicht mit dem Sinn und Zweck der gesetzlichen Bestimmungen, betreffend die Reinhaltung der Gewässer und insbesondere des Grundwassers, in Widerspruch.

Somit ist der Beschwerdeführer auch nicht in seinem verfassungsgesetzlich
gewährleisteten Eigentumsrecht verletzt worden."

## Nr. 104: zu §§ 31, 32 und 137 WRG.

VwGH. 4. Oktober 1968, Zl. 893/68:

**Bedient sich jemand zur Düngung der Felder seines landwirtschaftlichen Betriebes eines Kindes (Erfüllungsgehilfen), so hat er dieses so zu beaufsichtigen, daß eine Gewässerverunreinigung verläßlich vermieden wird.**

## Nr. 105: zu §§ 32 und 137 WRG.

VwGH. 25. Mai 1961, Slg. N. F. Nr. 5575/A:

**Geringfügige Einwirkungen auf ein Gewässer im Sinne des § 32 Abs. 1 sind solche, die einer zweckmäßigen Nutzung eines Gewässers nicht im Wege stehen. Dies trifft dann zu, wenn die Gesundheit von Mensch und Tier nicht gefährdet und der Gemeingebrauch nicht behindert wird.**

„Die ‚Erläuternden Bemerkungen' zu § 30 c der Wasserrechtsnovelle 1959 (nunmehr § 32 WRG. 1959), enthalten in 594 der Beilage zu den stenographischen Protokollen des Nationalrates VIII. GP., bringen zum Ausdruck, daß unter ‚geringfügigen' Einwirkungen solche zu verstehen sein werden, die einer zweckmäßigen Nutzung des Gewässers nicht im Wege stehen. Unter einer ‚zweckmäßigen Nutzung des Gewässers' in diesem Sinne muß eine solche verstanden werden, welche dem Ziel und Begriff der Reinhaltung im Sinne des § 30 Abs. 1 entspricht, die also die Gesundheit von Mensch und Tier nicht gefährdet und den Gemeingebrauch nicht behindert.

Ist im Einzelfall ein Widerspruch zu diesen Grundsätzen unverkennbar gegeben, dann kann von einer bloß geringfügigen Einwirkung im Sinne des § 32 Abs. 1 nicht mehr gesprochen werden. Daß ein ‚großer Schubkarren voll Mist' keine geringfügige Einwirkung mehr bedeuten könne, muß nach dem Vorgesagten berechtigt sein. Es genügt dabei, auf die Gefährdung des Gemeingebrauches (z. B. Waschen, Tränken, Schwemmen) in jenem gewiß nicht sehr kurzen Gewässerbereich zu verweisen, in welchem eine derartige Ablagerung die Wasserzusammensetzung zu beeinflussen imstande ist. Daß anderseits Schweinemist in einer solchen Menge nicht abgelagert worden sei, hat der Beschwerdeführer im Verfahren nicht behauptet, obwohl ihm hiezu Gelegenheit geboten war.

Wenn der Beschwerdeführer schließlich einwendet, daß das Verfahren deshalb mangelhaft durchgeführt worden sei, weil er nicht der unmittelbare Täter gewesen sei bzw. als Hotelier ‚die Ausspritzung des Schweinemistes' nicht persönlich vorgenommen habe, so ist auch dieses Vorbringen nicht dazu angetan, eine Rechtswidrigkeit des angefochtenen Bescheides zu erweisen. Als strafbarer Täter im Sinne des in § 32 Abs. 1 enthaltenen Verbotes kann nämlich nur jene Person in Betracht kommen, welche eine Einwirkung auf ein Gewässer vornimmt oder durch andere Personen vornehmen läßt, obwohl sie zur vorausgehenden Einholung einer Bewilligung verpflichtet gewesen wäre. Der Beschwerdeführer hat keineswegs bestritten, daß die Mistablagerungen aus dem von ihm geführten Betrieb mit seinem Wissen und Willen getätigt worden sind. Daraus folgt, daß er verpflichtet gewesen wäre, die nach dem Vorgesagten unerläßliche Bewilligung einzuholen, und daß er sich durch die von seinem Betrieb ausgehende, bewilligungslos vorgenommene Einwirkung strafbar machen mußte."

# Nr. 106: zu §§ 32, 21 und 134 WRG.

VwGH. 24. Oktober 1963, Zl. 1968/62:

**Bei Errichtung von Anlagen zur Ausschaltung von Verunreinigungen liegt keine bloß geringfügige Einwirkung vor.**

„Unter ‚Verunreinigung‘ des Grundwassers ist nach § 30 Abs. 2 jede Maßnahme zu verstehen, die dazu angetan ist, die natürliche Beschaffenheit des Wassers in physikalischer, chemischer und biologischer Hinsicht (Wassergüte) zu beeinträchtigen, gegebenenfalls auch sein Selbstreinigungsvermögen zu mindern. Die Beschwerdeführerin hat mithin für sich die in § 32 Abs. 1 verankerte Rechtswohltat in Anspruch genommen, wonach die Wasserrechtsbehörde ihr nachzuweisen habe, daß eine mehr als geringfügige Einwirkung auf das Grundwasser und damit auch auf das mit dem Grundwasser unzweifelhaft in Verbindung stehende Seewasser zu erwarten sei. Sie hat aber außer Streit gestellt, daß die Einbringung der aus ihrem Betrieb anfallenden Abwässer an sich eine Grundwasserverunreinigung mit sich bringen müßte und nur die geplante Kläranlage dazu angetan sei, die an sich gegebene Verunreinigung weitgehend auszuschalten. In einem solchen Fall kann aber nicht mehr davon gesprochen werden, daß eine geplante Einbringung v o n v o r n h e r e i n als geringfügig anzusehen sei. Denn Gegenstand der von der Wasserrechtsbehörde anzustellenden Prüfung ist dabei nicht mehr die Frage der Geringfügigkeit einer Einbringung, sondern die Frage der Verhinderung einer maßgebenden Verunreinigung. Mit anderen Worten gesagt, muß eine Anlage, die dazu dient, die an sich gegebenen schädlichen Einwirkungen auf ein Gewässer zu beseitigen oder herabzumindern, schon dann als bewilligungspflichtig erachtet werden, wenn nicht von vornherein feststehen kann, daß die Anlage die ihr vom Einschreiter zugeschriebenen Eigenschaften besitzt, und wenn es selbst bei Zutreffen einer solchen Behauptung nicht ausgeschlossen werden kann, daß die Anlage ihrer Bestimmung nur unter Einhaltung konkreter Auflagen gerecht werden wird. In solchen Fällen bedarf es mithin aus der Natur der Sache erst gar nicht eines Gegenbeweises gegen die vom Einschreiter behauptete Geringfügigkeit der Einwirkungen.

In diesem Sinne hat aber der im Verfahren der ersten Instanz gehörte Amtssachverständige ausgesagt, daß die Anlage nur dann bewilligungsfähig sei, wenn sie in bestimmten Abständen durch Entnahme von Abwasserproben überprüft werde. Damit erschien bereits einwandfrei klargestellt — und die Beschwerdeführerin konnte dagegen nichts Sachdienliches vorbringen —, daß die Anlage nicht derart sei, daß sie unter allen Umständen nur geringfügige Einwirkungen hervorrufen könne. Die Bewilligungspflicht nach § 32 Abs. 1 war somit gegeben. Die Befristung einer einwandfrei als notwendig erkannten Bewilligung im Sinne der §§ 21 Abs. 1 und 32 Abs. 6 durfte angesichts der geplanten zentralen Kanalisationsanlage gewiß in Ausübung des den Wasserrechtsbehörden in dieser Hinsicht zugestandenen freien Ermessens ausgesprochen werden, ohne damit gegen den erkennbaren Sinn des Gesetzes, nämlich die bestmögliche Ausschaltung von Gewässergefährdungen, zu verstoßen. Die Vorschreibung der Wasserüberprüfung schließlich entsprach der Anordnung des § 134 Abs. 2.“

# Nr. 107: zu §§ 32, 31 und 137 WRG.

VwGH. 12. November 1964, Zl. 684/64:

**Die Verbotswidrigkeit einer Ableitung liegt einzig und allein im Fehlen der erforderlichen wr. Bewilligung begründet, und zwar unabhängig von der tatsächlichen Zweckbestimmung der einschlägigen Einrichtung und vom wirklichen Eintritt eines Schadens oder einer Gefahr.**

„Der Beschwerdeführer hat im Verfahren nicht bestritten, daß die dem Verwaltungsstrafverfahren zugrunde liegende Anlage eine Ableitungseinrichtung im

Rahmen seines Fabriksbetriebes betrifft. Die belangte Behörde durfte deshalb folgerichtig annehmen, daß die beanstandeten Abwässer aus dem Betriebsbereiche stammten. Daher hatte sie auch keinen Anlaß, die Frage nach der Herkunft dieser Abwässer im Rahmen eines Lokalaugenscheines oder durch Befragung von Zeugen lösen zu lassen. Entscheidend konnte ja nur sein, ob es sich um eine bewilligungslose Einleitung aus dem F a b r i k s b e r e i c h in den Werkskanal im Sinne des § 32 Abs. 1 handelte.

Der Beschwerdeführer irrt aber auch, wenn er vermeint, daß der objektive Straftatbestand nicht gegeben sei, weil die gegenständliche Einleitung nicht für Produktionsabwässer vorgesehen sei. Maßgeblich ist gemäß § 32 Abs. 1 allein, daß verunreinigende Abwässer aus dem Betriebsbereiche durch diese Ableitung deshalb verbotswidrig abgeführt wurden, weil dafür keine Bewilligung vorlag. Was die subjektive Tatsache anlangt, so handelt es sich bei der Übertretung nach der zuletzt erwähnten Gesetzesstelle um einen Tatbestand, zu dessen Verwirklichung der Eintritt eines Schadens oder einer Gefahr nicht gehört und bezüglich dessen das WRG. (§ 137) über das zur Strafbarkeit erforderliche Verschulden nichts bestimmt. Der Beschwerdeführer hätte also, um straflos zu bleiben, gemäß § 5 Abs. 1 VStG. 1950 beweisen müssen, daß ihm die Beachtung dieser Verbotsvorschrift ohne sein Verschulden unmöglich gewesen sei. Er hat jedoch im Verfahren nicht dargetan, daß er selbst oder durch sein Personal Vorkehrungen für eine regelmäßige Überprüfung der durch diesen Kanal abgeführten Gewässer (Schmutzwasser, Regenwasser, Kesselwasser) getroffen hätte. Solche Maßnahmen waren ihm aber zumutbar, weil es — besonders bei Schmutzwässern — nicht ausgeschlossen sein konnte, daß — aus welchem Grund immer — verunreinigte Abwässer in einem Ausmaß durch diese Leitung in den Vorfluter gelangten, das die Bewilligungsbedürftigkeit anzeigte.

Schließlich vermochte der VwGH. auch die vom Beschwerdeführer gegen die Verfassungsmäßigkeit des § 137 Abs. 1 vorgebrachten Bedenken nicht zu teilen. Der VerfGH. hat in einem gleichgelagerten Falle mit seinem Erkenntnis vom 25. Juni 1957, Slg. Nr. 3207, zum Ausdruck gebracht, daß gegen den gesetzestechnischen Vorgang der äußerlichen Trennung von Tatbestand und Strafdrohung (Blankettstrafnorm) — wie dies durch die Formulierung des § 137 Abs. 1 für den größten Teil der in diesem Gesetz enthaltenen Gebote und Verbote zum Ausdruck gekommen ist — an sich keine verfassungsrechtlichen Bedenken zu erheben sind. Es könnten sich aber im e i n z e l n e n Falle Zweifel darüber ergeben, was Tatbestand der Blankettstrafnorm ist. Ein solcher Zweifel ist nach Überzeugung des VwGH. für § 32 Abs. 1 nicht zu erheben. Denn es ist darin klar und unmißverständlich ausgesprochen, daß Einwirkungen auf Gewässer, die deren Beschaffenheit beeinträchtigen, nur nach wr. Bewilligung erlaubt und daher ohne sie verboten sind (vgl. hiezu auch das Erkenntnis des VerfGH. vom 15. Dezember 1958, Slg. Nr. 3440).“

## Nr. 108: zu §§ 32 und 137 WRG.

VwGH. 28. September 1961, Zl. 2110/60:

**Die Vermutung einer Gewässerverunreinigung durch Versickerungsanlagen reicht für deren Bewilligungspflicht nicht aus.**

„Der bisherigen rechtlichen Situation war sich der Gesetzgeber bewußt, als er in der am 1. Mai 1959 in Kraft getretenen Wasserrechtsnovelle 1959, BGBl. Nr. 54, der Reinhaltung und dem Schutze der Gewässer einen eigenen neuen Abschnitt (Dritter Abschnitt) widmete und in § 30 a bestimmte, daß alle Gewässer e i n s c h l i e ß l i c h des Grundwassers so reinzuhalten sind, daß u. a. Grund- und Quellwasser als Trinkwasser verwendet werden können. In 594 der Beilagen zu

48

den stenographischen Protokollen des Nationalrates, VIII. GP., wird zu dieser Bestimmung ausdrücklich auf die Tatsache hingewiesen, daß die Einbeziehung des Grundwassers in den Gewässerschutz für eine auf längere Sicht befriedigende Wasserversorgung unerläßlich sei und daß es unverantwortlich wäre, das noch einwandfreie Grundwasser verunreinigen zu lassen, um dann früher oder später zu kostspieligen Aufbereitungen, soweit solche dann überhaupt noch möglich sind, genötigt zu sein.

Der Beschwerdeführer, der nicht bestritten hat, seit der zweiten Hälfte des Jahres 1959 im Sinne des § 9 VStG. ein zur Vertretung nach außen bestimmtes Organ der die Fabrik betreibenden Gesellschaft zu sein, war daher nach der seit 1. Mai 1959 gegebenen Rechtslage verpflichtet, dafür zu sorgen, daß in der Folgezeit im Wege der Sickergruben keine das Grundwasser verunreinigenden Stoffe in den Boden gelangen oder daß für eine in dieser Art stattfindende Verunreinigung die wr. Bewilligung erwirkt werde (§ 32 Abs. 2). Die Nichtbeachtung dieser Vorschrift mußte ihn straffällig machen. Eine seinerzeit erteilte gewerberechtliche Genehmigung der Betriebsanlage konnte ihn von der bestehenden Verpflichtung nicht befreien, da sie in wr. Richtung nichts besagte. § 32 Abs. 7 enthält überdies einen ausdrücklichen Hinweis in diesem Sinne. Der Beschwerdeführer ist im Unrecht, wenn er meint, daß die Strafbestimmung des § 137 auf Fälle solcher Art nicht anwendbar sei, weil ihm ein Zuwiderhandeln gegen das Gesetz nicht zur Last gelegt werden könne. § 32 Abs. 2 lit. c verbietet es ja, bestimmte M a ß n a h m e n ohne wr. Bewilligung zu treffen.

Die belangte Behörde hat es jedoch verabsäumt, den Sachverhalt hinreichend zu klären. Es kann nämlich nicht die Rede davon sein, daß die Frage der Grundwasserverunreinigung dem Gesetz entsprechend beantwortet worden wäre. Die im Verfahren eingeschrittenen ärztlichen Sachverständigen hatten lediglich ihrer Vermutung Ausdruck gegeben, daß eine Grundwasserverunreinigung vorliege. Der Gemeindearzt hatte erklärt, eine Wasserprobe der Untersuchung zuführen lassen zu wollen, während der Amtsarzt eine zusätzliche kommissionelle Erhebung beantragt hatte. Die Ergebnisse einer Wasseruntersuchung liegen im Akt nicht vor, während ein weiterer Sachverständigenbeweis überhaupt nicht aufgenommen worden ist. Auf Grund der geschilderten Unterlagen und ohne den unumgänglichen zusätzlichen Sachverständigenbeweis konnte keineswegs feststehen, daß das Grundwasser durch die Versickerungseinrichtungen überhaupt verunreinigt werde und deshalb eine Bewilligungspflicht gegeben sei."

# Nr. 109: zu §§ 32 und 137 WRG.

VerfGH. 2. Dezember 1963, B 175/63, Slg. N. F. Nr. 4589;
VwGH. 12. November 1964, Zl. 684/64:

**Der durch § 137 zu erfassende Tatbestand ist durch § 32 Abs. 2 lit. c mit genügender Klarheit als Verbotsnorm und damit als strafbarer Tatbestand gekennzeichnet.**

**Gegen eine Blankettstrafnorm bestehen an sich keine verfassungsrechtlichen Bedenken.**

„Die Bezirkshauptmannschaft hat mit Straferkenntnis über den Beschwerdeführer gemäß § 137 WRG. 1959 eine Geldstrafe von S 20.000,—, im Falle der Uneinbringlichkeit der Geldstrafe eine Arreststrafe in der Dauer von 30 Tagen, verhängt, weil er es als Direktor der Fischkonservenfabrik zugelassen habe, daß Betriebsabwässer in das Grundwasser zur Versickerung gebracht wurden, so daß dieses verunreinigt wurde, obwohl die Firma nicht im Besitze einer wasserrechtsbehördlichen Genehmigung war. Er habe dadurch eine Verwaltungsübertretung nach § 32 Abs. 2 lit. c WRG. 1959 begangen.

Die beiden ersten im § 137 Abs. 1 enthaltenen Tatbestände kommen für den vorliegenden Beschwerdefall nicht in Frage. Es handelt sich vielmehr um eine ‚Zuwiderhandlung gegen dieses Bundesgesetz‘. Für diese Fälle enthält daher § 137 Abs. 1 WRG. nur die Strafdrohung und den Hinweis auf im Gesetz an anderen Stellen formulierte Tatbestände. Gegen den gesetzestechnischen Vorgang der äußeren Trennung von Tatbestand und Strafdrohung (Blankettstrafnorm) bestehen an sich keine verfassungsrechtlichen Bedenken (Erkenntnis Slg. Nr. 3207/1957). Es können sich aber im einzelnen Fall Zweifel darüber ergeben, was Tatbestand der Blankettstrafnorm ist.

Der Beschwerdeführer wurde einer Übertretung des § 32 Abs. 2 lit. c schuldig erkannt. § 32 trägt die Überschrift: Bewilligungspflichtige Maßnahmen. Nach Abs. 1 sind Einwirkungen auf Gewässer, die unmittelbar oder mittelbar deren Beschaffenheit beeinträchtigen, nur nach wr. Bewilligung zulässig. Bloß geringfügige Einwirkungen gelten nicht als Beeinträchtigung. Gemäß Abs. 32 bedürfen einer Bewilligung im Sinne des Abs. 1 insbesondere . . . . . lit. c Maßnahmen, die zur Folge haben, daß durch Eindringen (Versickern) von Stoffen in den Boden das Grundwasser verunreinigt wird. . . . . . Sowohl aus dem Wortlaut des § 32 Abs. 1 als auch aus der demonstrativen Aufzählung des Abs. 2 geht hervor, daß die dort aufgezählten Maßnahmen und Einwirkungen ohne wr. Bewilligung unzulässig sind. In der Festsetzung der Bewilligungspflicht durch das Gesetz ist demnach ein an die Allgemeinheit gerichtetes Verbot enthalten, solche Einwirkungen oder Maßnahmen ohne wr. Bewilligung vorzunehmen. Somit ist der von der Blankettstrafnorm des § 137 zu erfassende Tatbestand durch § 32 Abs. 2 lit. c mit genügender Klarheit als Verbotsnorm und damit als strafbarer Tatbestand gekennzeichnet. Die im Erkenntnis Slg. Nr. 3207/57 aufgezeigte Unbestimmtheit der Rechtslage ist hier keineswegs gegeben. Die belangte Behörde hat daher keine Strafbefugnis in Anspruch genommen, die ihr nach dem Gesetz nicht zustand. Der Beschwerdeführer ist durch den angefochtenen Bescheid in seinem verfassungsgesetzlich gewährleisteten Recht auf das Verfahren vor dem gesetzlichen Richter nicht verletzt worden.

Die Frage, ob der Beschwerdeführer in seiner Eigenschaft als Betriebsleiter als Täter in Betracht kommt, oder ob in Anwendung des § 9 VStG. das satzungsgemäß zur Vertretung nach außen berufene Organ der Gesellschaft für die Übertretung des § 32 verantwortlich gewesen wäre, ist lediglich eine Frage der richtigen oder unrichtigen Auslegung einfachgesetzlicher Bestimmungen in einem Verwaltungsstrafverfahren. Die Bestrafung des Betriebsleiters gemäß § 32 Abs. 2 lit. c und § 137 WRG. war jedenfalls denkmöglich. Daraus ergibt sich im Hinblick auf den im Art. 5 StGG. enthaltenen Gesetzesvorbehalt, daß durch den angefochtenen Bescheid in das verfassungsgesetzlich gewährleistete Eigentumsrecht des Beschwerdeführers nicht eingegriffen worden ist.“

# Nr. 110: zu §§ 32 und 111 Abs. 1 WRG.

VwGH. 30. Jänner 1964, Slg. N. F. Nr. 6223/A:

**1. Ob und unter welchen Voraussetzungen eine Maßnahme einer wr. Bewilligung bedarf, kann nicht Gegenstand eines Feststellungsbescheides sein.**
**2. Eine Mineralöllagerung, die an sich geeignet ist, eine Gewässerverunreinigung herbeizuführen, bedarf auch dann einer wr. Bewilligung, wenn bereits das Projekt alle jene Vorkehrungen vorsieht, die erforderlich sind, um schädliche Einwirkungen auf ein Gewässer auszuschließen.**

„Gegenstand eines Feststellungsbescheides kann, wie der Verwaltungsgerichtshof zu wiederholten Malen, so auch in seinem Erkenntnis vom 1. Dezember 1960, Zl. 366/60, ausgesprochen hat, nur ein Recht oder ein Rechtsverhältnis, nicht aber

50

eine Tatsache sein. Daher kann auch die Frage, ob und unter welchen Voraussetzungen eine Maßnahme einer wr. Bewilligung nicht bedarf, nicht Gegenstand eines Feststellungsbescheides sein. Diese Frage ist vielmehr in einem Verwaltungsstrafverfahren wegen Übertretung wr. Vorschriften nach § 137 oder in einem Verfahren zur Erteilung eines wr. Auftrages nach § 138 zu klären (vgl. hiezu das von den gleichen Grundgedanken getragene, in einer Bausache ergangene VwGH.-Erk. vom 20. Mai 1958, Slg. N. F. Nr. 4675/A). Was aber die Bewilligungspflicht der Mineralöllagerung anlangt, so hat sich der VwGH. bereits im Erkenntnis vom 24. Oktober 1963, Zl. 1968/62, zu der Auffassung bekannt, daß eine Anlage, die dazu dient, die an sich gegebenen schädlichen Einwirkungen auf ein Gewässer zu beseitigen oder herabzumindern, schon dann als bewilligungspflichtig angesehen werden muß, wenn nicht von vornherein feststehen kann, daß die Anlage die ihr vom Einschreiter zugeschriebenen Eigenschaften besitzt, und wenn es selbst bei Zutreffen solcher Behauptung nicht auszuschließen ist, daß die Anlage ihrer Bestimmung nur unter Einhaltung konkreter Auflagen gerecht wird. Auf den heutigen Beschwerdefall angewendet bedeutet dies, daß die Mineralöllagerung, sofern sie nur an sich geeignet ist, eine Gewässerverunreinigung herbeizuführen, auch dann einer wr. Bewilligung bedarf, wenn bereits das Projekt alle jene Vorkehrungen vorsieht, die erforderlich sind, um schädliche Einwirkungen auf ein Gewässer auszuschließen. Denn nur eine wr. Bewilligung ermöglicht es der Behörde, die projektsgemäße Herstellung der geplanten Anlage und deren Erhaltung in diesem Zustande durchzusetzen."

Anmerkung: Auf Grund der hier und in Nr. 106 wiedergegebenen Erkenntnisse wurden mit Erlaß des BM. f. L. u. F. vom 24. Juni 1964, Zl. 59.068-I/1/64, alle Ämter der Landesregierungen verständigt und u. a. wie folgt angewiesen:

„Im Hinblick auf das zitierte Erkenntnis ist künftig von einem Feststellungsverfahren Abstand zu nehmen. In Ansehung der Ausführungen in den Entscheidungsgründen ist die Möglichkeit gegeben, bei einer geplanten Mineralöllagerung den Gewässerschutz durch ein Bewilligungsverfahren nach § 32 wahrzunehmen, sofern sie nur an sich geeignet ist, eine Gewässerverunreinigung herbeizuführen. Dies wird in wr. besonders geschützten Gebieten (§§ 34, 35, 37 und 54) zutreffen, so daß hier jedenfalls die Bewilligungspflicht gegeben ist. Auch im Bereich sonstiger reinhaltungswürdiger Wasservorkommen (§ 30 Abs. 1) wird dies im allgemeinen der Fall sein, soferne die Standortverhältnisse und die näheren Umstände der Mineralöllagerung nicht von vornherein die Verunreinigung eines Gewässers ausschließen, z. B. infolge der geologischen Verhältnisse oder infolge der besonderen Art der oberirdischen Lagerung (wie in einer Fabrik oder in einem Stockwerk eines Gebäudes), so daß eine Gewässerverunreinigung auch bei Ausfließen von Mineralöl ausgeschlossen werden kann. Ein eigenes wr. Bewilligungsverfahren in wr. nicht besonders geschützten Gebieten erscheint ferner nicht erforderlich, wenn der Gewässerschutz durch eine andere Verwaltungsvorschrift gesichert ist bzw. die Vorschreibungen einer anderen Behörde auch der Reinhaltung der Gewässer im erforderlichen Ausmaß dienen, sowohl hinsichtlich Herstellung der Anlage (Maßnahmen) zur Verhinderung der Gewässerverunreinigung wie hinsichtlich Instandhaltung und Kontrolle.

Ein sinnvoller Schutz der Gewässer vor den Gefahren der Mineralöllagerung setzt voraus, daß die wasserwirtschaftlich interessanten Gebiete bekannt sind, insbesondere diejenigen Wasservorkommen, die der Wasserversorgung dienen oder zur Deckung des künftigen Bedarfes in Betracht kommen. Die Versorgung der Bevölkerung mit einwandfreiem Trink- und Nutzwasser muß sichergestellt werden. Es ist daher in der Ermittlung, Bekanntmachung und Unterschutzstellung der bestehenden und künftigen Wassergewinnungsgebiete fortzufahren, damit ehebaldigst ein Überblick darüber besteht, wo bei Öllagerungen besondere Maßnahmen erforderlich sind."
Im übrigen vgl. Nr. 113.

# Nr. 111: zu § 32 WRG.

VwGH. 30. Jänner 1964, Zl. 391/63:

**Die Bewilligungspflicht ist gegeben, wenn nach dem natürlichen Lauf der Dinge mit nachteiligen Einwirkungen auf die Beschaffenheit der Gewässer zu rechnen ist.**

<h1 style="text-align:center">Nr. 112: zu §§ 32 und 9 WRG.</h1>

VwGH. 30. April 1964, Slg. N. F. Nr. 6328/A:

Die Einbringung von Betriebsabwässern in ein Gewässer einschließlich der dazu dienenden Anlagen bedarf einer wr. Bewilligung nach § 32 Abs. 2 lit. a und nicht einer Bewilligung nach § 9 Abs. 1. Die Bewilligungspflicht trifft denjenigen, dem die anlagebedingten Einwirkungen auf ein Gewässer zuzurechnen sind, also den Anlageninhaber.

<h1 style="text-align:center">Nr. 113: zu §§ 32 und 137 WRG.</h1>

VwGH. (gemäß § 13 Z. 3 VwGG. 1965 verstärkter Senat) 13. April 1967, Zl. 1095/66, ÖJZ. 1968, S. 305, Ev.Bl. 105:

Nur ein Vorhaben, das unter den jeweils gegebenen Verhältnissen regelmäßig und typisch zu einer Gewässerverunreinigung führt, ist bewilligungspflichtig. Die bloße Möglichkeit, daß eine Anlage die ihr zugeschriebene Aufgabe nicht erfüllt, führt nicht zu dem Schluß, daß diese Anlage eine Gewässerverunreinigung bewirken wird. Eine unsachgemäß ausgeführte Anlage kann zu einer Bewilligungspflicht führen.

„Der Beschwerdeführer ist schuldig erkannt worden, den §§ 30 bis 32, 137 und 138 WRG. 1959 dadurch zuwidergehandelt zu haben, daß er für die Lagerung von Heizöl für eine Ölfeuerungsanlage keine wr. Bewilligung einholte. Eine Übertretung gegen § 30 kann nicht begangen worden sein, weil diese Gesetzesstelle für sich allein keine konkreten Verpflichtungen aufstellt, sondern nach ihrem Wortlaute nur ‚im Rahmen des öffentlichen Interesses‘ und in Verbindung mit den folgenden Paragraphen dieses Abschnittes Anwendung finden soll. Im Erk. des VwGH. vom 17. September 1964, Zl. 633/64, wurde daher auch festgehalten, daß § 30 nur mittelbar, d. h. nach Maßgabe der folgenden Bestimmungen, wirksam werde und deshalb auch nicht in Verbindung mit § 137 zur Grundlage einer Bestrafung genommen werden könne. Eine Übertretung des § 31 konnte schon deshalb nicht vorliegen, weil dem Beschwerdeführer nicht zur Last gelegt worden war, einer Sorgfaltspflicht zuwidergehandelt zu haben, und weil anderseits diese Gesetzesstelle nur von solchen Pflichten handelt. § 138 kommt nicht in Betracht, da darin kein unmittelbares Gebot an normunterworfene Personen enthalten ist, dem zuwidergehandelt werden könnte und dessen Nichtbeachtung deshalb mit Strafe zu verfolgen wäre. Es kann also von der belangten Behörde ernstlich nur die Verletzung der im § 32 Abs. 1 beschriebenen Verpflichtungen in Betracht gezogen worden sein. Nach dieser Gesetzesstelle sind Einwirkungen auf Gewässer, die unmittelbar oder mittelbar deren Beschaffenheit (§ 30 Abs. 2) beeinträchtigen, nur nach wr. Bewilligung zulässig.

Die belangte Behörde hat nicht als erwiesen angenommen, daß der Beschwerdeführer durch Errichtung und Betrieb seiner Anlage eine Beeinträchtigung des Grundwassers hervorgerufen habe. Sie ist nur davon ausgegangen, daß die Errichtung und der Betrieb einer solchen Anlage zur Lagerung von Mineralöl einer wr. Bewilligung bedürfe.

§ 32 handelt einmal grundsätzlich von E i n w i r k u n g e n, die die Beschaffenheit von Gewässern b e e i n t r ä c h t i g e n. Was unter einer Beeinträchtigung in diesem Sinne verstanden wird, sagt § 30 Abs. 2: Beeinträchtigung der natürlichen Beschaffenheit des Wassers in physikalischer, chemischer und biologischer Hinsicht und jede Minderung des Selbstreinigungsvermögens. Die beispielsweise Aufzählung des Absatzes 2 zeigt die Vielfalt solcher Einwirkungsmöglichkeiten auf. Sie zeigt aber auch mit voller Deutlichkeit, daß es sich immer um einen konkreten und wirksamen Angriff auf die bisherige Beschaffenheit von Wasser handeln muß. Gerade lit. c des Absatzes 2, die für Einwirkungen von Mineralöl typische Bestimmung, sagt in voller Deutlichkeit aus, daß verboten bzw. bewilligungspflichtig solche M a ß n a h m e n sind, in deren F o l g e das Grundwasser verunreinigt w i r d. Es müßte demnach die Lagerung von Mineralöl vorhersehbar und typisch zum Aussickern von Öl und zu der damit verbundenen Grundwasserverunreinigung führen, um die Bewilligungspflicht für die Errichtung und den nachfolgenden Betrieb der Anlage ableiten zu können. Daß dies nicht anders gemeint sein kann, besagen nicht nur die eindeutige Fassung des Absatzes 1, sondern auch Absatz 3 des § 32. Denn in diesem Absatz ist als A u s n a h m e f a l l die o h n e Z u s a m m e n h a n g m i t e i n e r b e s t i m m t e n E i n w i r k u n g geplante Errichtung oder Änderung von Anlagen zur Reinigung öffentlicher Gewässer oder Verwertung fremder Abwässer als ebenso bewilligungspflichtig vorgesehen worden. H i e r hätte es etwa der Beifügung ‚sowie von Anlagen zur Lagerung oder Leitung von Mineralölen und deren Produkten' bedurft, um die als notwendig erkannten Absicherungen gegen Ölverseuchungen vorschreiben zu können. Für die Richtigkeit dieser Auffassung sprechen aber auch die Ausführungen der Regierungsvorlage zur Wasserrechtsnovelle 1959, BGBl. Nr. 54 (594 der Beilagen zu den stenographischen Protokollen des Nationalrates, VIII. GP.). Dort heißt es zu § 30 c der Novelle (§ 32 WRG. 1959): ‚Wie b i s h e r nach §§ 8 und 9 sind alle nachteiligen, über den Gemeingebrauch hinausgehenden und mehr als geringfügigen E i n w i r k u n g e n auf Gewässer der behördlichen Bewilligungspflicht und Aufsicht unterworfen. Es ist dabei gleichgültig, ob die Beeinträchtigung der Gewässerbeschaffenheit unmittelbar (zum Beispiel durch Einwerfen von Abfallstoffen, Einleiten oder Versickernlassen von Abwässern) oder mittelbar (zum Beispiel durch Wasserableitung, Einstau, Temperaturänderung, Strahlung oder Auslaugung von Ablagerungen und Halden durch Niederschlagswässer) erfolgt. Es macht auch keinen Unterschied, ob die Einwirkung von Privaten oder von Betrieben der Gebietskörperschaften, von Wohn-, Arbeits- oder Heilstätten, von Gemeindekanalisationen, Fabriken oder Bergwerken, von Schiffen oder Kernreaktoren ausgehen. Absatz 2 zählt zur Klarstellung dieser für die Anwendung des Gesetzes wichtigen Frage die bedeutendsten bewilligungspflichtigen Maßnahmen beispielsweise auf . . .'

Es ist also in Fällen der gegenständlichen Art so, daß nur ein Vorhaben (Einbringung, Maßnahme, Anlage und deren Betrieb), das unter den jeweils gegebenen Verhältnissen regelmäßig und typisch zu einer Gewässerverunreinigung führt, bewilligungspflichtig ist. Die bloße M ö g l i c h k e i t aber, daß eine Anlage die ihr zugeschriebene Aufgabe nicht erfüllt, daß also etwa — so wie hier — ein Kessel, der Mineralöl verwahren soll, undicht wird, führt noch keineswegs notwendig zu dem Schluß, daß diese Anlage eine Gewässerverunreinigung bewirken wird.

Wohl ist richtig, daß der VwGH. im Erk. vom 30. Jänner 1964, Zl. 1907/63, unter Hinweis auf die im Vorerkenntnis vom 24. Oktober 1963, Zl. 1986/62, entwickelten Grundsätze ausgesprochen hat, daß eine Mineralöllagerung bewilligungspflichtig ist, sofern sie an sich geeignet ist, eine Gewässerverunreinigung herbeizuführen (auch wenn das Projekt bereits alle Vorkehrungen für die Vermeidung schädlicher Einwirkungen vorsieht). Es darf aber nicht übersehen werden, daß dabei der entscheidende Gesichtspunkt ist, ob eine Anlage ‚an sich geeignet ist', ein Gewässer zu verunreinigen. In dem erwähnten Vorerkenntnis Zl. 1968/62, war diese grundsätzliche Anlageeignung solcher Art aber daraus erschlossen worden, daß die Anlage dazu bestimmt war, der Abfuhr von Abwässern zu dienen und daß schädliche Einwirkungen auf das aufnehmende Gewässer nur dann und so lang auszuschließen waren, als die Anlage einwandfrei funktionierte. Das ‚An-sich-geeignet-Sein' in diesem Sinne bedeutet mithin, daß eine Anlage zufolge ihrer E i n r i c h t u n g u n d F u n k t i o n mit einer Einwirkung auf Gewässer verbunden ist. Für einen solchen Fall bedarf es nämlich noch der Vorschreibung der dauernden Erhaltung und Wartung der Anlage, weil erst damit die fortdauernde

Sicherung des aufnehmenden Gewässers vor Verunreinigung und damit die Bewilligungsfähigkeit des Vorhabens gegeben sein kann. Eine Anlage zur Lagerung von Mineralöl, die gegen Ölaustritte in fließende Gewässer oder in das Grundwasser so abgesichert ist, daß nach sachverständiger Voraussicht schädliche Einwirkungen nur durch höhere Gewalt oder andere unvorhersehbare Ereignisse entstehen können, ist daher keineswegs ‚an sich geeignet‘, eine Gewässerverunreinigung herbeizuführen. Die betreffenden Ausführungen im Erk. vom 30. Jänner 1964, Zl. 1907/63, sollten mithin nur auf den denkbaren Fall hinweisen, daß der Betrieb einer derartigen Anlage entweder bereits nach dem jeweils vorliegenden Sachverhalt oder nach sachverständigem Dafürhalten zu Ölaustritten und in deren Folge zu einer Gewässerverunreinigung führe.

Von einem solchen Sachverhalt ist indes die belangte Behörde nicht ausgegangen, wenn sie den Betrieb der gegenständlichen Öllagerungsanlage uneingeschränkt als bewilligungspflichtig bezeichnet und den Beschwerdeführer mangels Erlangung einer Bewilligung als strafwürdig befunden hat. Ihre Entscheidung widersprach somit nach dem Vorgesagten der Rechtslage.

Im übrigen sieht sich der VwGH. veranlaßt, abschließend darauf hinzuweisen, daß ihm bei seinen Entscheidungen die dringende Notwendigkeit, in Fällen der gegenständlichen Art wirksame Anordnungen gegen mögliche Wasserverunreinigungen bescheidmäßig treffen zu können, stets vor Augen gestanden ist. Es kam ihm aber nicht zu, in einer aus dem Gesetze nicht mehr ableitbaren Interpretation jene Rechtslage zu supplieren, deren Herstellung nun einmal ausschließlich dem Gesetzgeber überantwortet ist.“

Anmerkung: Vgl. Anmerkung zu Nr. 110 sowie E. Hartig „Die Reinhaltung der Gewässer“ in Heft 1/2 aus 1963 der Österr. Wasserwirtschaft, H. Neisser „Der Schutz der Gewässer gegen Verunreinigung“ in ÖJZ. 1966 S. 563 und A. Renoldner „Die wasserrechtliche Bewilligung von Mineralöllagerungen“ in ÖJZ. 1967 S. 173. Eine entsprechende Novellierung des WRG. hinsichtlich der wassergefährdenden Stoffe steht in parlamentarischer Behandlung.

## Nr. 114: zu §§ 32, 38 und 102 WRG.

VwGH. 1. Juni 1967, Zl. 1170/66:

**Eine Ölfernleitung wird im allgemeinen nicht gemäß § 32 WRG., sondern höchstens unter den Voraussetzungen des § 38 leg. cit. bewilligungspflichtig sein.**

„Soweit unter dem Gesichtspunkt inhaltlicher Rechtswidrigkeit des bekämpften Bescheides geltend gemacht wird, daß das WRG. auf Errichtung und Betrieb der Ölleitung (TAL) in ihrem ganzen Umfange nach den im Bescheid hiefür maßgeblich ins Treffen geführten §§ 32 und 38 nicht angewendet werden durfte, weshalb die Bewilligung schon aus diesen grundlegenden Erwägungen nicht hätte erteilt werden dürfen, so ist dem vorweg folgendes entgegenzuhalten: Dem VwGH. ist im Beschwerdefall die Prüfung auferlegt, ob die Beschwerdeführer durch die erteilte Bewilligung in einem gesetzlich geschützten Recht verletzt worden sind. Ist ein Projekt nach dem WRG. überhaupt nicht bewilligungsfähig, weil das Gesetz für einen solchen Fall eine Bewilligungspflicht nicht statuiert, dann wird mit einer dennoch erteilten Bewilligung etwas erlaubt, was vom WRG. erst gar nicht verboten ist. Folgte man demnach diesen grundsätzlichen Überlegungen der Beschwerdeführer, müßte ihre Beschwerde schon deshalb abgewiesen werden, weil die erteilte Bewilligung keinen Eingriff in gesetzlich geschützte Rechte der Beschwerdeführer zu bewirken vermocht hätte.

Der VwGH. ist indes der Meinung, daß die gegenständliche Leitung infolge ihrer teilweisen Situierung im Hochwasserabflußgebiet fließender Gewässer sowie ihrer Unterführung unter Wasserläufe für erhebliche Strecken jedenfalls einer Bewilligung nach § 38 Abs. 1 bedurfte. Nach der Sachverhaltsdarstellung des hiefür als maßgeblich heranzuziehenden erstinstanzlichen Bescheides (der ja in dieser Richtung durch den angefochtenen Bescheid übernommen erscheint), ist jedenfalls nicht auszuschließen, daß die hier in Betracht zu ziehenden Räume diesem Bewilligungserfordernis unterliegen. Daß eine Bewilligung nach § 32 erforderlich gewesen sei, kann hingegen aus der Sachverhaltsannahme der belangten Behörde, an die der VwGH. gebunden ist, nicht erschlossen werden. Denn nichts weist in den maßgeblichen Bescheidausführungen darauf hin, daß nach Überzeugung der belangten Behörde bzw. nach dem von ihr aufgenommenen Sachverständigenbeweis eine Anlage vorliege, die angesichts der gegebenen Verhältnisse regelmäßig und typisch zu einer Gewässerverunreinigung führen werde (Hinweis auf die dem VwGH.-Erk. vom 13. April 1967, Zl. 1095/66, beigegebene ausführliche Begründung). Andere Vorschriften des WRG. konnten nicht in Betracht kommen, weil es sich nicht um eine Wasserbenutzungsanlage, sondern — je nach Führung der Leitung — nur um eine besondere bauliche Herstellung im Sinne des § 38 (oder eben um keine wr. bewilligungsbedürftige Anlage) handelte.

Somit war weiter zu untersuchen, in welchen Rechten der Erst- und Zweitbeschwerdeführer durch die nach § 38 erteilte wr. Bewilligung verletzt werden konnten. Die Prüfung der Einwendungen des Erstbeschwerdeführers führt zu dem Ergebnis, daß eine solche Rechtsverletzung überhaupt nicht stattfinden konnte, weil im Bewilligungsverfahren gemäß § 12 nur ‚bestehende Rechte' nach Abs. 2 dieser Gesetzesstelle zu berücksichtigen waren und die von diesem Beschwerdeführer geltend gemachten Servituten nicht zu diesen Rechten zählen. Deshalb kam ihm auch im Verfahren laut § 102 Abs. 3 als einem an vom Projekte berührten Liegenschaften dinglich Berechtigten nicht die Stellung einer Partei, sondern nur die eines Beteiligten zu.

Dem Zweitbeschwerdeführer kam angesichts der von ihm eingewendeten Berührung seines Quellbereiches durch die Leitungsausführung im Grunde der §§ 5 Abs. 2, 12 Abs. 2 und 102 Abs. 1 lit. b wohl die Parteistellung zu. Seine im Verfahren ausschließlich vorgebrachte Behauptung aber, daß diese Quelle durch die Ausführung der Leitung Benachteiligungen erleiden werde, wurde von der belangten Behörde an Hand des darüber eingeholten, klar und ausführlich erstellten und unwiderlegt gebliebenen Amtssachverständigengutachtens, das solche Projektsauswirkungen als ausgeschlossen bezeichnete, mit Recht als nicht stichhaltig beurteilt.

Lagen damit aber keine Einwendungen vor, die (mangels der Möglichkeit der Begründung von Zwangsrechten) zu einer Abweisung des Bewilligungsansuchens hätten führen müssen, so erwies sich die Beschwerde dieses Beschwerdeführers als unbegründet."


## Nr. 115: zu §§ 32, 31 und 137 WRG.

VwGH. 11. Mai 1967, Zl. 1165/66:

**§ 31 umschreibt nur die Sorgfaltspflicht, nicht aber das Tatbild einer Verwaltungsübertretung**

„Im Straferkenntnis wurde dem Beschwerdeführer zur Last gelegt, durch die Inbetriebnahme eines wr. nicht genehmigten Ölbehälters beim Abfüllen das Auslaufen von Heizöl auf die Bundesstraße und in weiterer Folge eine erhebliche Verunreinigung des Sees herbeigeführt zu haben. Darin hat die belangte Behörde eine Übertretung der Vorschriften der §§ 31 und 32 Abs. 1 erblickt. Der Bestimmung des § 31 kann der Beschwerdeführer nicht zuwidergehandelt haben, weil diese Gesetzesstelle kein Tatbild einer Verwaltungsübertretung, sondern nur eine Sorgfaltspflicht umschreibt. Wohl aber enthält § 32 das grundsätzliche Verbot der Verunreinigung von Gewässern mit der Möglichkeit, von diesem Verbot Ausnahmen zu gewähren, wobei allerdings nicht jede Einbringung in die Gewässer einer Bewilligung zugänglich sein muß (vgl. hiezu das VwGH.-Erk. vom 29. Oktober 1964, Zl. 896/64).

Bei ihrer Entscheidung ist die belangte Behörde davon ausgegangen, daß die Herstellung und die Inbetriebnahme eines Ölbehälters für die Heizanlage des Gasthofes des Beschwerdeführers jedenfalls einer wr. Bewilligung bedurfte. Diese Rechtsansicht ist unzutreffend (Hinweis auf das von einem verstärkten Senate gefällte Erk. vom 13. April 1967, Zl. 1059/66).

Wie sich aus dem Sachverhalt ergibt, ist die Verunreinigung des Sees nicht dadurch entstanden, daß der Beschwerdeführer eine wr. nicht bewilligte Öllagerung in Betrieb genommen hat, sondern dadurch, daß die Anlage unsachgemäß bedient wurde. Aus der Begründung des angefochtenen Bescheides ist überdies ersichtlich, daß die belangte Behörde als kausal für die Verunreinigung des Sees angesehen hat, daß weder der Beschwerdeführer noch der Fahrer des Tankwagens vom Ausfließen des Öls der Behörde Mitteilung gemacht haben. Während Täter der Verwaltungsübertretung ‚Inbetriebnahme einer wr. bewilligungspflichtigen Anlage ohne eine solche Bewilligung‘ nur derjenige sein kann, der um die wr. Bewilligung einzuschreiten hat — das wäre vorliegend der Beschwerdeführer als Eigentümer der Anlage —, kann Täter der Verwaltungsübertretung ‚Gewässerverunreinigung durch unsachgemäßes Verhalten beim Füllen eines Lagerbehälters‘ jedermann, also auch der Fahrer des Tankwagens sein. Die belangte Behörde wird sich daher auch mit dem Vorbringen des Beschwerdeführers im Verwaltungsverfahren auseinanderzusetzen haben, daß die gegenständliche Verunreinigung des Sees nicht er, sondern der Fahrer des Tankwagens zu vertreten hat. Sollte dabei die belangte Behörde zu dem Ergebnis gelangen, daß der Beschwerdeführer für beide Übertretungen verantwortlich ist, dann darf sie allerdings zufolge § 22 Abs. 1 VStG. 1950 nicht eine Strafe verhängen. Die Unterlassung einer Anzeige vom Auslaufen des Mineralöls ist mangels Normierung eines entsprechenden Straftatbestandes überhaupt nicht als Übertretung der Vorschriften des WRG. anzusehen. Sie kann daher nur als erschwerender Umstand gewertet werden, wenn der Beschwerdeführer durch ein sonstiges Verhalten eine Übertretung einer Vorschrift des WRG. begangen hat, sofern er hiedurch die rechtzeitige Einleitung von Maßnahmen zur Verhinderung weiterer Schadenfolgen vereitelt hat.“

## Nr. 116: zu § 32 WRG.

VwGH. 8. Februar 1968, Zl. 1511/67:

**Mineralöllagerungen nicht von vornherein schädlich.**

„Soweit die belangte Behörde die Auflage aufrechterhielt, wonach für die Mineralöllagerung eine Schutzwanne aus Stahlbeton oder ein doppelwandiger Behälter bestimmter Ausführungsart errichtet werden müsse, ist festzuhalten, daß diese Vorschreibung nach der Bescheidbegründung lediglich auf der Annahme fußte, bei einem Behälterbruch würde das in diesem Gebiet wegen seiner Verwendung für ein Krankenhaus und für private Grundbesitzer besonders schutzwürdige Grundwasser gefährdet werden. Hiedurch gab die belangte Behörde zu erkennen, daß die projektierte Lagerung von Mineralöl ihrer Auffassung nach keineswegs von vornherein schädliche Auswirkungen auf das Grundwasser befürchten lasse. Damit aber mangelte ihr die Berechtigung, der Beschwerdeführerin auf der Grundlage des § 32 eine Auflage aus dem Titel von Einwirkungen, die das Grundwasser zufolge der Lagerung von Mineralöl beeinträchtigen würden, zu erteilen.“

# Nr. 117: zu §§ 32 und 98 WRG.

VerfGH. 21. März 1963, K II-4/62, Slg. N. F. Nr. 4387:

A. Die Erlassung des im Entwurf vorliegenden Gesetzes „über Anlagen zur Abwässerbeseitigung von bebauten Liegenschaften (Oberösterr. Kanalisationsgesetz)" fällt nach Art. 15 Abs. 1 B.-VG. in die Zuständigkeit der Länder

B. Rechtssatz (BGBl. Nr. 160/1963):

Die Regelung der Abwässerbeseitigung von bebauten Liegenschaften ist, soweit sie die Einwirkung der Abwässerbeseitigung auf fremde Rechte oder auf öffentliche Gewässer betrifft, gemäß Art. 10 Abs. 1 Z. 10 B.-VG. (Wasserrecht) Bundessache.

„Bei den folgenden Erörterungen ist im Sinne der ständigen Rechtsprechung des VerfGH., da die Umschreibung dieser Kompetenztatbestände nicht ausdrücklich auf den Zweck der Regelung Bezug nimmt, vom Inhalt der in Aussicht genommenen Regelung auszugehen (vgl. hg. Erk. Slg. Nr. 2452/52 u. a.). Ferner ist im Sinne der ständigen Rechtsprechung des VerfGH. davon auszugehen, daß die in den Kompetenzartikeln des B.-VG. verwendeten Ausdrücke in der Bedeutung zu verstehen sind, die ihnen im Zeitpunkt des Wirksamwerdens der Kompetenzartikel — das ist in bezug auf die hier in Betracht kommenden Kompetenzbestände der 1. Oktober 1925 — nach dem Stande der Gesetzgebung zugekommen ist (vgl. insbesondere das hg. Erk. Slg. Nr. 2721/1954).

1. Es ist sohin zu untersuchen, ob in diesem Zeitpunkt der Kompetenztatbestand ‚Wasserrecht' auch Regelungen erfaßte, wie sie im vorgelegten Gesetzentwurf vorgesehen sind. Am 1. Oktober 1925 standen das Gesetz betreffend die der Reichsgesetzgebung vorbehaltenen Bestimmungen des Wasserrechts, RGBl. Nr. 93/1869 (im folgenden kurz Reichsgesetz genannt), und die dieses ausführenden Landeswasserrechtsgesetze in Kraft. Gegenstand dieser Regelungen waren die ‚Gewässer', nicht das Wasser schlechthin. Zu den Gewässern gehörten nach der Bestimmung des § 4 lit. c des Reichsgesetzes auch das in vom Grundeigentümer zu seinen Privatzwecken angelegten Kanälen, Röhren usw. eingeschlossene Wasser sowie nach lit. d dieser Gesetzesbestimmung überdies die Abflüsse daraus. Sie sind nach diesen Gesetzesstellen Privatgewässer. Von deren Benützung und Leitung handelt der Abschnitt III des Reichsgesetzes. Ferner ist nach den Landeswasserrechtsgesetzen eine wr. Bewilligung auch bei Privatgewässern erforderlich, wenn durch deren Benützung auf fremde Rechte oder auf die Beschaffenheit, den Lauf, das Gefälle, die Höhe und den Verbrauch des Wassers in öffentlichen Gewässern eine Einwirkung entsteht (vgl. § 16 der Landeswasserrechtsgesetze) Daraus ergibt sich, daß die Ableitung von Abwässern nur soweit einer wr. Bewilligung bedurfte, als sie eine Einwirkung auf fremde Rechte (insbesondere Grundstücke und Privatgewässer) oder auf öffentliche Gewässer mit sich brachte. Im übrigen erfaßte die am 1. Oktober 1925 bestehende Regelung die Ableitung von Abwässern nicht.

Dagegen bestanden, wie in den Äußerungen der Bundesregierung und der meisten Landesregierungen ausdrücklich ausgeführt wird, zahlreiche baurechtliche Regelungen über die Ableitung von Abwässern. Diesem Umstand kommt jedoch deshalb keine entscheidende Bedeutung zu, weil es durchaus möglich ist, die Ableitung von Abwässern sowohl aus wr. als auch aus baurechtlichen Gesichtspunkten einer Regelung zu unterziehen. Wesentlich ist für die hier zu lösende Rechtsfrage lediglich die Feststellung, daß die Ableitung von Abwässern und die Errichtung der hiefür erforderlichen Anlagen nur unter den oben umschriebenen Voraussetzungen einer wr. Bewilligung bedurfte, im übrigen aber wr. ungeregelt blieb.

Der vorgelegte Gesetzentwurf behandelt nun gerade diese Frage der Einwirkung der Ableitung von Abwässern auf fremde Rechte und öffentliche Gewässer nicht. Die in ihm enthaltene Regelung hält sich vollkommen in dem am 1. Oktober 1925 vom Wasserrecht freigehaltenen Raum. Überdies enthält der Entwurf noch ausdrücklich in § 7 Abs. 5 die Regelung, daß die Bestimmungen des § 7 Abs. 1 bis 4 über die Errichtungs- und Betriebsbewilligung für Anlagen zur Abwässerbeseitigung nicht für derartige Anlagen gelten, für deren Errichtung eine wr. Bewilligung erforderlich ist, sowie im § 14 Abs. 5 die Bestimmung, daß Regelungen auf dem Gebiete des Wasserrechts durch die im Entwurf enthaltene Regelung nicht berührt werden. Die Regelung des Entwurfes fällt daher nicht unter den Kompetenztatbestand ‚Wasserrecht‘.

2. Nach § 5 des Entwurfes gelten die Bestimmungen des § 2 über die Einleitung und Verwendung der Kanäle und die Verunreinigung sowie des § 4 über die Anschlußpflicht nicht für bestehende Abwässerbeseitigungsanlagen gewerblicher Betriebe, soweit diese Anlagen als gewerbliche Betriebsanlagen genehmigt sind. Daraus könnte der Schluß gezogen werden, daß nach dem Willen des oberösterreichischen Landesgesetzgebers künftighin in bezug auf die Abwässerbeseitigung in gewerblichen Betriebsanlagen an die Stelle der in die Bundeskompetenz fallenden gewerberechtlichen Regelung die Bestimmungen des Entwurfes zu treten haben.

Es ist jedoch im vorgelegten Entwurf nicht ausgesprochen, daß künftighin die Bestimmungen des Entwurfes an die Stelle der gewerberechtlichen Regelung zu treten haben. Vielmehr erschöpft sich der normative Gehalt des § 5 des Entwurfes darin, daß die bereits bestehenden Abwässerbeseitigungsanlagen gewerblicher Betriebe von der Anwendung der §§ 2—4 ausgenommen sind. Daraus ergibt sich lediglich, daß künftighin bei der Errichtung solcher Abwässerbeseitigungsanlagen diese Bestimmungen zu beachten sind. Daß überdies auch noch die gewerberechtlichen Regelungen anzuwenden sind, wird damit nicht ausgeschlossen. In die Kompetenz des Bundes, das Problem der Abwässerbeseitigung innerhalb gewerblicher Betriebsanlagen vom gewerberechtlichen Gesichtspunkt aus zu regeln, wird also dadurch nicht eingegriffen.

Der Verfassungsgerichtshof hat sich darauf beschränkt, im Rechtssatz lediglich auszusprechen, daß die Regelung der Abwässerbeseitigung, soweit sie die Einwirkung der Abwässerbeseitigung auf fremde Rechte oder auf öffentliche Gewässer betrifft, gemäß Art. 10 Abs. 1 Z. 10 B.-VG. (Wasserrecht) Bundessache ist, weil die Abwässerbeseitigung im übrigen unter eine Reihe von Kompetenztatbeständen fallen kann (z. B. Gewerberecht, Gesundheitswesen oder Angelegenheiten des Art. 15 B.-VG.).“

## Nr. 118: zu § 32 WRG.

VwGH. 19. März 1959, Slg. N. F. Fr. 4913/A; 12. Oktober 1961, Zl. 963/61:

**Anschlußkanäle bedürfen an sich keiner wr. Bewilligung. Eine gesonderte wr. Bewilligung wird wohl nur dann in Betracht kommen, wenn sie einen wesentlichen Einfluß auf den Vorfluter ausüben und hiedurch der wr. Konsens für die Einleitung in diesen überschritten wird.**

## Nr. 119: zu § 32 WRG. und Wiener Bauordnung:

VwGH. 14. Dezember 1964, Zl. 1930/62 und 1075/64, ÖJZ. 1966, Heft 1, S. 26:

**Hauskanal (im weiteren Sinn) nach dem (Wiener) Kanalgesetz ist jener Kanal, der der Sammlung und Ableitung der auf einer Liegenschaft anfallenden Abfallstoffe und Niederschlagswässer bis zum Straßenkanal bzw., wo ein solcher nicht vorhanden ist, bis zur Senkgrube und zur Sickergrube dient.**
**Straßenkanäle im Sinne des Kanalgesetzes sind nur jene Anlagen, die die Stadt Wien zur endgültigen Beseitigung der Abfallstoffe und der Niederschlags-**

gewässer (über Hauptkanäle, Sammelkanäle und den Hauptsammler bis zum Vorfluter, Donau) hergestellt hat.

Die Verpflichtungen nach § 129 Abs. 10 der Wiener Bauordnung treffen den
Rechtsnachfolger der Liegenschaftseigentümer, die den „Privatrohrkanal" (Hauskanal) errichtet haben.

## Nr. 120: zu §§ 32 und 127 WRG.

VwGH. 2. Dezember 1965, Slg. N. F. Nr. 6816/A:

**Bei einer Kanalisationsanlage handelt es sich nicht um ein Gewässer im Sinne
des § 32 Abs. 1 WRG. — Einleitung in eine wr. bewilligte Kanalisationsanlage
gegen den Willen des Anlageeigentümers ist nicht bewilligungsfähig.**

„Auszugehen ist vom Projekte der Österreichischen Bundesbahnen, für welches
eine wr. Bewilligung nachgesucht wurde, um die im Bereiche des bahneigenen
Viehabstellplatzes auf einer befestigten Fläche anfallenden Niederschlags- und
Abwässer in das städtische Kanalnetz einleiten zu dürfen.

Gemäß § 32 Abs. 4 bedarf derjenige, der Einbringungen in eine bewilligte
Kanalisationsanlage mit Zustimmung ihres Eigentümers vornimmt, für den Anschluß in der Regel keiner wr. Bewilligung. Das Kanalisationsunternehmen bleibt
dafür verantwortlich, daß seine wr. Bewilligung zur Einbringung in den Vorfluter weder überschritten noch die Wirksamkeit vorhandener Reinigungsanlagen
beeinträchtigt wird. Nach den §§ 14 und 32 ff. des Eisenbahngesetzes 1957, bedürfen der Bau und die Veränderung bestehender bundeseigener Eisenbahnanlagen
der Baugenehmigung des Bundesministeriums für Verkehr und Elektrizitätswirtschaft (§ 12 Abs. 1) wobei laut § 10 unter ‚Eisenbahnanlagen‘ Bauten, ortsfeste
eisenbahntechnische Einrichtungen und Grundstücke einer Eisenbahn verstanden
werden, die ganz oder teilweise, unmittelbar oder mittelbar der Abwicklung oder
Sicherung des Eisenbahnbetriebes oder Eisenbahnverkehres dienen. § 127 Abs. 1
WRG. wiederum sieht vor, daß Eisenbahnbauten und Bauten auf Bahngrund, die
nach den eisenbahnrechtlichen Vorschriften einer eisenbahnbaubehördlichen Bewilligung bedürfen und durch die öffentliche Gewässer oder obertätige Privatgewässer berührt werden, u. a. auch einer besonderen wr. Bewilligung bedürfen,
wenn sie mit einer Einleitung in ein derartiges Gewässer verbunden sind. In allen
übrigen Fällen sind im eisenbahnrechtlichen Bauverfahren (lit. b) auch die materiell-rechtlichen Bestimmungen des WRG. anzuwenden. Das bedeutet, daß der LH.
nur dann berufen sein konnte, ein wr. Verfahren abzuführen, wenn keine Bewil-
ligungsfreiheit nach § 32 Abs. 4 WRG. vorlag und außerdem anzunehmen war, daß
es sich um ein Projekt handle, durch das ein öffentliches Gewässer oder ein ober-
tätiges Privatgewässer b e r ü h r t werde.

Nun ist im Verfahren nicht bestritten worden, daß die Beschwerdeführerin im
Besitz eines Wasserrechtes für die Einleitung der in ihrer Kanalisationsanlage ge-
sammelten Abwässer in den Vorfluter und Eigentümerin dieser Anlage sei. Ebenso
ist es unbestritten geblieben, daß das Projekt eine auf Bahngrund zu errichtende
bzw. abzuändernde Anlage betreffe, die der kurzfristigen Abstellung von Rindern
dient, welche in Bahnwaggons verladen oder aus ihnen entladen werden, somit
offenkundig um eine Anlage, die mittelbar der Abwicklung des Eisenbahnbetriebes
dienlich ist. Von einer ‚Berührung‘ eines öffentlichen Gewässers (§ 127 Abs. 1
WRG.) im Zusammenhange mit einer Einleitung in eine Kanalisationsanlage
konnte nur dann die Rede sein, wenn sich die Notwendigkeit einer wr. Bewilligung nach § 32 Abs. 4 desselben Gesetzes deshalb ergab, weil keine Bewilligungs-
freiheit zu statuieren und deshalb eine Bewilligung zur Einleitung der Abwässer
in den V o r f l u t e r erforderlich war. Für die Einleitung in die Kanalisationsanlage selbst konnte ja eine wr. Bewilligung unter keinen Umständen in Frage

kommen, weil es sich bei dieser Anlage um keine ,Gewässer' im Sinne des § 32
Abs. 1 handelte. Unter welchen Voraussetzungen eine Ausnahme von der Regel
gegeben sein soll, wonach für (mit Zustimmung des Eigentümers vorzunehmende)
Einbringung in eine bewilligte Kanalisationsanlage eine wr. Bewilligung nicht erforderlich ist, sagt das Gesetz nicht aus. Doch steht von vornherein fest, daß es
sich um Einbringungen ,mit Zustimmung des Eigentümers' handeln muß. Im Gegenstande hat die Beschwerdeführerin im Ermittlungsverfahren ihre Zustimmung zum
Projekt von der Anbringung eines Rechen und Sandfängers abhängig gemacht
und sich gegen die dennoch erteilte Bewilligung mit Berufung gewandt, weil dieses
Begehren nicht beachtet worden war. Daraus ergibt sich, daß in Wahrheit eine
,Einbringung mit Zustimmung des Eigentümers' nicht vorlag. Es konnte also nicht
zulässig sein, die Bewilligung zu erteilen und damit in das (Wasser-)Recht der
Beschwerdeführerin zur Alleinverfügung über den Betrieb ihrer Kanalisationsanlage einzugreifen. Es ist wohl unrichtig, daß es der Wasserrechtsbehörde auferlegt gewesen wäre, andere als bundesgesetzliche (nämlich baurechtliche) Vorschriften zu vollziehen. Dies gilt umsomehr für die Düngerablagerungsstätte, die
ja offenkundig nicht einmal Projektsgegenstand war, weil aus ihrem Bereich keinerlei Abwässer abgeleitet werden sollten. Dennoch erweist sich der angefochtene
Bescheid nach dem Vorgesagten seinem Inhalte nach als rechtswidrig, weil das
Wasserrecht der Beschwerdeführerin durch die projektierte Anschlußanlage bewilli-
gungsgemäß in einer ihrem Willen widersprechenden Weise berührt werden sollte."

Anmerkung: Da es sich hier um einen Eisenbahnbau handelt, wird vorerst zu prüfen
sein, ob durch die zusätzliche Einbringung der gegenständlichen Abwässer der Vorfluter berührt
wird. Denn nur unter dieser Voraussetzung ist im Lichte des § 127 Abs. 1 lit. c WRG. die Zuständigkeit der Wasserrechtsbehörde gegeben. Bejahendenfalls wird dann — falls die Zustimmung des
Eigentümers der Kanalisationsanlage nicht erreicht werden kann — zu klären sein, ob die Voraussetzungen für die Anwendung des § 19 oder des § 64 Abs. 1 lit. c WRG. vorliegen.
Stimmt hingegen der Kanalisationseigentümer der Einleitung zu, wäre zu prüfen, aus welchem
besonderen Ausnahmegrund entgegen dem Regelfall des § 32 Abs. 4 noch eine wasserrechtliche Bewilligung notwendig wäre. Ein solcher Ausnahmegrund könnte gegebenenfalls ein im Bewilligungsbescheid für die gegenständliche Kanalisationsanlage enthaltener Vorbehalt (Bedingung) der gesonderten Bewilligung von einzelnen Abwassereinleitungen in die Kanalisation sein.

## Nr. 121: zu §§ 32 und 98 WRG. sowie § 72 Salzburger Landbauordnung.

VerfGH. 7. März 1966, B 173/65:

**Abwasserkläranlage eines Fleischhauereibetriebes.**
**Einmündigungspflicht in Ortskanalisation trotz vorheriger wr. Anlagen-
genehmigung.**
**Anschlußpflicht trifft Grundeigentümer, nicht Betriebsinhaber.**

„Einrichtungen zur gefahrlosen Ableitung von Abwässern können Bestandteile
gewerblicher Betriebsanlagen sein. Daher können Maßnahmen gegen die Gefährdung durch Abwässer aus gewerblichen Betriebsanlagen — z. B. Maßnahmen zur
unschädlichen Ableitung von Abwässern aus Betrieben, die organische Stoffe ver-
arbeiten oder erzeugen (Zuckerraffinerien, Brauereien, Gerbereien, Leimfabriken
u. dgl.) — Angelegenheiten des Gewerbes und der Industrie (Art. 10 Abs. 1
Z. 8 B.-VG.) sein. Die Regelung des § 72 Abs. 1 LBO. 1952 zielt jedoch nicht
auf den Schutz vor gefährlichen Abwässern aus gewerblichen Betrieben ab. Sie
legt nicht den Betriebsinhabern Verpflichtungen auf, sondern den Hauseigentümern.
Diese Verpflichtungen betreffen nicht betriebsbedingte besondere Schutzvorrich-
tungen an Kanälen, sondern schlichte Hauskanäle als Bestandteile der Baulich-
keiten. Der § 72 Abs. 1 leg. cit. regelt daher nicht gewerbliche Angelegenheiten.
Er steht besonderen gewerberechtlichen Regelungen des Bundes — z. B. betreffend
das Anbringen von Geruchsverschlüssen, die Einschaltung von Kläranlagen oder

von Lüftungsanlagen in das Kanalsystem, die Verwendung besonderer Materialien, die Vorschreibung besonderer Ausmaße oder Gefälle, das Anbringen von Warnungs- oder Verbotstafeln, die Verordnung besonderer Schutzmaßnahmen u. dgl. — nicht im Weg.

Der § 72 Abs. 1 LBO. 1952 regelt aber auch nicht Angelegenheiten des Wasserrechtes (Art. 10 Abs. 1 Z. 10 B.-VG.). Der VerfGH. hat in seinem Erkenntnis Slg. 4387/1963, dargelegt, daß im Zeitpunkt der Schaffung des Kompetenztatbestandes ‚Wasserrecht‘ am 1. Oktober 1925 nach den auf Grund des Reichswassergesetzes RGBl. Nr. 93/1869 erlassenen Landeswasserrechtsgesetzen die Abwässerbeseitigung von verbauten Liegenschaften nur insoweit geregelt gewesen ist, als sie die Einwirkung auf fremde Rechte oder auf öffentliche Gewässer betroffen hat.

. . . Im gesetzlichen Rahmen hält sich die von den Beschwerdeführern als gesetzwidrig bezeichnete Verordnung der Salzburger Landesregierung vom 12. November 1962, mit der die Inanspruchnahme einer gemeindeeigenen Abwasseranlage durch die Ableitung von Niederschlagswässern und von Abwässern aus bestimmten Betrieben, Einrichtungen und Anstalten im Verhältnis zur gesetzlichen Einheit der Inanspruchnahme bewertet wird (Bewertungspunkteverordnung), LGBl. für das Land Salzburg Nr. 176, die auf Grund des § 2 Abs. 4 des Salzburger Landesgesetzes LGBl. Nr. 161/1962 erlassen und deren Wirksamkeit mit den Verordnungen der Salzburger Landesregierung LGBl. Nr. 85/1963, 109/1964 und 116/1965 erstreckt worden ist.

Die Beschwerdeführer bringen aber auch vor, daß der § 3 der Bewertungspunkteverordnung insoweit dem verfassungsgesetzlich gewährleisteten Recht auf Gleichheit aller Staatsbürger vor dem Gesetze widerspreche, als er für Fleischhauereien mit Schlachtung eine unverhältnismäßig hohe Anzahl von Punkteeinheiten festsetzte . . .

Im § 3 der Bewertungspunkteverordnung ist festgelegt, daß bei einer im Erfahrungsdurchschnitt anzunehmenden täglichen Verarbeitungskapazität in einer Fleischhauerei mit Schlachtung die Verarbeitung von einem Stück Großvieh 200 Punkteeinheiten und von einem Stück Kleinvieh 100 Punkteeinheiten entsprechen. Das bedeutet, daß die Einwirkung einer Fleischhauerei mit Schlachtung auf die gemindeeigene Abwasseranlage bei Verarbeitung eines Stückes Großvieh täglich zweihundertmal und eines Stückes Kleinvieh täglich hundertmal so groß ist wie die Einwirkung ausschließlich häuslicher Abwässer einer Person. Der gegen die Verordnung erhobene Vorwurf geht also dahin, daß bei den angenommenen Verhältnissen 1 : 200 und 1 : 100 die Zahlen 200 und 100 zu hoch gegriffen seien.

In dem Berichte des Verfassungs- und Verwaltungs-, des Finanz-, des Gewerbe- und des Landwirtschaftsausschusses zur Vorlage der Salzburger Landesregierung (Nr. 29 der Beilagen), betreffend ein Gesetz über die Leistung von Interessentenbeiträgen für die Herstellung gemeindeeigener Abwasseranlagen im Geltungsbereich der Salzburger Landbauordnung, Nr. 52 der Beilagen zum Stenographischen Protokoll des Salzburger Landtages (3. Session der 4. Wahlperiode) ist dargelegt worden, daß die Bemühungen der Landesregierung nach einer modernen Neuregelung der Materie als gerechtesten Maßstab für die Aufteilung der Interessentenbeiträge die Intensität der Inanspruchnahme der Kanalisationsanlage ergeben haben. Nach den technischen Erkenntnissen auf dem Gebiete der Herstellung von Kanalisationsanlagen sei eine solche Anlage auf der Grundlage des täglichen Wasserverbrauches einer Person (häusliche Abwässer von ca. 150 l pro Tag) bemessen worden. Dieser Wasserverbrauch, der durch die Kanalisationsanlage abgeleitet wird, stelle die Bemessungseinheit dar, so daß sich die Höhe des vom einzelnen Interessenten zu entrichtenden Beitrages nach der Anzahl der vom Grundstück des Interessenten durch die Kanalisationsanlage abgeleiteten Bemessungseinheiten zu richten habe.

Auf diesen Grundsätzen ist die Bewertungspunkteverordnung aufgebaut. Damit ist der Verordnungsgeber dem ihm vom Gesetzgeber übertragenen Auftrag nachgekommen. Ob die vom Verordnungsgeber getroffene Lösung gelungen oder mißglückt ist, kann nicht am Gleichheitsgrundsatz gemessen werden. Nur dann, wenn erwiesen wäre, daß eine verfehlte Lösung auf ein unsachliches Vorgehen des Verordnungsgebers zurückzuführen ist, wäre der Gleichheitsgrundsatz verletzt. Eine derartige Vorgangsweise des Gesetzgebers anzunehmen besteht aber keine Veranlassung. Denn die vom VerfGH. gepflogenen Ermittlungen haben ergeben, daß der Bemessung der Punkteeinheiten in der Bewertungspunkteverordnung gutachtliche Äußerungen des wasserbautechnischen Amtssachverständigen zugrundeliegen, die sich auf die folgende Fachliteratur stützt: Sierp, Gewerbe- und Industrieabwässer; Meink, Stoof, Weldert, Industrieabwässer; Liemann, Bewertung der ‚Wasserqualität‘; Imhoff, Taschenbuch der Stadtentwässerung; ÖNORM — B 2502, Hauskläranlage, Richtlinien für die Anwendung, die Bemessung, den Bau und den Betrieb. Daraus zieht der VerfGH. den Schluß, daß der Verordnungsgeber bemüht gewesen ist, die ihm übertragene Aufgabe sachlich zu lösen.

Die Beschwerdeführer haben ferner auf den ersten Satz des § 72 Abs. 1 LBO. 1952 verwiesen, der lautet: ‚Wo für die Ableitung der Abwässer eine Kanalisation besteht, sind die Abwässer über Hauskanäle dorthin einzuleiten.‘ Das Wort ‚besteht‘ bedeute, daß eine Anschlußpflicht nur bei einer fertigen Anlage gegeben sei. Dies sei aber hier der Fall, weil die Ortskanalisation noch nicht fertiggestellt, sondern erst projektiert und nur in einer Bauetappe in Ausführung begriffen sei . . .

Im Spruch des Bescheides des Bürgermeisters — der mit dem angefochtenen Bescheide bestätigt worden ist — wird ausgeführt:

‚Sie werden gemäß § 72 LBO. 1952 verpflichtet, nach Maßgabe des Baufortschrittes an der Ortskanalisation die Liegenschaft Nr. 95 mit Betriebsanlage anzuschließen.‘ . . .

Daraus ist zu entnehmen, daß geplant ist, die Herstellung der Hausanschlüsse mit der Entwicklung der Bauarbeiten an der gemeindeeigenen Abwasseranlage Schritt halten zu lassen. Daß die Zulässigkeit einer solchen Koordination aus der Vorschrift des § 72 Abs. 1 LBO. 1952 nicht denkunmöglich gefolgert werden könne, ist unzutreffend. Die Auslegung, daß die Fertigstellung auch nur eines Teiles der gemeindeeigenen Kanalisationsanlage genüge, um — schon aus Gründen einer wirtschaftlichen Bauführung — für die Eigentümer der anliegenden Grundstücke die Anschlußpflicht nach § 72 Abs. 1 LBO. 1952 zu begründen, ist nicht gedanklich unvorstellbar . . .

IV. b) Die Beschwerdeführer haben vorgebracht: Mit dem von der belangten Behörde bestätigten Bescheide des Bürgermeisters vom 18. November 1964 sei ihnen die Auflage erteilt worden, die vorhandenen Klärgruben und Kanäle nach Inbetriebnahme der Kanalisierung zu entleeren und zuzuschütten. Hiezu sei der Bürgermeister nicht zuständig gewesen.

c) Mit Bescheid des Landeshauptmannes vom 5. November 1962 ist gemäß der §§ 30, 31, 32, 33, 55, 99, 105, 107, 108, 111 und 112 des WRG. 1959 der Gemeinde unter Vorschreibung von Bedingungen die wr. Bewilligung zur Errichtung einer Abwasserbeseitigungsanlage in Form einer Sammelkanalisation im Mischverfahren mit mechanischer Zentralkläranlage und Einleitung in die Salzach erteilt worden. Unter Punkt A II 6) dieses Bescheides ist vorgeschrieben worden: ‚Nach Inbetriebnahme der Zentralkläranlage sind sämtliche Hauskläranlagen aufzulassen.‘

d) Der mit dem angefochtenen Bescheide bestätigte Bescheid des Bürgermeisters, mit dem die Beschwerdeführer gemäß § 72 Abs. 1 LBO. 1952 verpflichtet worden sind, die Liegenschaft mit Betriebsanlage an die gemeindeeigene Abwasseranlage anzuschließen, hat unter Punkt 7 die folgende Auflage vorgeschrieben:

‚Die vorhandenen Klärgruben und Kanäle sind nach Inbetriebnahme der Kanalisierung zu entleeren und zuzuschütten.‘

e) Der Verfassungsgerichtshof kann der Meinung nicht beipflichten, daß zur Vorschreibung der unter d) angeführten Auflage der Bürgermeister unzuständig gewesen sei. Denn diese die Entleerung und Zuschüttung der Klärgruben und Kanäle betreffende Auflage ist als baurechtliche Durchführung der von der Wasserrechtsbehörde unter c) vorgeschriebenen Auflassung der Hauskläranlagen zu werten. Die unter d) bezeichnete baurechtliche Auflage fällt in den Zuständigkeitsbereich des Bürgermeisters.“

## Nr. 122: zu §§ 33 und 138 WRG.

VwGH. 23. Februar 1960, Zl. 607/59 (Bausache):

**Bei der Frage, ob ein behördlicher Sanierungsauftrag wirtschaftlich zugemutet werden kann, handelt es sich um eine Frage der Beweiswürdigung. Hiebei wird der Umstand ins Gewicht fallen, ob für die Beseitigung der Mißstände mit keinen oder nur geringen Zinsen verbundene öffentliche Mittel in Anspruch genommen werden können.**

## Nr. 123: zu § 33 WRG.

VwGH. 7. Juli 1960, Zl. 2662/59 (Bausache):

**Bei der Beurteilung der Frage der wirtschaftlichen Zumutbarkeit behördlicher Aufträge können nur objektive Gesichtspunkte maßgebend sein, auf die finanzielle Leistungsfähigkeit des Verpflichteten kommt es dabei nicht an.**

## Nr. 124: zu § 33 WRG.
## sowie Art. 18 B.-VG. und § 56 AVG.

VerfGH. 14. Oktober 1965, B 104/65, Slg. N. F. Nr. 5107:

**1. Keine verfassungsrechtlichen Bedenken gegen § 33 Abs. 2 WRG. 1959: diese Gesetzesstelle räumt der Behörde kein freies Ermessen ein.**
**2. Art. 18 B.-VG. gewährt kein subjektives Recht.**

„Der LH. trug mit dem als Bescheid zu wertenden Schreiben der Beschwerdeführerin auf, gemäß § 33 Abs. 2 innerhalb eines halben Jahres ein Projekt über den Ausbau entsprechender Reinigungsanlagen sowie einen Zeitplan für deren Ausführung der Wasserrechtsbehörde vorzulegen. Mit dem angefochtenen Bescheid hat die belangte Behörde diesen Auftrag bestätigt. Bei den Bewilligungen von Kanälen zur Ableitung der Abwässer in die Drau seien keine Reinigungsanlagen vorgeschrieben worden. Das Fehlen solcher Reinigungsanlagen sei im Hinblick auf die wasserwirtschaftliche Entwicklung heute nicht mehr tragbar. Es bedürfe keines Beweises, daß die Abwässer der Stadt die natürliche Beschaffenheit des Drauwassers beeinträchtigen und das Selbstreinigungsvermögen vermindern. Die Drau unterhalb der Stadt habe u. a. auch durch die städtischen Abwässer die schlechteste Güteklasse. Daher sei die große Dringlichkeit für eine alsbaldige Reinigung der Abwässer der Stadt gegeben. Die Erstellung eines Projektes, das gegebenenfalls in Stufen durchzuführen sein wird, sei der Stadt auch zumutbar.

Die Beschwerdeführerin führt aber unter diesem Beschwerdepunkte aus, daß § 33 Abs. 2, auf welche Bestimmung der angefochtene Bescheid gestützt ist, verfassungswidrig sei. Er sei einerseits so unklar, daß eine gleichmäßige Anwendung gegenüber allen Staatsbürgern nicht möglich sei, anderseits räume er der Verwaltungsbehörde ein durch den VwGH. nicht überprüfbares Ermessen ein, wodurch das Prinzip der Rechtsstaatlichkeit verletzt sei. Es wird daher auch angeregt, diese Gesetzesstelle auf ihre Verfassungsmäßigkeit zu prüfen.

Da § 33 Abs. 2 bei der Entscheidung über die Beschwerde anzuwenden ist, es sich somit um eine präjudizielle Bestimmung handelt, der VerfGH. daher, wäre der Vorwurf der Verfassungswidrigkeit berechtigt, ein amtliches Prüfungsverfahren einzuleiten hätte, war vorerst zu prüfen, ob gegen diese Gesetzesstelle verfassungsrechtliche Bedenken bestehen.

a) Die Beschwerdeführerin meint, daß § 33 Abs. 2 WRG. der Behörde ein freies Ermessen einräume, wobei aber nicht zu ersehen sei, in welchem Sinn von diesem Ermessen Gebrauch zu machen ist. Die Verfassung läßt es zwar zu, daß der einfache Gesetzgeber die Verwaltungsbehörde ermächtigt, in bestimmten Angelegenheiten Bescheide nach Ermessen zu erlassen. Es muß aber aus dem Gesetz deutlich zu entnehmen sein, daß und inwieweit der Behörde die Bestimmung ihres Verhaltens selbst überlassen wird (Slg. 3317/1958). Dem § 33 Abs. 2 ist aber durchaus zu entnehmen, daß der Gesetzgeber der Behörde kein Ermessen eingeräumt hat. Diese Gesetzesstelle bestimmt, daß der Wasserberechtigte die zur Reinhaltung getroffenen Vorkehrungen in zumutbarem Umfang und gegebenenfalls schrittweise den Erfordernissen anzupassen hat, wenn diese Vorkehrungen unzulänglich sind oder sie im Hinblick auf die technische und wasserwirtschaftliche Entwicklung nicht mehr ausreichen. Aus dem im nächsten Satz enthaltenen Ausdruck ‚Vorschreibungen‘ folgt, daß die Behörde, falls der Wasserberechtigte nicht von sich aus dafür sorgt, ihm durch Bescheid Aufträge erteilen kann. Es steht somit der Behörde keineswegs frei, solche Aufträge zu erteilen oder nicht. Stellt sie fest, daß die Vorkehrungen zur Reinhaltung unzulänglich waren oder geworden sind, hat sie Aufträge im notwendigen Umfang zu erteilen. Für ein freies Ermessen bleibt kein Raum.

b) Durch den Gebrauch unbestimmter Gesetzesbegriffe allein wird noch kein Ermessen, wohl aber ein gewisser Spielraum eingeräumt. Dies ist nach der ständigen Rechtsprechung des VerfGH. mit dem im Art. 18 B.-VG. verankerten Rechtsstaatsprinzip vereinbar, wenn die verwendeten Gesetzesbegriffe einen so weit bestimmbaren Inhalt haben, daß der Verwaltungsakt auf seine Übereinstimmung mit diesem Inhalt geprüft werden kann (Slg. 4205/1962). Die Beschwerdeführerin meint nun, der Begriff ‚technische und wasserwirtschaftliche Entwicklung‘ sei so unbestimmt, daß er die Überprüfung des Verwaltungsaktes nicht mehr zulasse. Dem kann nicht beigepflichtet werden. Es handelt sich hier wohl um einen unbestimmten Gesetzesbegriff, aber sein Inhalt ist durchaus bestimmbar, allenfalls wird hierüber das Gutachten eines Sachverständigen einzuholen sein.

c) Die Beschwerdeführerin meint weiter, daß dem Begriff ‚gegebenenfalls schrittweise den Erfordernissen anzupassen‘ jede Bestimmbarkeit fehle. Auch dies ist unrichtig. Der Wasserberechtigte hat nach § 33 Abs. 2 die zur Reinerhaltung getroffenen Vorkehrungen in zumutbarem Umfang den Erfordernissen anzupassen, d. h. die Vorkehrungen müssen technisch möglich und auch wirtschaftlich vertretbar sein. Verursachen solche Vorkehrungen erhebliche Kosten, die nicht auf einmal aufgebracht werden können, die nur dann zumutbar sind, wenn sie auf einen längeren Zeitraum aufgeteilt werden können und ist eine Teilung technisch möglich, so wird eben ein Fall vorliegen, in welchem die Anpassung nur schrittweise vorzunehmen ist. Auch dieser Begriff ist sehr wohl bestimmbar.

Aus diesen Darlegungen folgt, daß der VerfGH. gegen die Verfassungsmäßigkeit des § 33 Abs. 2 WRG. keine Bedenken hegt.“

64

# Nr. 125: zu § 33 WRG.

VwGH. 28. April 1966, Slg. N. F. Nr. 6912/A:

**Inhalt eines auf die Bestimmung des § 33 Abs. 2 gegründeten Bescheides kann nicht der Auftrag zur Vorlage eines Projektes sein, sondern nur der mit den Mitteln des Verwaltungszwanges vollstreckbare Auftrag zur Durchführung bestimmter Maßnahmen im Interesse der Reinhaltung der Gewässer.**

„Gemäß § 33 Abs. 2, auf welche Bestimmung die belangte Behörde ihre Entscheidung gegründet hat, sind die zur Reinhaltung getroffenen Vorkehrungen, wenn sie unzulänglich sind oder im Hinblick auf die technische und wasserwirtschaftliche Entwicklung nicht mehr ausreichen — unbeschadet des verliehenen Rechtes —, vom Wasserberechtigten in zumutbarem Umfang und gegebenenfalls schrittweise den Erfordernissen anzupassen. Diese Bestimmung steht in inhaltlichem Zusammenhang mit der Bestimmung des Absatzes 1 der gleichen Geetzesstelle. Nach dieser hat, wer zur Einwirkung auf die Beschaffenheit von Gewässern berechtigt ist, die ihm obliegenden Reinhaltungsverpflichtungen durchzuführen. Wer eine solche Bewilligung anstrebt, hat im Sinne der §§ 12, 30 und 31 die zur Reinhaltung der Gewässer und zur Vermeidung von Schäden erforderlichen Maßnahmen vorzunehmen; in der Bewilligung ist auf die technischen und wasserwirtschaftlichen Verhältnisse, insbesondere auch auf das Selbstreinigungsvermögen des Gewässers und Bodens, entsprechend Bedacht zu nehmen. Aus dem Zusammenhalt der Bestimmungen der Absätze 1 und 2 des § 33 ergibt sich, daß Voraussetzung für die Anwendung der Bestimmungen des Absatzes 2 ist, daß eine Berechtigung zur Einwirkung auf die Beschaffenheit von Gewässern vorliegt, wobei es gleichgültig ist, ob es sich um ein altes Recht im Sinne des § 142 oder um eine unter der Geltung des WRG. erworbene Berechtigung handelt. Aus dem Wortlaute des § 33 Abs. 2 ergibt sich weiter, daß es Sache der Wasserrechtsbehörde ist, von Amts wegen zu prüfen, ob die zur Reinhaltung getroffenen Vorkehrungen schon seinerzeit unzulänglich waren oder nunmehr im Hinblick auf die technische und wasserwirtschaftliche Entwicklung nicht mehr ausreichend sind, und welche Vorschreibungen dem Wasserberechtigten zugemutet werden können. Die Bedeutung der mehrfach angeführten Bestimmung liegt darin, daß sie die Behörde ermächtigt, unabhängig von der Rechtskraft von Bescheiden zusätzliche Vorkehrungen zur Reinhaltung der Gewässer anzuordnen. Inhalt eines auf die angeführte Gesetzesstelle gegründeten Bescheides kann daher nicht der Auftrag zur Vorlage eines Projektes sein, sondern nur ein Auftrag zur Durchführung bestimmter Maßnahmen im Interesse der Reinhaltung der Gewässer. Ein solcher Auftrag ist eine Vollziehungsverfügung (ein Polizeibefehl), weil durch ihn die Behörde in die Lage versetzt werden soll, den vom Gesetz gewollten Zustand erforderlichenfalls mit den Mitteln des Verwaltungszwanges herzustellen. Diese Möglichkeit besteht aber nicht, wenn dem Wasserberechtigten lediglich die Vorlage eines Projektes aufgetragen wird. Denn selbst dann, wenn der Wasserberechtigte diesem Auftrag nachkommt, ein Projekt vorlegt und dieses Projekt wr. bewilligt wird, können dadurch die notwendigen Maßnahmen zur Verbesserung der Wassergüte nicht erzwungen werden. Denn eine wr. Bewilligung ist eben nur eine Bewilligung, von der der Berechtigte Gebrauch machen kann, aber nicht Gebrauch machen muß. Einer Vollstreckung ist eine Bewilligung niemals fähig."

A n m e r k u n g :  § 33 Abs. 1 und 2 normiert im Einklang mit § 31 die P f l i c h t  d e s  W a s s e r b e r e c h t i g t e n, von sich aus der ihm obliegenden Reinhaltungsverpflichtung nachzukommen. Dieser vom Gesetzgeber aufgestellte und für den Gewässerschutz wesentliche Grundsatz wird bekanntlich in den Erläuternden Bemerkungen zur Regierungsvorlage wie folgt umschrieben: „Vom Wasserberechtigten muß daher verlangt werden, schon von sich aus bemüht zu sein, die Reinhaltungsmaßnahmen den gegenüber dem Bewilligungszeitpunkt sich ändernden Verhältnissen anzupassen; kommt der Wasserberechtigte dieser Pflicht nicht nach, kann ihn die Behörde hiezu in zumutbaren Grenzen verhalten."

Das vorliegende Erk. läßt diesen Grundsatz — ohne sich weiter mit ihm zu befassen — unberührt, beschäftigt sich aber vor allem mit dem Erfordernis der Konkretisierung des bescheidmäßigen Sanierungsauftrages, um seine Vollstreckung zu ermöglichen. Um diesem Erfordernis gerecht zu werden, muß daher in einem Verfahren nach § 33 Abs. 2 jedenfalls Art und Umfang der seinerzeitigen oder jetzigen Unzulänglichkeit der zur Reinhaltung getroffenen Vorkehrungen aufgezeigt werden und — wenn der Wasserberechtigte nicht von sich aus ein entsprechendes Sanierungsprojekt vorlegt — der dann auf § 33 Abs. 2 gestützte bescheidmäßige Auftrag wenigstens die charakteristischen Merkmale der notwendigen Sanierungsmaßnahmen oder des zu erzielenden Reinigungseffektes enthalten. Meist wird dabei auch die Vorlage eines — durch einen solchen Auftrag nunmehr determinierten — Projektes nicht zu umgehen sein, damit die vom Wasserberechtigten abhängige A r t  d e r  E r f ü l l u n g  der vorgeschriebenen Maßnahmen oder Ziele im einzelnen dargelegt und entsprechend den Bestimmungen des WRG. verfahrensmäßig behandelt werden kann. In dem darüber ergehenden Bescheid ist die Verwirklichung des Projektes nach § 33 Abs. 2 aufzutragen.

# Nr. 126: zu § 34 WRG.

VwGH. 1. April 1960, Zl. 2414/59, JBl. 1961, Heft 7, S. 197:

**Der Salzburger Bauordnung kann keine Bestimmung des Inhaltes entnommen werden, daß die Parteien eines wr. Verfahrens im Baubewilligungsverfahren eine Parteistellung und damit das Recht zur Berufung besitzen, falls eine Bauführung in die ihnen durch das WRG. eingeräumte Interessensphäre eingreift. Auch das WRG. 1959 enthält keine solche Vorschrift.**

A n m e r k u n g : Vgl. dagegen Wortlaut des § 34 Abs. 6 WRG. 1959 sowie Nr. 127.

# Nr. 127: zu §§ 34, 13 und 102 WRG.

VerfGH. 29. Juni 1963, B 180/61, Slg. N. F. Nr. 4499:

**Parteistellung einer Gemeinde unter der Voraussetzung des § 34 Abs. 6 WRG.**

„Die Verletzung des verfassungsgesetzlich gewährleisteten Rechtes auf das Verfahren vor dem gesetzlichen Richter sieht die Beschwerdeführerin darin, daß die Gemeinde S. im zugrundeliegenden Bauverfahren nach Auffassung der Beschwerdeführerin zu Unrecht als zu Erhebung einer Berufung legitimiert behandelt wurde . . . Die Rechtsauffassung der Beschwerdeführerin ist aber nicht richtig. Denn nach § 34 Abs. 6 WRG. 1959, hat, soweit Maßnahmen und Anlagen, die eine Wasserversorgung im Sinne der vorstehenden Bestimmungen beeinträchtigen könnten, den Gegenstand eines behördlichen Verfahrens bilden, das in Betracht kommende Wasserversorgungsunternehmen oder die in Betracht kommende Gemeinde Parteistellung im Sinne des § 8 AVG. 1950. Das Grundstück, welches die Beschwerdeführerin verbauen will, liegt unbestrittenermaßen in der Interessenzone der Grundwasserversorgungsanlage der Gemeinde S. Die Errichtung und der Bestand eines Bauwerkes in dieser Zone ist zweifellos eine Maßnahme bzw. eine Anlage, die die Eignung hat, die Wasserversorgung der Gemeinde S. zu beeinträchtigen. Schon aus diesem Grund kommt der Gemeinde S. im baubehördlichen Verfahren betreffend die Errichtung eines solchen Bauwerkes nach der angeführten Gesetzesbestimmung Parteistellung im Sinne des § 8 AVG. 1950 zu. Die Beschwerdeführerin irrt, wenn sie meint, daß hiedurch einem wr. Verfahren vorgegriffen werde oder die Baubehörde sich wr. Befugnisse anmaße. Die belangte Behörde hat tatsächlich die angeführten Bestimmungen des WRG. 1959 in der Begründung des angefochtenen Bescheides nur zur Beurteilung der Parteistellung der berufungswerbenden Gemeinde S. herangezogen, in materieller Hinsicht aber baurechtliche Bestimmungen angewendet.“

# Nr. 128: zu § 34 WRG.

VerfGH. 8. Oktober 1963, B 470/62:

Die eine anzeigepflichtige Maßnahme zur Kenntnis nehmende Erledigung ist mangels eines rechtsfeststellenden oder -gestaltenden Inhaltes kein Bescheid, auch wenn sie in Bescheidform ergehen sollte.

# Nr. 129: zu § 34 WRG.

VwGH. 7. November 1963, Zl. 1946/62:

Ist die Gefahr der Beeinträchtigung einer Quelle durch Maßnahmen auf einer Grundparzelle dargetan, dann ist die Wasserrechtsbehörde berechtigt, Beschränkungen hinsichtlich der Nutzung dieses Grundstückes anzuordnen.

Anmerkung: Im gegenständlichen Verfahren war durch ein geologisches und andere Gutachten außer Zweifel gestellt worden, daß jede Wasserentnahme aus der oberen Grundwasserschichte zu einem Ergiebigkeitsrückgang einer zu schützenden Heilquelle führen könnte.

# Nr. 130: zu § 34 Abs. 4 WRG.

VwGH. 21. Mai 1964, Zl. 2382/63 (ähnliche Bestimmung eines Naturschutzgesetzes):

1. § 22 NSchG. handelt nur von einer Entschädigung für die Beeinträchtigung der Wirtschaftsführung oder für die Minderung des Ertrages, nicht aber von einer Entschädigung für die Entwertung der Grundstücke selbst, auf welchen gewirtschaftet oder von welchen ein Ertrag gezogen wird.

2. Wenn diese Gesetzesstelle von einer Beeinträchtigung der „Wirtschaftsführung" oder „Minderung des Ertrages" als Folge der Unterschutzstellung handelt, dann kann es sich bei diesem Wortlaut weiters insgesamt nur um Einwirkungen auf jene Formen der Wirtschaftsführung oder ertragbringenden Bewirtschaftung von solchen Grundflächen handeln, die im Zeitpunkt der Unterschutzstellung bestanden haben; die für die Zukunft bestehende bloße Absicht des Betroffenen, die Grundflächen anders als im Zeitpunkt der Unterschutzstellung wirtschaftlich zu nützen, deren Realisierung außerdem im Zeitpunkt der Unterschutzstellung noch nicht in Angriff genommen war, können keinen tauglichen Hinweis darauf bilden, daß die Unterschutzstellung die Wirtschaftsführung „wesentlich erschwert oder unmöglich gemacht habe" oder den Ertrag der Grundflächen „erheblich vermindert hätte", weil diese Gesetzesbegriffe eindeutig auf bereits bestehende Wirtschaftsformen hinweisen.

3. Auch Einnahmemöglichkeiten in Form eines Entgeltes für das Lagern von Badelustigen fallen unter den Begriff der „Wirtschaftsführung" und der „ertragbringenden Bewirtschaftung" von Grundstücken an einem Gewässer, weil § 22 NSchG. offenkundig nicht allein auf die land- und forstwirtschaftliche Bewirtschaftung von Grundflächen abgestellt ist.

# Nr. 131: zu §§ 34, 32, 117 und 123 WRG.

VwGH. 17. März 1966, Zl. 1688/65:

1. Anträge auf Ersatzleistungen müssen bereits im Verfahren zur Festlegung des Schutzgebietes gestellt werden.

2. Kein Kostenersatz zwischen Bundesdienststellen.

„Die Frage, ob seit dem Inkrafttreten der Wasserrechtsnovelle 1959 jeder Straßenbau einer wr. Bewilligung nach § 32 bedarf, kann nach Meinung des VwGH. aus nachstehenden Erwägungen ununtersucht bleiben:

Durch den Bescheid vom 23. Juni 1953, mit welchem die Schutzgebiete für das Grundwasserwerk festgelegt wurden, wurde unter anderem angeordnet, daß die in diesem Bescheid angeführten Maßnahmen in den Schutzzonen II und III, um die es vorliegend geht, grundsätzlich verboten sind. Diese Maßnahmen sind aber solche, die bei der Herstellung einer Straße unvermeidlich sind. Das Verbot der angeführten Maßnahmen in den Schutzgebieten ist jedoch kein absolutes. Vielmehr hat sich die Wasserrechtsbehörde vorbehalten, hievon Ausnahmen zu gewähren. Durch den vorangeführten Bescheid wurde daher die Bundesstraßenverwaltung gezwungen, bei der Herstellung des Autobahnastes um eine wr. Ausnahmebewilligung anzusuchen, was auch geschehen ist. Diese Bewilligung wurde der Bundesstraßenverwaltung unter Auflagen erteilt. Es handelt sich dabei also keineswegs um einen Fall der Bewilligungspflicht nach § 32 WRG. 1959, sondern um die Ausnahmebewilligung von einem nach § 31 WRG. 1934 (nunmehr § 34 Abs. 1 WRG. 1959) bescheidmäßig erlassenen Verbote, dessen Rechtswirkungen durch eine Bewilligung nach § 32 nicht hätte entgegengewirkt werden dürfen, so daß eine solche Bewilligung vom Gesetz auch nicht gefordert sein konnte.

... Wenn daher in der Folgezeit die Bundesstraßenverwaltung auf Grund des rechtskräftigen Bescheides von 1953 gezwungen war, um eine wr. Ausnahmebewilligung für den Bau der Zubringerstraße anzusuchen und ihr in dem über dieses Ansuchen ergangenen Bescheide von 1964 besondere Auflagen zum Schutze des Grundwasserwerkes erteilt wurden, so kann sie die ihr hiedurch entstandenen Mehrkosten nicht unter Berufung auf § 34 Abs. 4 von der mitbeteiligten Partei begehren, da ein Verfahren nach dieser Gesetzesstelle nicht mehr durchführbar war und auch nicht durchgeführt wurde, sondern nur ein Verfahren, das seinen Rechtsgrund in den rechtskräftigen Vorschreibungen des Bescheides von 1953 hatte.

Eine Entschädigung für die Vorschreibung und Ausführung der erteilten Auflagen konnte mithin nicht in Betracht kommen, da es sich nicht um eine zu Lasten des Beschwerdeführers verfügte Maßnahme gehandelt hatte, für die er nach bestehender Gesetzesanordnung Entschädigung begehren durfte, sondern um die Ausnahme von einem bescheidmäßig erlassenen und nach wie vor aufrechten Verbot, die der Beschwerdeführerin auf Ansuchen gewährt worden war.

... Der von der belangten Behörde geltend gemachte Anspruch auf Kostenersatz mußte abgewiesen werden, weil Rechtsträger dieser Behörde und des beschwerdeführenden Bundesministeriums ein und dieselbe Person, nämlich der Bund, ist."


## Nr. 132: zu § 34 Abs. 4, 60 und 117 WRG.

VwGH. 27. Oktober 1966, Zl. 745/66; 30. November 1967, Zl. 1523/66:

a) Die Bestimmungen des Eisenbahnenteignungsgesetzes sind hier nicht anwendbar.

b) Eine Entziehung des Eigentums ist nach § 34 ausgeschlossen.

c) Die Enteignungsbestimmungen des VII. Abschnittes des WRG. kommen nur subsidiär zur Anwendung.

d) Voraussetzung eines Entschädigungsanspruches ist, daß eine Einschränkung in der bisherigen Nutzung des Grundes eintreten und die Nutzung eine rechtmäßige („auf Grund bestehender Rechte") sein muß: eine solche Nutzung muß bereits vorliegen.

e) Bei Eingriffen in das Eigentum ist hier lediglich die tatsächlich bestehende Nutzung zu entschädigen.

## Nr. 133: zu § 34 WRG.

VwGH. 6. Juli 1967, Zl. 187, 188/67, ÖJZ. 1968, S. 409 Ev.Bl. Nr. 150:

Die Abstellung von gebrauchten, zum Wiederverkauf bestimmten Kraftwagen auf ungeschütztem Boden in einem Wasserschutzgebiet ist wegen der damit verbundenen Gefahr des Eindringens abtropfenden Öls oder Benzins in das Grundwasser gemäß § 34 WRG. verboten.

## Nr. 134: zu §§ 34 und 32 WRG.

VwGH. 5. Oktober 1967, Zl. 596/67:

1. Schutzgebietsbestimmungen sind nicht einschränkend auszulegen.

2. Ein Unterschied zwischen Mineralöllager und Öllagerung für eine Heizung besteht nicht.

## Nr. 135: zu § 34 WRG.

VwGH. 20. Dezember 1968, Zl. 632/66:

Erweiterung von Schutzgebieten ist nach § 68 Abs. 3 AVG. zu behandeln.

## Nr. 136: zu §§ 36, 9 und 12 WRG. (Kärnten)

VwGH. 27. Oktober 1960, Slg. N. F. Nr. 5404/A:

Der im Kärntner Gemeindewasserversorgungsgesetz 1958 vorgesehene Anschluß- und Benützungszwang kann im wr. Bewilligungsverfahren für eine gemeindefremde Wasserversorgungsanlage von der Gemeinde als Inhaberin einer öffentlichen Wasserversorgungsanlage nicht als bestehendes Recht im Sinne des § 12 Abs. 1 und 2 WRG. eingewendet werden. Die Unterlassung einer Wasserbenützung kann nur durch rechtskräftigen Bescheid des Bürgermeisters nach § 7 Abs. 2 des zit. Kärntner Landesgesetzes durchgesetzt werden, allerdings nur, wenn die Gemeindewasserversorgungsanlage bereits besteht.

## Nr. 137: zu §§ 36 und 10 WRG. (Kärnten)

VwGH. 9. Feber 1961, Zl. 2066/59:

1. Die für eine Ausnahme vom Anschluß- und Benützungszwang geforderten Voraussetzungen (§ 8) sind offensichtlich weitergehend als die in § 7 für die Verfügung der Auflassung einer Eigenanlage festgelegten Bedingungen. Im Prüfungsverfahren nach § 8 Abs. 1 lit. a des Kärntner Wasserversorgungsgesetzes ist daher auf die im § 7 Abs. 2 enthaltene Legalvermutung, wonach eine Gefährdung der Gesundheit schon dann anzunehmen ist, wenn durch einen Sachverständigen die Wahrscheinlichkeit zeitweiser Wasserverunreinigung festgestellt wird, nicht Bedacht zu nehmen.

2. Unter einem Hausbrunnen im Sinne des § 8 kann nur eine Anlage zur Erschließung und Benutzung des Grundwassers in dem zur Deckung des Haus- und Wirtschaftsbedarfes durch den Grundeigentümer erforderlichen Ausmaß im Sinne des § 10 Abs. 1 WRG., also für eine in sich geschlossene Wirtschaftseinheit, verstanden werden.

# Nr. 138: zu §§ 36 und 12 WRG.

VwGH. 29. November 1962, Zl. 994/62:

Die in einzelnen Landesgesetzen verankerte Verpflichtung zum Anschluß an eine öffentliche Wasserversorgungsanlage stellt kein bestehendes Recht im Sinne des § 12 WRG. dar.

# Nr. 139: zu §§ 36, 27 und 60 WRG. (Niederösterreich)

VerfGH. 15. März 1963, B 127 a, b, c/62, Slg. N. F. Nr. 6378:

Untersagung der Ausübung von Wasserbezugsrechten zum Zweck der Trink- und Nutzwasserversorgung ist keine Enteignung, ebensowenig die Feststellung des Gegebenseins der Verpflichtung zum Anschluß an die Verbandswasserleitung. Beide Verfügungen haben auch nicht das Erlöschen der Wasserbezugsrechte im Sinne des § 27 WRG. unmittelbar zur Folge.

„Der VerfGH. hält es nicht für denkunmöglich anzunehmen, daß mit dem Anschluß an die Verbandswasserleitung keine unverhältnismäßig schwere wirtschaftliche Schädigung der Beschwerdeführer verbunden ist; entgegen der Meinung der Beschwerdeführer gehen ihre Wasserbezugsrechte durch die angefochtenen Bescheide nicht verloren, und die Belastung durch den Wasserzins ist für sich allein nicht unverhältnismäßig; auch die Behauptung der minderen Qualität des Verbandsleitungswassers, selbst wenn sie zutreffen sollte, kann nicht zu einer Denkunmöglichkeit der Annahme führen, daß eine unverhältnismäßig schwere wirtschaftliche Schädigung der Beschwerdeführer nicht vorliegt, weil es sich keinesfalls um verhältnismäßige Qualitätsunterschiede handeln kann.

Der VerfGH. hält es ferner nicht für denkunmöglich, den Ausdruck ‚Hausbrunnen‘ im § 24 des Verbandsgesetzes in dem Sinn auszulegen, daß auch Quellwasserleitungsanlagen nach Art der in den Beschwerdefällen gegebenen darunterfallen. Denn angesichts des Zweckes dieser Bestimmung und nach Vergleich mit der Ausdrucksweise in § 21 ist die Annahme denkmöglich, daß unter dem Ausdruck ‚Hausbrunnen‘ Hauswasserversorgungsanlagen jeder Art gemeint sind.“

# Nr. 140: zu § 36 WRG. (Steiermark)

VerfGH. 28. Juni 1963, B 204/62, Slg. N. F. Nr. 4488:

Keine verfassungsrechtlichen Bedenken gegen § 5 Abs. 1, Z. 1 des Steiermärkischen Landeswasserversorgungsgesetzes, LGBl. Nr. 8/1932. Der Wasserleitungstarif nach diesem Gesetz ist eine Verordnung.

# Nr. 141: zu §§ 36 und 98 WRG. (Steiermark)

VwGH. 9. Juli 1963, Slg. N. F. Nr. 6074/A:

Anchlußzwang an Gemeindewasserleitungen ist Angelegenheit des Wasserrechtes.

„Die §§ 1 bis 3 des Gesetzes vom 22. Dezember 1931, LGBl. für das Land Steiermark Nr. 8/1932, enthalten ausführliche Bestimmungen über die Anschlußpflicht an öffentliche Wasserleitungen und regeln damit ein Rechtsgebiet, das zu den ‚Angelegenheiten des Wasserrechtes‘ im Sinne des Art. 10 Abs. 1 Z. 10 B.-VG. zählt, welch letztere Vorschrift in dieser Fassung im Zeitpunkte des Inkrafttretens des vorerwähnten Wasserleitungsgesetzes bereits in Geltung stand. Diese Zuordnung ergibt sich aus der Tatsache, daß bereits in den zum Reichswasserrechtsgesetz, RGBl. Nr. 93/1869, ergangenen Ausführungsgesetzen der Länder die Benützung der Gewässer eine durchgreifende Regelung gefunden hat und daher die gesetzliche Ordnung des Zwanges zur Benützung bestimmter Gewässer wiederum nur eine ‚Angelegenheit des Wasserrechtes‘ sein kann.“

Anmerkung: Vgl. auch Nr. 144.

## Nr. 142: zu § 36 WRG. (Niederösterreich)

VwGH. 12. September 1963, Slg. N. F. Nr. 6089/A;
VerfGH. 16. Dezember 1964, G 15, 16/63, Slg. N. F. Nr. 4883 (Aufhebung der §§ 21—28 des niederösterreichischen Landesgesetzes vom 3. Oktober 1929, LGBl. Nr. 210, über die Bildung eines Gemeindeverbandes zum Zwecke der Errichtung und des Betriebes einer Wasserleitung der Triestingtal- und Südbahngemeinden):

**1. Für den Anschlußzwang trifft der Kompetenztatbestand „Wasserrecht“ zu.**

**2. Keine verfassungsrechtlichen Bedenken gegen § 36 WRG.**

„a) Die Verfassung enthält keine Definition des Begriffes ‚Wasserrecht‘. Der Verfassungsgesetzgeber setzte den Begriffsinhalt als bekannt voraus. Gemäß der ständigen Rechtsprechung des VerfGH. ist daher dem Begriff der Inhalt beizumessen, der ihm nach dem Stand der Rechtsordnung im Zeitpunkt der Schaffung des Kompetenztatbestandes (das ist hier der 1. Oktober 1925) zukam. Es bestanden damals die auf Grund des Reichswassergesetzes, RGBl. Nr. 93/1869, erlassenen Landesgesetze mit Novellen, die teilweise erst in der Republik entstanden sind.

Auch schon nach diesen Gesetzen bedurften Wasserversorgungsanlagen einer behördlichen Bewilligung, wenn sie öffentliche Gewässer benützten oder wenn durch die Benützung von Privatgewässern ‚auf fremde Rechte oder auf die Beschaffenheit, den Lauf oder die Höhe des Wassers in öffentlichen Gewässern eine Einwirkung‘ entstand (§ 16 nö. LWG.). Zum großen Teil wörtlich gleiche, jedenfalls aber inhaltlich gleiche Bestimmungen enthielten auch alle anderen Landeswassergesetze. Die Voraussetzungen für die Bewilligung zur Errichtung und zum Betrieb von Wasserversorgungsanlagen zu regeln, war also bereits nach dem Stand der damaligen Rechtsordnung von der Wasserrechtsgesetzgebung in Anspruch genommen, gehörte somit auch am 1. Oktober 1925 zum Inhalt des Begriffes ‚Wasserrecht‘ im Sinne des Art. 10 Abs. 1 B.-VG. Daraus ergibt sich, daß Regelungen, betreffend die Einschränkung oder Stillegung des Betriebes bestehender Wasserversorgungsanlagen, ebenfalls bereits damals dem Begriff ‚Wasserrecht‘ unterstellt gewesen sind. Dazu kommt, daß die Benützung des Wassers zu regeln (sie zu erlauben oder — mangels gewisser Voraussetzungen — zu untersagen oder bestehende Benutzungsberechtigungen einzuschränken oder zu entziehen) bereits Inhalt der Wasserrechtsgesetzgebung nach dem Stand vom 1. Oktober 1925 (vgl. z. B. §§ 10, 15, 16, 26, 27, 36 nö. LWG. und die ähnlichen oder gleichen Bestimmungen in den anderen Landeswassergesetzen) war. Auch die Einrichtung des Zwanges, nur bestimmtes Wasser zu benützen und daher die Benützung anderen Wassers zu unterlassen, ist im Kern eine Regelung der Wasserbenützung; die Erlaubnis, Wasser zu benützen, wird nämlich dadurch auf ein bestimmtes Wasser beschränkt und die Benützung anderen Wassers somit untersagt...

An der getroffenen Feststellung vermag der Umstand nichts zu ändern, daß die Wasserrechtsgesetzgebung nach dem Stand vom 1. Oktober 1925 einen Anschlußzwang, wie er nun im § 36 WRG. 1959 vorgesehen ist, nicht kannte. Insbesondere war — entgegen der Meinung der Bundesregierung — mit der Bestimmung des § 18 Reichswasserrechtsgesetz, gemäß der ‚innerhalb der in den §§ 15 und 16 bezeichneten Grenzen ... die Erlassung näherer Bestimmungen über die zwangsweise Abnahme von entbehrlichem Wasser ... der Landesgesetzgebung vorbehalten‘ geblieben ist, keine Anschlußzwangregelung getroffen worden. Im § 15 leg. cit. war nämlich die Verpflichtung statuiert, es habe über behördliche Verfügung ,bei fließenden Privatgewässern derjenige, dem das Wasser gehört, insoweit er es nicht benötigt und innerhalb einer ihm behördlich zu bestimmenden ... Frist auch nicht benützt, anderen, die es nutzbringend verwenden können, gegen angemessene Entschädigung‘ Wasser zu überlassen, das heißt die zwangsweise Abnahme von entbehrlichem Wasser zu dulden.

Der aufgezeigte Umstand, daß die Wasserrechtsgesetzgebung seinerzeit eine Anschlußzwangregelung nicht enthielt, vermag deswegen an den getroffenen Feststellungen nichts zu ändern, weil Neuregelungen auch nach dem Inkrafttreten der in Frage kommenden Kompetenzbestimmung zulässig sind, soferne sie nach ihrem Inhalt dem Kompetenzgrund angehören (vgl. u. a. Erk. Slg. 3393/1958, 3670/1960) und dies hier — wie oben ausgeführt — zutrifft.

Auch der Umstand, daß die gemeinnützigen Wasserversorgungsanlagen zu einem großen Teil den Gemeinden gehören und das zur allgemeinen Benützung der Gemeindemitglieder bestimmte Wasser oft Gemeindegut — § 288 ABGB. — ist (vgl. Peyrer, Das Österreichische Wasserrecht, Wien 1898, S. 379 ff), vermag die getroffene Feststellung nicht zu erschüttern. Die Benützung des Wassers zu regeln war nämlich bereits nach dem Stand der Gesetzgebung vom 1. Oktober 1925 eine Wasserrechtsangelegenheit ohne Rücksicht darauf, ob es sich dabei um öffentliches oder privates Gut handelte.

Schließlich kann auch der Umstand, daß im Gesetz vom 16. Feber 1922, LGBl. Nr. 129, über die Einhebung von Wassergebühren durch die Gemeinden Niederösterreichs, ein Anschlußzwang vorgesehen war, nicht zum Ergebnis führen, daß der Anschlußzwang (im Sinne des § 36 WRG. 1959) nicht unter den Begriff ,Wasserrecht‘ fällt. Dies vor allem deshalb nicht, weil damals die Länder zur Gesetzgebung in Wasserrechtssachen zuständig gewesen sind.

b) Das Land Niederösterreich war demnach zuständig, die im II. Abschnitt des Verbandsgesetzes enthaltenen Anschlußzwangsvorschriften zu erlassen, soweit die durch § 36 WRG. (Art. 10 Abs. 2 B.-VG.) gezogenen Grenzen es erlauben.

Diese Grenzen sind jedoch überschritten worden. Gemäß § 36 Abs. 1 kann nämlich der Anschlußzwang verbunden mit der Auflassung eigener Wasserversorgungsanlagen nur verfügt werden, wenn und insoweit die Weiterbenützung bestehender Anlagen die Gesundheit gefährden könnte. Das Verbandsgesetz ermöglicht es aber auch, eine solche Verfügung zu treffen, wenn die bestehende Anlage die Gesundheit nicht gefährden kann. Entgegen dem § 36 Abs. 1 WRG. gibt das Verbandsgesetz außerdem auch dann keine Möglichkeit zur Errichtung einer neuen Anlage, verbunden mit einer Ausnahme vom Anschlußzwang, wenn durch die neue Anlage und den Nichtanschluß an die Verbandswasserleitung der Bestand dieser in wirtschaftlicher Beziehung nicht bedroht sein kann.

c) Die mit den Anschlußzwangsbestimmungen untrennbar verbundene Gesamtregelung des II. Abschnittes des Verbandsgesetzes war demnach wegen Widerspruches zu Art. 10 Abs. 2 B.-VG. als verfassungswidrig aufzuheben ...

d) Da es immerhin möglich erschien, daß der Begriff ,Wasserrecht‘ nicht auch die Maßnahmen des Anschlußzwanges mitumfaßt, waren Bedenken gegen die Verfassungsmäßigkeit des § 36 WRG. 1959 in dieser Richtung vorhanden.

Die Bedenken haben sich jedoch nicht als zutreffend erwiesen. Die Regelung ist vom Bund — wie oben ausgeführt —, zuständigerweise (Art. 10 Abs. 1 Z. 10 und Abs. 2 B.-VG.) getroffen worden.

Es war somit auszusprechen, daß § 36 Abs. 1 WRG. nicht als verfassungswidrig aufgehoben wird.“

# Nr. 143: zu § 36 WRG.

OGH. 28. Juni 1965, 1 Ob 72/65:

Eine Wasserleitung ist kein Teil des öffentlichen Gutes, weil sie nicht wie eine öffentliche Straße der Allgemeinheit zum Gebrauch überlassen ist. Sie gehört vielmehr zum sogenannten Verwaltungsvermögen der Gebietskörperschaft, da sie der Erfüllung hoheitsrechtlicher Aufgaben auf dem Gebiete der öffentlichen Wasserversorgung dient.

# Nr. 144: zu §§ 36 und 98 WRG. sowie Art. 118 B.-VG.

VwGH. 29. Juni 1967, Zl. 46/67, ÖJZ. 1968, S. 304, Ev.Bl. 85:

Der Anschluß- und Benützungszwang bei Gemeindewasserversorgungsanlagen fällt grundsätzlich in den eigenen Wirkungsbereich der Gemeinde, soweit aus den gem. Art. 118 Abs. 2 und 3 B.-VG. erlassenen Gemeindeordnungen bzw. den Wasserversorgungsgesetzen sich nichts anderes ergibt.

„Wie sich aus der auf Art. 10 Abs. 2 B.-VG. beruhenden Ermächtigungsvorschrift des § 36 Abs. 1 1959 ergibt und worauf § 1 Abs. 1 des Kärntner Gemeindewasserversorgungsgesetzes übrigens ausdrücklich Bezug nimmt, hat der Landesgesetzgeber im Gegenstande die aus dieser Ermächtigung erfließende Kompetenz zur Erlassung von Vorschriften über den Anschluß- und Benützungszwang bei öffentlichen Wasserversorgungsanlagen der Gemeinden in Anspruch genommen. Da die Vollziehung solcher Ausführungsgesetze der Länder laut Art. 10 Abs. 2 B.-VG. dem Bund zusteht, konnte der Bürgermeister bei der ihm übertragenen bescheidmäßigen Feststellung der Anschlußpflicht (§ 9 GWG.) im Gegenstande nur in Vollziehung mittelbarer Bundesverwaltung im übertragenen Wirkungsbereich der Gemeinde eingeschritten sein (§ 51 Abs. 6 der Allgemeinen Gemeindeordnung, LGBl. für Kärnten Nr. 56/1957). Da im Kärntner Gemeindewasserversorgungsgesetz über den Instanzenzug nichts bestimmt ist, mußte auf Grund der seitens der Beschwerdeführerin gegen den Bescheid des Bürgermeisters vom 14. April 1964 erhobenen Berufung gemäß Art. 103 Abs. 4 B.-VG. der Rechtsmittelzug zunächst bis zu dem in Angelegenheiten des Wasserrechtes zuständigen Bundesminister eröffnet sein. Es ergibt sich jedoch die Frage, ob sich an dieser rechtlichen Situation infolge des § 10 Abs. 1 der am 31. Dezember 1965 in Kraft getretenen Allgemeinen Gemeindeordnung — AGO., LGBl. für Kärnten Nr. 1/1966, nichts geändert hat. Darin wird nämlich festgelegt, daß der eigene Wirkungsbereich der Gemeinde — abgesehen vom § 1 Abs. 2 AGO. — a l l e Angelegenheiten umfaßt, die im ausschließlichen oder überwiegenden Interesse der in ihr verkörperten örtlichen Gemeinschaft gelegen und geeignet sind, durch die Gemeinschaft innerhalb ihrer örtlichen Grenzen besorgt zu werden. Es handelt sich dabei um eine zur Anpassung der Organisation der Gemeindeverwaltung im Sinne des § 5 Abs. 1 der Bundes-Verfassungsgesetznovelle 1962, BGBl. Nr. 205 (kurz BVNov. 1962), erlassene Neufassung der Kärntner Gemeindeordnung, in der auf Art. 118 Abs. 2 B.-VG. entsprechend Bedacht genommen wurde. Dem Landesgesetzgeber kam hiebei, worauf der VerfGH. in seinem Erk. vom 1. Dezember 1966, Zl. 75/66, hingewiesen hat, gemäß Art. 115 Abs. 2 erster Satz und Art. 118 Abs. 4 B.-VG. die Berechtigung zu, § 10 zu erlassen, auch soweit es sich um Angelegenheiten der Bundesvollziehung handelt. Wie in diesem Erk. weiter ausgeführt wurde, brauchen gesetzliche Regelungen, die — wie das Kärntner Gemeindewasserversorgungsgesetz — vor dem 31. Dezember 1965 in Kraft gesetzt worden sind, zufolge der Übergangsbestimmung des § 5 Abs. 3 BVNov. 1962 bis zum 31. Dezember 1968 noch nicht im Sinne des Art. 118 Abs. 2 zweiter Satz B.-VG. entsprechend ‚bezeichnet‘ zu werden. Die Frage, ob eine bestimmte gesetzliche Regelung solcher Art einen in den eigenen Wirkungsbereich der Gemeinde fallenden Inhalt hat, ist demnach seinerzeit noch unmittelbar an Hand der den Bestimmungen des Art. 118. Abs. 2 erster Satz und Abs. 3 B.-VG. entsprechenden Regelungen des für das betreffende Land geltenden Gemeinderechtsgesetzes (Art. 115 Abs. 2 erster Satz B.-VG.) zu beantworten. Die Vorschriften der in Betracht zu ziehenden Gesetze sind also soweit im eigenen Wirkungsbereiche zu vollziehen, als ihr Inhalt unter die Bestimmungen der dem Art. 118 Abs. 2 erster Satz und Abs. 3 B.-VG. entsprechenden Regelungen der einzelnen Gemeinderechtsgesetze fällt. Den dem Art. 119 a B.-VG. widersprechenden alten Zuständigkeits- und Instanzenzugvorschriften hinsichtlich des eigenen Wirkungsbereiches der Gemeinden ist durch die neuen dem Art. 119 a B.-VG. entsprechenden Vorschriften des Gemeinderechtes mit 31. Dezember 1965 derogiert worden (§ 5 Abs. 1 und 2. BVNov. 1962).

Untersucht man demgemäß die hier in Betracht zu ziehenden Vorschriften des Kärntner Gemeindewasserversorgungsgesetzes darauf, ob darin Angelegenheiten geordnet seien, die im Sinne des § 10 Abs. 1 AGO. deshalb seit 31. Dezember 1965 dem eigenen Wirkungsbereiche der Gemeinde zuzuzählen sind, weil sie im ausschließlichen oder überwiegenden Interesse der in ihr verkörperten örtlichen Gemeinschaft gelegen und geeignet sind, durch die Gemeinschaft innerhalb ihrer örtlichen Grenzen besorgt zu werden, so ergibt sich die Bejahung dieser Frage aus nachstehenden Überlegungen:

Das Kärntner Gemeindewasserversorgungsgesetz wird durch die Tatsache charakterisiert, daß es von vornherein nur solche Wasserversorgungsanlagen erfaßt, deren Versorgungsbereich das Gemeindegebiet der die Wasserversorgungsanlage betreibenden Gemeinde nicht überschreitet. Dies erhellt in erster Linie aus § 1 Abs. 1 im Zusammenhalt mit § 6, wonach es dem Gemeinderat obliegt, eine Wasserversorgungsanlage ‚zur Versorgung der Bevölkerung mit gesundheitlich einwandfreiem Trink- und Nutzwasser und mit Wasser für Feuerlöschzwecke' zu widmen. Unter der ‚Bevölkerung', deren Wohl einer solchen Fürsorge des Gemeinderates überantwortet ist, kann aber nur die in der Gemeinde verkörperte örtliche Gemeinschaft verstanden sein. Aber auch die Tatsache, daß es einerseits dem Bürgermeister übertragen ist, die Wasserlieferung in Einzelfällen durch Bescheid zu beschränken, ebenfalls durch Bescheid die Einschränkung eigener Wasserversorgungsanlagen oder deren Auflassung zu verfügen und schließlich im Einzelfalle die Anschlußpflicht durch Bescheid festzustellen, daß andererseits die örtliche Zuständigkeit des Bürgermeisters, aber auch des Gemeinderates, an den Grenzen der Gemeinde endet, spricht für diese Annahme. Damit aber ist klargestellt, daß die hier allein in Betracht zu ziehenden Bestimmungen der §§ 1 bis 9 des Kärntner Gemeindewasserversorgungsgesetzes Angelegenheiten betreffen, die zumindest im überwiegenden Interesse der in der Gemeinde verkörperten örtlichen Gemeinschaft gelegen und bereits nach der ursprünglich vom Gesetzgeber getroffenen Ordnung dazu geeignet sind, durch die Gemeinschaft innerhalb ihrer örtlichen Grenzen besorgt zu werden. Die Auffassung der belangten Behörde, daß es sich bei diesen Angelegenheiten um solche handle, die angesichts wasserwirtschaftlich bedingter überörtlicher Zusammenhänge und des auf die Vermeidung gesundheitlicher Gefahren zielenden Zwecke solcher Einrichtungen dem eigenen Wirkungsbereich der Gemeinden nicht zugehörten, kann nicht geteilt werden. Der Zweck dieser gemeindlichen Einrichtungen ist nach dem Wortlaut des § 10 Abs. 1 AGO. kein maßgebliches Indiz für den eigenen Wirkungsbereich, sondern das in ihnen bestehende Interesse der örtlichen Gemeinschaft und deren Fähigkeit, die damit verbundenen Aufgaben zu bewältigen. Im übrigen aber darf nicht übersehen werden, daß die hier a l l e i n zur Beantwortung stehende Frage des Anschluß- und Benützungszwanges hinsichtlich des eigenen Wirkungsbereiches nur aus der Warte des das Gemeindegebiet nicht überschreitenden Versorgungsbereiches, nicht aber auch hinsichtlich jenes Gebietes bedeutsam sein kann, aus dem Wasser in den Versorgungsbereich geleitet wird, um dort verbraucht zu werden. Die Wahrung von Interessen der zuletzt erwähnten Art ist vielmehr ausschließlich Aufgabe der Wasserrechtsbehörden. Daß der Anschluß- und Benützungszwang schließlich zum Kompetenztatbestand ‚Wasserrecht' des Art. 10 Abs. 1 B.-VG. zählt, ändert nichts daran, daß seit der Bundes-Verfassungsgesetznovelle 1962 gemäß Art. 118 Abs. 4 B.-VG. auch Angelegenheiten der Bundesvollziehung durch den Landesgesetzgeber dem eigenen Wirkungsbereich der Gemeinden zugeordnet werden durften, weshalb § 10 Abs. 1 AGO. — wie oben schon erwähnt — auch auf solche Angelegenheiten grundsätzlich Anwendung zu finden hat."

## Nr. 145: zu §§ 37 und 121 WRG.

VwGH. 31. Mai 1968, Zl. 958/67:

**Wurde bei einer Mineralwasserfassung im Bewilligungsverfahren zwecks Hintanhaltung einer Wasserverschwendung ein automatisch schließender Entnahmehahn vorgeschrieben, da ein freier Auslauf zu einer das gesamte artesische Feld schädigenden Entspannung führen muß und sich eine derartige Vergeudung kostbaren Mineralwassers zweifellos in einem Rückgang der Schüttung der Nachbarquellen bemerkbar machen würde, so stellt ein nunmehr freier Auslauf keine im Überprüfungsverfahren zu genehmigende geringfügige Abweichung dar.**

## Nr. 146: zu §§ 37, 10 und 99 WRG.

VwGH. 26. Juni 1968, Zl. 1590/67:

**Wenn eine Grundparzelle nicht innerhalb des Schutz- oder Schongebietes eines wr. bewilligten Mineralwasservorkommens zu liegen kommt, so vermag der Umstand, daß sich die auf ihr beabsichtigte Erschließung von Grundwasser auf das benachbarte Mineralwasservorkommen auswirken kann, die Zuständigkeit des LH. gemäß § 99 Abs. 1 lit. e nicht zu begründen.**

„Gegenstand des Verfahrens war das Ansuchen des Beschwerdeführers um die Bewilligung zur Erschließung von Grundwasser im Sinne des § 10. Abs. 2 WRG. Da sich seine Grundparzelle unbestrittenermaßen nicht innerhalb eines Schutzgebietes oder Grundwasserschongebietes nach § 34 Abs. 1 und 2 (bzw. § 37) befindet, war sein Begehren ausschließlich nach den Grundsätzen des § 12 zu beurteilen. Die Zuständigkeit zur Behandlung des Ansuchens war laut § 98 bei der Bezirksverwaltungsbehörde gelegen, es sei denn, daß einer der in den §§ 99 und 100 bezeichneten Ausnahmefälle gegeben war. Das Amt der Landesregierung ersah einen solchen Ausnahmefall zugunsten seiner Zuständigkeit in der Vorschrift des § 99 Abs. 1 lit. e, worin der LH. für ‚Angelegenheiten der Heilquellen und Heilmoore' in erster Instanz kompetent ist. Dabei wurde übersehen, daß unter ‚Angelegenheit' in diesem Sinn immer nur jenes Vorhaben verstanden werden kann, das einer wasserrechtsbehördlichen Erledigung unterzogen werden soll. Im Gegenstande war nun keineswegs ein Vorhaben gegeben, das sich auf die in der Kundmachung der Landesregierung vom 20. Oktober 1959, LGBl. für das Burgenland Nr. 22/1959, als Heilquellen bezeichneten ‚Quellen I und II (Vitaquellen)', bezog. Nur insoweit lag ja überhaupt eine Heilquellenerklärung im Sinne der §§ 1 und 4 des burgenländischen Heilquellen- und Kurortegesetzes 1956, LGBl. Nr. 15, vor, welche Gesetzesbestimmungen für die Wasserrechtsbehörde hinsichtlich der Charakterisierung einer Quelle als Heilquelle bindend sein mußten, so daß es ihr nicht freistehen konnte, die Frage des Charakters der Quelle als Heilquelle (etwa so wie in den Bundesländern, in denen eine solche gesetzliche Regelung fehlt) selbständig als

Vorfrage zu beurteilen. Der Zusammenhang mit diesen Heilquellen war lediglich dadurch hergestellt, daß die Quelleninhaber vorbrachten, durch das Vorhaben des Beschwerdeführers in ihrem Wasserrecht auf Benutzung dieser Quellen (später auch der inzwischen neu hinzugekommenen Brunnen) dadurch verletzt zu werden, daß maßgebliche Veränderungen im gemeinsamen Grundwasserhorizont auftreten würden. Damit aber war das Vorhaben des Beschwerdeführers nicht zu einer ‚Angelegenheit einer Heilquelle‘ geworden, sondern blieb die Angelegenheit einer Grundwassererschließung, bei der auf die Belange einer angrenzenden Heilquelle im Rahmen des diesbezüglichen Wasserrechtes Rücksicht zu nehmen war. Damit steht aber bereits fest, daß der LH. seine Kompetenz zur meritorischen Behandlung des vom Beschwerdeführer eingereichten Ansuchens zu Unrecht in Anspruch genommen hatte, vielmehr die Zuständigkeit der BH. gegeben gewesen wäre.“

## Nr. 147: zu §§ 38 und 124 WRG.

VwGH. 24. April 1958, Slg. N. F. Nr. 4647/A:

**Die Errichtung von Ruderbootverleihanstalten an fließenden oder an stehenden öffentlichen Gewässern bedarf nur dann einer Bewilligung nach dem WRG., wenn im Zusammenhang mit der Betriebsausübung Anlagen errichtet werden, die sich als besondere bauliche Herstellungen im Sinne des § 38 darstellen. Eine derartige Bewilligung begründet indes kein in das Wasserbuch einzutragendes Wasserbenutzungsrecht im Sinne der Vorschrift des § 124 Abs. 1 WRG.**

## Nr. 148: zu § 38 WRG.

VwGH. 8. Oktober 1959, Slg. N. F. Nr. 5070/A:

**Auslegung und Abgrenzung der Begriffe „Bauten“ und „Anlagen“.**

„Wie schon im Erk. des Verwaltungsgerichtshofes vom 22. Juni 1933, Slg. Nr. 17.649, ausführlich dargelegt worden ist, muß unter einer Anlage im Sinne des Wasserrechtes alles das verstanden werden, was durch die Hand des Menschen ‚angelegt‘, also errichtet wird. Die ‚Anlage‘ ist also der weitere, der ‚Bau‘ der engere Begriff. Dies ergibt sich auch ohne weiteres aus der hier maßgeblichen Vorschrift, welche vorerst von Brücken, Stegen und Bauten an Ufern handelt, dann aber allgemein von a n d e r e n Anlagen spricht, demnach die ersterwähnten Objekte in den Begriff der A n l a g e n ausdrücklich einbezieht. Es sollten daher Brücken, Stege und Bauten an Ufern wohl nur als Anlagen besonders hervorgehoben werden, die r e g e l m ä ß i g im Bereiche des Hochwasserablaufes fließender Gewässer liegen. Die belangte Behörde durfte mithin sowohl das Wohnhaus der Beschwerdeführerin als auch dessen Umzäunung dem Begriff der ‚Anlage‘ im Sinne des § 38 Abs. 1 unterstellen.“

## Nr. 149: zu §§ 38, 9, 12, 15, 41, 102 und 117 WRG. sowie § 1 JN.

VwGH. 16. November 1961, Slg. N. F. Nr. 5663/A; 4. Oktober 1962, Zl. 1807/61; 26. November 1964, Zl. 1504/64:

**Das WRG. enthält keine Vorschriften, nach welchen Fischereiberechtigte gegen die nach § 38 zu bewilligende Herstellung von Einbauten in stehende öffentliche Gewässer Einwendungen oder ein Recht auf Entschädigung geltend machen könnten. Hiefür steht gemäß § 1 der JN. vielmehr nur der Zivilrechtsweg offen.**

„Bei dem Projekt der Errichtung eines Sport- und Fischereihafens handelt es sich um einen Einbau in ein stehendes öffentliches Gewässer, der gemäß § 38 einer wr. Bewilligung bedarf, weil eine solche Bewilligung nach § 9 oder § 41 nicht erforderlich ist. Ein Bewilligungserfordernis nach § 9 entfällt in diesem Falle nämlich schon deshalb, weil Hafenanlagen keine Wasserbenutzung, d. h. einen Gebrauch der Wasserwelle bzw. einen mit dem Gebrauch der Wasserwelle zusammenhängenden Gebrauch des Wasserbettes bedingen, während eine Bewilligungspflicht nach § 41 deshalb nicht gegeben sein kann, weil der vorliegende Sachverhalt nach keiner Richtung erkennen läßt, daß ein Schutz- oder Regulierungswasserbau geplant sei. Was unter solchen Bauten zu verstehen ist, hat der Gesetzgeber in § 42 Abs. 2 deutlich zum Ausdruck gebracht, nämlich die ‚Herstellung von Vorrichtungen und Bauten gegen die schädlichen Einwirkungen des Wassers‘ . . .

Die Parteistellung und damit das Recht, gegen das Projekt Einwendungen zu erheben, kam in dem abgeführten Verfahren daher nur den Inhabern ‚bestehender Rechte‘ im Sinne des § 12 Abs. 2 zu. Das Recht auf die Ausübung der Fischerei zählt nicht zu diesen Rechten, während sich die Sonderbestimmung des § 15 Abs. 1 über das Recht der Fischereiberechtigten auf Erhebung bestimmter Einwendungen bzw. auf angemessene Entschädigung wiederum nur auf die Bewilligung von W a s s e r b e n u t z u n g s r e c h t e n und außerdem gemäß der in § 41 Abs. 5 verfügten sinngemäßen Anwendung auf S c h u t z -  u n d  R e g u l i e r u n g s w a s s e r b a u t e n auch auf die wr. Bewilligung solcher Bauten bezieht.

Anderweitige Vorschriften, nach welchen Fischereiberechtigte gegen die nach § 38 zu bewilligende Herstellung von Einbauten in stehende Gewässer Einwendungen oder ein Recht auf Entschädigung geltend machen könnten, enthält das WRG. nicht. Für die Verfolgung ihrer Interessen ist deshalb gemäß § 1 der JN. in solchen Fällen nur der Zivilrechtsweg gegeben. (Vgl. hiezu die einschlägigen Ausführungen des Erk. des VerfGH. vom 13. Oktober 1953, Slg. Nr. 2579).

Aus dieser Rechtslage folgt ‚daß die belangte Behörde nicht dazu berufen war, die Nachprüfung des mit dem erstinstanzlichen Bescheid zugesprochenen Entschädigungsbetrages und die Entscheidung über die ‚Ersatzstellung‘ einer Netzhütte vorzubehalten, weil ihr vom Gesetzgeber die Zuständigkeit für die Festsetzung derartiger Entschädigungen überhaupt nicht eingeräumt worden ist.“

## Nr. 150: zu §§ 38 und 105 WRG.

VwGH. 15. Feber 1962, Slg. N. F. Nr. 5719/A:

Da § 38 das Erfordernis einer wr. Bewilligung nur neben sonst etwa erforderlichen Genehmigungen statuiert, können jene öffentliche Rücksichten, deren Wahrung durch anderweitige gesetzliche Regelungen und auf ihnen fußende Genehmigungen erfaßt wird, nicht zu den Rücksichten zählen, die § 105 WRG. unter dem allgemeinen Begriff „öffentliches Interesse“ zusammenfaßt.

„Der LH. von . . . und mit ihm die belangte Behörde haben die Abweisung des Bewilligungsansuchens für eine Seilfähre allein auf § 105 WRG. 1959 gestützt. Ihm zufolge kann ein Unternehmen im öffentlichen Interesse als unzulässig angesehen oder nur unter entsprechenden Bedingungen bewilligt werden. In lit. a bis l dieser Gesetzesstelle sind hier nicht in Betracht kommende Fälle dargestellt, in denen ein solches entgegenstehendes öffentliches Interesse i n s b e s o n d e r e als bestehend anzunehmen ist.

Die Wasserrechtsbehörden beider Instanzen sind bei ihrer Entscheidung davon ausgegangen, daß die vom Beschwerdeführer beabsichtigte Belastung des linksufrigen Hauptmastes oder gar die Verstärkung des bestehenden Mastfundamentes eine Gefährdung der Gasrohranlage bewirken würden und daß deshalb die Seilfährenanlage in ihrem derzeitigen Zustand im öffentlichen Interesse unzulässig sei.

Nun darf aber nicht übersehen werden, daß § 38 das Erfordernis einer wr. Bewilligung für solche Fälle ausdrücklich n e b e n sonst etwa erforderlichen Genehmigungen statuiert. Das heißt also, daß sich die wr. Beurteilung des Vorhabens jedenfalls nur auf jene Bereiche zu erstrecken hat, die durch anderweitige gesetzliche Regelungen und auf ihnen fußende Genehmigungen nicht erfaßt sind. Daraus folgt weiters, daß jene öffentlichen Rücksichten, deren Wahrung durch solche anderweitige gesetzliche Vorschriften gesichert erscheint, nicht zu jenen zählen können, die § 105 WRG. unter dem allgemeinen Begriff ‚öffentliches Interesse‘ zusammenfaßt.

Die anläßlich der mündlichen Verhandlung festgestellte Tatsache, daß die unterhalb des bestehenden Mastfundamentes führenden Gasrohre durch den Druck des Fundamentgewichtes gefährdet würden und einer Reparatur nicht zugänglich seien, kann vom Standpunkte zu wahrender öffentlicher Interessen nur so weit gewertet werden, daß die Gasanlage in diesem Bereich an einem Mangel leidet, der gemäß § 4 Abs. 2 und 3 sowie § 10 Abs. 3 des Wiener Gasgesetzes durch den Wiener Magistrat als hiefür zuständige Behörde wahrzunehmen ist. Dabei wird es gewiß auch von Bedeutung sein, ob der Rechtsvorgänger des Beschwerdeführers für die Errichtung des Seilturmfundamentes auch die notwendige Baubewilligung und damit das Recht erlangt hat, das Fundament in dieser Art im Nahbereich der Gasleitung zu errichten und zu belassen.

Das öffentliche Interesse an einer einwandfreien Führung und Erhaltung der Gasleitung und an einer den Bestimmungen der Bauordnung gerecht werdenden Situierung des Seilturmfundamentes erscheint demnach durch bestehende gesetzliche Regelungen abgesichert, so daß eine Bedachtnahme der Wasserrechtsbehörde auf die Sicherheit der Gasleitungsanlage im Rahmen der Vorschrift des § 105 schon aus diesem Grunde nicht gerechtfertigt war. Hiedurch erübrigt sich eine Auseinandersetzung mit der weiteren Frage, ob die belangte Behörde überhaupt dazu berufen sein konnte, im Rahmen dieser Gesetzesvorschrift auf die Prüfung öffentlich-rechtlicher Interessen bei Angelegenheiten einzugehen, deren Regelung in Gesetzgebung und Vollziehung den Ländern zukommt. (Sowohl die Leitung von Gasen als auch die Bausachen zählen zu diesen Angelegenheiten.)“

## Nr. 151: zu § 38 WRG.

VerfGH. 24. März 1962, B 279/61:

Von einer rechtswidrigen Verweigerung der Sachentscheidung kann keine Rede sein, wenn der geltend gemachte Anspruch eines Nachbarn lediglich darauf hinausläuft, ebenfalls die Bewilligung für eine besondere bauliche Herstellung zu erhalten, weil hier weder eine „rechtmäßig geübte“ Wasserbenutzung vorliegt noch das Grundeigentum angetastet wird.

## Nr. 152: zu §§ 38, 4 u. 5 WRG.

OGH. 7. November 1962, 1 Ob 234/62:

Der Privateigentümer des Bettes eines öffentlichen Gewässers ist grundsätzlich über den darüber befindlichen Luftraum verfügungsberechtigt; er kann daher diese Verfügungsberechtigung auch anderen einräumen.

## Nr. 153: zu § 38 WRG.

VwGH. 17. Jänner 1963, Zl. 124/62:

Eine Einbaubrücke (mit Versenkung der erforderlichen Stützen in den Seegrund) bedingt weder eine Wasserbenutzung, d. h. einen Gebrauch der Wasserwelle bzw. einen mit dem Gebrauch der Wasserwelle zusammenhängenden Gebrauch des Wasserrechtes, noch kommt sie als Regulierungs- oder Schutzbau in

Betracht, sie ist vielmehr als bloße besondere bauliche Herstellung im Sinne des § 38 anzusehen.

Bei besonderen baulichen Herstellungen ist das Bewilligungsverfahren im Hinblick auf die Einordnung unter den Abschnitt „Abwehr und Pflege der Gewässer" auf die von den geplanten Anlagen als solchen ausgehenden Einwirkungen auf Gewässer abzustellen, nicht aber auf damit nicht zusammenhängende Fragen wie etwa den Gebrauchszweck (z. B. Wassersport).

# Nr. 154: zu § 38 WRG.

VwGH. 21. November 1963, Zl. 2126/62:

Eine in Verbindung mit einer besonderen baulichen Herstellung ausgeführte Seevertiefung kann für sich allein nicht als §-38-Bau angesehen werden, wenn in das Gewässer nichts „eingebaut" wird.

# Nr. 155: zu § 38 WRG.

VwGH. 12. November 1964, Slg. N. F. Nr. 6486/A:

Es ist allgemeines Erfahrungsgut, daß man bei einer „häufigen Überflutung von Flächen" durch ausufernde Gewässer regelmäßig nur an Abstände von wenigen Jahren zu denken hat, und Überflutungen, die in Abständen von etwa zehn und mehr Jahren stattfinden, nicht mehr als „häufig" bezeichnet werden können.

„Die belangte Behörde hat dem Beschwerdeführer mit dem angefochtenen Bescheid im Sinne des § 138 A b s. 2 WRG. 1959 wegen einer eigenmächtig vorgenommenen Neuerung — nämlich der entgegen der Vorschrift des § 38 A b s. 1 bewilligungslos vorgenommenen Errichtung eines Hauses in einem Hochwasserabflußgebiet — eine Frist bestimmt, innerhalb welcher er um die erforderliche wr. Bewilligung nachträglich anzusuchen hat. Daß dem Beschwerdeführer dabei die in § 138 Abs. 2 vorgesehene Alternative, die Neuerung zu beseitigen, vorenthalten wurde, vermag keine Rechtsverletzung darzustellen, weil der Beschwerdeführer ja nicht vorgebracht hat, daß er von dieser Möglichkeit hätte Gebrauch machen wollen. Für die Frage der Rechtswidrigkeit dieser Entscheidung ist maßgeblich, ob überhaupt eine ‚eigenmächtig vorgenommene Neuerung' gegeben war, ob also für die Errichtung des Hauses des Beschwerdeführers eine wr. Bewilligung deshalb einzuholen gewesen wäre, weil das Haus innerhalb der ‚Grenzen des Hochwasserabflusses fließender Gewässer' (§ 38 Abs. 1) zu liegen kam. Wenn sich der Beschwerdeführer für die Auslegung dieses Begriffes auf das Erk. des VwGH. vom 8. Oktober 1959, Slg. N. F. Nr. 5070/A, bezieht, muß daran erinnert werden, daß damals im § 34 des WRG. 1934, in der Fassung nach BGBl. Nr. 144/1947, zur Auslegung stand, und daß diese Gesetzesstelle (nunmehr § 38 WRG. 1959) in der Wasserrechtsnovelle 1959 eine entscheidende Veränderung erfahren hat. Während nämlich damals im Gesetz nicht näher dargestellt war, was unter den ‚Grenzen des Hochwasserabflusses' zu verstehen sei, gibt jetzt § 38 Abs. 3 darüber Auskunft. Danach sind auf Anordnung des LH., soweit bei den Gemeinden Abdrucke der Katastralmappe erliegen, die mit der Katastralmappe beim zuständigen Vermessungsamt übereinstimmen, vom Amte der Landesregierung die Grenzen der Hochwasserabflußgebiete (Abs. 1) für 20- bis 30jährige Hochwässer ersichtlich zu machen. Bis dahin sind als Hochwasserabflußgebiete jene F l ä c h e n anzusehen, die e r f a h r u n g s g e m ä ß  h ä u f i g  ü b e r f l u t e t werden.

Die belangte Behörde hat nun auf der Grundlage des ihr vorgelegten Sachverständigenbeweises angenommen, daß es sich hier um ein Gebiet handle, das von 15jährigen Hochwässern heimgesucht und daher ‚erfahrungsgemäß häufig überflutet' werde, zumal der Gesetzgeber als Hochwasserabflußgebiete jene Flächen gekennzeichnet wissen wolle, die von 20- bis 30jährigen Hochwässern heimgesucht werden.

Es mag feststehen, daß der Gesetzgeber für jene Gebiete, für die entsprechende Unterlagen bestehen und für die daher durch Einzeichnung in die Abdrücke der Katastralmappen die Grenzen der Hochwasserabflußgebiete für 20- bis 30jährige Hochwässer gemäß § 38 Abs. 3 festgelegt werden, eine eindeutige Regelung hinsichtlich des Umfanges des ‚Hochwasserabflußgebietes' getroffen hat. Für alle anderen Gebiete fehlt es aber an einer solchen eindeutigen Regelung. Im Gegenstande hat nach der Sachverhaltsannahme der belangten Behörde eine besondere Feststellung des Hochwasserabflußgebietes durch Einzeichnung in die Katastralmappe nicht stattgefunden, so daß es ausschließlich darauf ankommen mußte, welche Flächen dieses Gemeindegebietes e r f a h r u n g s g e m ä ß  h ä u f i g ü b e r f l u t e t  w e r d e n. In dieser Hinsicht mangelt es entgegen der Annahme der belangten Behörde an einem logischen Zusammenhang zwischen den beiden in § 38 Abs. 3 bezeichneten Darstellungen von Hochwasserabflußgebieten. Insbesondere ist der VwGH. nicht der in der Gegenschrift der belangten Behörde vertretenen Auffassung, daß der Begriff ‚häufig' in diesem Zusammenhang nur nach hydrologischen Begriffen und Unterlagen auszulegen sei und daß deshalb jene Hochwässer als ‚häufig' anzusehen seien, die einerseits nicht regelmäßig und anderseits nicht in zu großen Zeitabständen eintreten, also die durch Größe und Häufigkeit bedrohlichen 20- bis 30jährigen Hochwässer. Der Wortlaut des Gesetzes läßt eine solche, an sich gewiß vertretbare Auffassung nicht zu. Denn im maßgebenden letzten Satz des § 38 Abs. 3 wird nicht von erfahrungsgemäß häufigen ‚Hochwässern', sondern von einer erfahrungsgemäß häufigen ‚Überflutung von Flächen' gesprochen. Kommt es danach aber nur darauf an, ob bestimmte Flächen h ä u f i g  überflutet, also mit Wasser bedeckt w o r d e n  s i n d, dann kann nicht die Rede davon sein, dabei Zeitabstände von 15, 20 oder 30 Jahren ins Kalkül zu ziehen. Es ist allgemeines Erfahrungsgut, daß man bei einer ‚häufigen Überflutung der Flächen' durch ausufernde Gewässer regelmäßig nur an Abstände von wenigen Jahren zu denken hat und Überflutungen, die in Abständen von etwa 10 und mehr Jahren stattfinden, nach allgemeinem Sprachgebrauch nicht mehr als ‚häufig' bezeichnet werden."

A n m e r k u n g : „Erfahrungsgemäß häufig überflutet" ist ein in der Hydrologie gebräuchlicher Begriff, der für die Beurteilung des hydrologischen Tatbestandsbildes eines Hochwasserbereiches in die Wasserrechtsnovelle 1959 aufgenommen wurde und laut Erläuternden Bemerkungen im Zweifelsfalle nach den hydrologischen Erfahrungen auszulegen ist. Es dient wohl kaum einer Klarstellung, daß den hydrologischen Begriffen und Erfahrungen nun ein anderes „häufig" als allgemeiner Sprachgebrauch und Rechtsbegriff gegenübergestellt wird.

## Nr. 156: zu §§ 38, 45, 135 und 137 WRG.

VwGH. 13. April 1967, Zl. 1753/66:

**Auch die nicht der Wasserbenützung dienenden besonderen baulichen Herstellungen im Bereich des Hochwasserabflusses von Gewässern sind bei Bedachtnahme auf die §§ 50 Abs. 6 und 135 Abs. 4 WRG. als Wasseranlage im Sinne des § 137 Abs. 4 zu werten.**

## Nr. 157: zu §§ 38, 12 und 102 WRG.

VwGH. 14. September 1967, Zl. 575/67:

**Parteistellung kommt bei besonderen baulichen Herstellungen im Sinne des § 38 nur Inhabern bestehender Rechte gemäß § 12 Abs. 2 zu, nicht aber Nachbarn bzw. Besitzern gleichartiger Wasseranlagen im Bereiche des öffentlichen Wassergutes.**

„Das Vorhaben des Rechtsvorgängers des Beschwerdeführers betraf Einbauten in ein stehendes öffentliches Gewässer. Die Parteistellung und das Recht, gegen dieses Vorhaben Einwendungen zu erheben, kam in dem abgeführten Verfahren nach § 102 Abs. 1 lit. b nur den Inhabern ‚bestehender Rechte‘ im Sinne des § 12 Abs. 2 zu. Da sich das Vorhaben unstreitig ausschließlich auf die Benützung öffentlichen Wassergutes bezog, konnte in solcher Richtung nur die Frage der Zustimmung des zur Verwaltung der zum öffentlichen Wassergut gehörenden Grundstücke nach § 4 Abs. 7 WRG. berufenen LH. bedeutsam sein. Die Inhaber gleichartiger Wasseranlagen im Bereiche desselben öffentlichen Wassergutes hingegen konnten keine der im § 12 Abs. 2 bezeichneten Berechtigungen als ‚bestehendes Recht‘ für sich in Anspruch nehmen, so daß ihnen im Bewilligungsverfahren die Parteistellung im Sinne des § 102 Abs. 1 lit. b und damit das Recht zur Erhebung der Berufung gegen die in erster Instanz ausgesprochene wr. Bewilligung mangeln mußte.“

# Nr. 158: zu §§ 38, 9, 15 und 102 WRG.

VerfGH. 26. September 1968, B 141/68:

**Die Bewilligung für eine Badehütte an einem See betrifft keine Wasserbenutzung, sondern nur den Einbau in ein stehendes Gewässer.**

„Die Bewilligung zur Errichtung einer Badehütte ist keine Bewilligung eines Wasserbenutzungsrechtes, sondern eine nur im § 38 Abs. 1 vorgesehene wr. Bewilligung für einen Einbau in ein stehendes öffentliches Gewässer. Der gewöhnliche, ohne besondere Vorrichtungen vorgenommene, die gleiche Benutzung durch andere nicht ausschließende Gebrauch des Wassers zum Baden wird zum Gemeingebrauch gezählt (§ 8 WRG.). Eine über einen Gemeingebrauch hinausgehende Benutzung liegt vor, wenn z. B. durch sie der Wasserlauf, die Beschaffenheit des Wassers oder die Ufer gefährdet werden. Die Badehütte ist somit keine Anlage zur Benutzung des Sees im Sinne des § 9, und ihre Bewilligung schafft kein Wasserbenutzungsrecht, gegen welches der Beschwerdeführer unter Berufung auf sein Fischereirecht Einwendungen zu erheben berechtigt war.

Seine Parteistellung wurde daher mit Recht verneint.

Eine Verletzung im Rechte auf das Verfahren vor dem gesetzlichen Richter hat somit nicht stattgefunden.“

# Nr. 159: zu §§ 38 und 32 WRG.

VwGH. 15. November 1968, Zl. 1194/68; 1. Juni 1967, Zl. 1170/66:

**Die Führung einer Ölleitung (TAL) bedarf einer wr. Bewilligung lediglich nach § 38, weil auf Grund des festgestellten Sachverhaltes nichts darauf hinweist, daß eine solche Anlage regelmäßig und typisch zu einer Gewässerverunreinigung führen werde.**

# Nr. 160: zu § 39 WRG.

OLG. Linz 22. März 1960, 2 R 67/60:

a) Durch die Verbauung eines bloßen Liegenschaftsteiles geht der Charakter eines landwirtschaftlichen Grundstückes noch nicht verloren.

b) Das obere und das untere Grundstück brauchen nicht unmittelbar übereinander gelegen sein.

c) Beim natürlichen Abfluß von Niederschlagswässern stehen die durch Bodenneigung, -gestaltung und -verhältnisse naturgegebenen Momente im Vordergrund und nicht der durch technische Vorrichtungen bewirkte künstliche Ablauf der Gewässer.

d) Beruft sich der der willkürlichen Abänderung des natürlichen Abflusses Bezichtigte auf einen privat- oder öffentlich-rechtlichen Titel, so ist der ordentliche Rechtsweg zulässig.

## Nr. 161: zu §§ 39 und 138 WRG.

VwGH. 7. Februar 1963, Zl. 1488/62:

**§ 39 Abs. 2 WRG. enthält keine Ermächtigung der Wasserrechtsbehörde, zuwiderhandelnde Personen zu Leistungen zu verhalten.**

„Die belangte Behörde hat ihre Entscheidung durch Aufrechterhaltung des erstinstanzlichen Bescheidspruches auf die Vorschrift des § 39 Abs. 2 WRG. gestützt, laut welcher der Eigentümer eines unteren Grundstückes nicht befugt ist, den natürlichen Ablauf der darauf sich ansammelnden oder darüber fließenden Gewässer zum Nachteile des oberen Grundstückes zu hindern. Dazu ist vorerst festzustellen, daß diese Gesetzesstelle lediglich ein Verbot zum Inhalt hat, dessen Übertretung gemäß § 137 strafbar ist, nicht aber auch eine Ermächtigung der Wasserrechtsbehörde, zuwiderhandelnde Personen zu bestimmten Leistungen zu verhalten. Eine derartige Ermächtigung findet sich zwar in den Bestimmungen des § 138, doch hat die belangte Behörde von ihr keinen Gebrauch gemacht. Sie wäre dazu allerdings auch nicht berechtigt gewesen, dies aus nachstehenden Überlegungen:

Auszugehen war von der Tatsache, daß der Magistrat die Beschwerdeführerin im Sinne des § 138 Abs. 2 aufgefordert hatte, für die zu Bewässerungszwecken bewirkte Wasserableitung um die nachträgliche wr. Bewilligung einzukommen oder den früheren Zustand wiederherzustellen, das heißt, die für die Wiesenbewässerung geschaffene Wasserableitung zuzuschütten und an der Entnahmestelle den linken Bachlauf durch die Straße in den rechten Bachlauf wieder einzuleiten. Da sich die Beschwerdeführerin für die zweite Lösung entschloß, hatte der Magistrat mit ‚Verständigung‘ auf diese Willenserklärung Bezug genommen und der Beschwerdeführerin jene Auflagen erteilt, welche er für die Wiederherstellung des früheren Zustandes als notwendig erachtete. An dem Bescheidcharakter dieser ‚Verständigung‘ kann nicht gezweifelt werden, weil sie ausgehend von dem durch die Beschwerdeführerin geäußerten Willen auf Wiederherstellung des früheren Zustandes, dieser in einer der Rechtskraft fähigen Weise jene Maßnahmen bindend vorschrieb, die sie bei der Durchführung der Wiederherstellungsarbeiten einzuhalten habe. Daraus ergibt sich, daß die von der Beschwerdeführerin unter dem Titel der Wiederherstellung des früheren Zustandes vorgenommene Gerinneumleitung über Aufforderung der Wasserrechtsbehörde bzw. auf Grund eines von dieser erlassenen Bescheides erfolgt war, so daß von einem eigenmächtigen oder strafbaren Vorgehen der Beschwerdeführerin nicht die Rede sein konnte. War dies aber der Fall, dann hätte die belangte Behörde den angefochtenen Bescheid auch bei ausdrücklicher Heranziehung der für einen solchen Beseitigungsauftrag allein in Betracht kommenden Vorschriften des § 138 nicht erlassen dürfen.“

## Nr. 162: zu §§ 39 und 98 WRG.

OGH. 20. Dezember 1963, SZ. XXXVI 164:

**Konkurrierende Zuständigkeit von Gericht und Wasserrechtsbehörde hinsichtlich willkürlicher Veränderung der natürlichen Abflußverhältnisse.**

„Das Rekursgericht ist bei der Beantwortung der Frage, ob zur Entscheidung über den geltend gemachten Anspruch die ordentlichen Gerichte zuständig sind, ob also die Zulässigkeit des Rechtsweges gegeben ist, zutreffend von den Behauptungen der Klage ausgegangen. Diesen zufolge hat der Beklagte den natürlichen Abfluß des Quellwassers in unzulänglicher Weise verändert; er hat sich so verhalten, als ob ihm entweder als Eigentümer der Liegenschaft EZ. X oder persönlich das Recht zustünde, die Wasserverhältnisse zu verändern und Eingriffe in das Eigentum seiner Grundnachbarn, der Kläger, vorzunehmen. Das Begehren der Kläger geht daher auf Feststellung des Nichtbestehens einer Dienstbarkeit der Wasserableitung, auf Untersagung des auf das Grundstück der Kläger herabgeschwemmten Geschiebes und auf Ersatz der bisherigen Auslagen. Das Ziel der Klage ist daher die Feststellung, daß das Eigentum der Kläger nicht durch eine Servitut belastet ist, das daraus sich ergebende Gebot an den Beklagten, weitere Eingriffe in das Eigentum der Kläger zu unterlassen ,und das Begehren, den entstandenen Schaden teils durch Naturalrestitution (Entfernung des Geschiebes), teils durch Geldleistung wiedergutzumachen. Die Entscheidung über eine derartige Negatorien- und Schadenersatzklage steht den ordentlichen Gerichten zu (vgl. SZ. XIII 26, SZ. XIX 155, 1 Ob 101/58 u. a.).

Die Rekursausführungen des Beklagten sind nicht geeignet, die Unrichtigkeit dieser Rechtsansicht darzutun, da sie im wesentlichen davon ausgehen, daß die Klage eine Beschwerde nach § 39 WRG. darstelle. Das Begehren der Klage geht aber über die den Klägern nach dem WRG. zustehenden Möglichkeiten hinaus. Diese sind nämlich (vgl. Anm. 2 zu § 138 bei Hartig, Ausgabe 1961) dadurch begrenzt, daß sie eine Strafanzeige nach § 137 erstatten oder nach § 138 die Beseitigung der eigenmächtigen Neuerung verlangen oder — zur Vorbereitung eines zivilrechtlichen Ersatzanspruches — lediglich die Feststellung durch die Wasserrechtsbehörde verlangen können, daß mit einer bestimmten nachteiligen Wirkung bei der Erteilung der Bewilligung nicht gerechnet wurde. Der von den Klägern geltend gemachte Sachverhalt mag also der Wasserrechtsbehörde wohl Anlaß zu einem Einschreiten geben können, aber nicht in der Richtung der von ihnen in der Klage gestellten Begehren."

## Nr. 163: zu § 40 WRG.

VwGH. 19. März 1959, Zl. 792/55:

**Entwässerungsanlagen von Bauobjekten sind keine Wasseranlagen.**

## Nr. 164: zu § 41 WRG.

VwGH. 13. Mai 1958, Slg. N. F. Nr. 4668/A:

**Derjenige, dem vom Eigentümer eines von einem Wasserbauvorhaben betroffenen Grundstückes im Zusammenhang mit der Zusicherung des Vorverkaufsrechtes dessen vorläufige Benützung gestattet worden ist, besitzt kein durch § 41 Abs. 4 geschütztes Recht.**

## Nr. 165: zu §§ 41, 15 und 98 WRG.

OGH. 12. November 1958, SZ. XXXI 137:

**Für Ansprüche Fischereiberechtigter, die Räumung eines Bachbettes mittels einer motorisierten Schubraupe zu unterlassen, ist der Rechtsweg zulässig.**

## Nr. 166: zu § 41 WRG.

OGH. 30. September 1959, SZ. XXXII 116:

**Umfang der Rechte des Ufereigentümers nach § 41 Abs. 3.**

VwGH. 31. März 1960, Zl. 2519/58:

1. Unter einem Schutz- und Regulierungswasserbau ist die Herstellung von Vorrichtungen und Bauten gegen die schädlichen Einwirkungen des Wassers zu verstehen.

2. Wenngleich es sich bei einer bloßen Grabenziehung nicht um einen „Wasserbau" im herkömmlichen Sinne handeln mag, so muß doch auch eine solche Gestaltung des Gewässerlaufes rechtlich als Regulierungswasserbau gewertet werden. Denn hier handelt es sich jedenfalls um eine Baumaßnahme zugunsten einer durch ein Gewässer bedrohten (beschädigten) Liegenschaft durch deren Eigentümer. Ist diese dazu angetan, auf das Grundeigentum des Nachbarn eine Einwirkung zu üben, so bedarf sie einer wr. Bewilligung.

## Nr. 168: zu §§ 41 und 15 WRG.

VwGH. 9. Februar 1961, Slg. N. F. Nr. 5495/A:

Der Grundeigentümer ist nur zu solchen Vorkehrungen ohne wr. Bewilligung berechtigt, die üblicherweise dem wr. Begriff der Bachräumung unterstellt werden können; er hat aber auch hiebei die Interessen der Fischereiberechtigten tunlichst zu schonen.

## Nr. 169: zu §§ 41 und 38 WRG.

VwGH. 16. November 1961, Slg. N. F. Nr. 5663/A:

Trotz der mit ihr verbundenen Schutz- und Regulierungswirkungen kann eine Hafenanlage lediglich als besondere bauliche Herstellung nach § 38 und nicht auch als Schutz- und Regulierungsbau gemäß § 41 gewertet werden. Unter letzteren Begriff fallen nämlich nur jene wasserbaulichen Maßnahmen, deren ausschließliche oder hauptsächliche Aufgabe es ist, das Regime eines Wasserlaufes oder Sees in bestimmtem Sinne zu beeinflussen, die Ufer zu befestigen und das anliegende Gelände vor Überflutungen oder Vermurungen zu bewahren.

## Nr. 170: zu § 41 WRG.

VwGH. 25. Oktober 1962, Zl. 752/62:

Die Abstimmung eines Regulierungsprojektes auf ein anderes Regulierungsdetailprojekt ist rechtlich nicht begründet, da dies einer Versagung der Bewilligung gleichkommt.

## Nr. 171: zu §§ 41, 15 und 26 WRG.

OGH. 6. Februar 1963, 1 Ob 6/63, ÖJZ. 1963, Heft 18, Ev.Bl. Nr. 362:

Der Anspruch eines Fischereiberechtigten auf Ersatz des ihm durch Ablagerung von Schotter- und Gesteinsmassen im Flußbett im Zuge von Straßenbauarbeiten verursachten Schadens gehört auf den Rechtsweg.

# Nr. 172: zu §§ 41 und 137 WRG.

VwGH. 8. Juli 1965, Zl. 2366/64:

Die Ablagerung von Abräummaterial kann nicht als Bau im Sinne des § 41 angesehen werden, da darunter eine Anlage zu verstehen ist, zu deren Herstellung ein wesentliches Maß bautechnischer Kenntnis erforderlich ist, die mit dem Grund und Boden in eine gewisse Verbindung gebracht und wegen ihrer Beschaffenheit die öffentlichen Interessen zu berühren geeignet ist.

# Nr. 173: zu § 42 WRG. sowie §§ 6 und 13 Wasserbautenförderungsgesetz:

VwGH. 28. Juni 1962, Zl. 1418/61:

Unter Schutz- und Regulierungsbauten nach § 42 Abs. 1 WRG. ist die Herstellung von Vorrichtungen und Bauten gegen die schädlichen Einwirkungen des Wassers zu verstehen. Demgegenüber umfaßt der Begriff „Instandhaltung der Gewässer" im Sinne der §§ 6 und 13 Abs. 1 und 2 des Wasserbautenförderungsgesetzes die Erhaltung aller Schutz- und Regulierungsbauten.

# Nr. 174: zu § 44 WRG.

VwGH. 25. Mai 1961, Slg. N. F. Nr. 5574/A:

Vertretbarkeit der Lastenverteilung auf die Gemeinden anstatt auf einzelne Gemeindeangehörige gemäß § 44 Abs. 2 WRG.; eine Bedachtnahme auf die finanzielle Leistungsfähigkeit ist gesetzlich nicht vorgesehen.

„Der Beschwerde kann nicht gefolgt werden, wenn sie die Ansicht vertritt, daß eine Gemeinde nur dann mit derartigen Beitragsleistungen belastet werden dürfe, wenn sie selbst Liegenschaftseigentümerin in dem Regulierungsgebiet sei. Denn § 44 Abs. 2 handelt ausdrücklich davon, daß die Gemeinden a n s t a t t der Eigentümer der Liegenschaften zur Beitragsleistung verpflichtet werden können. Allerdings ist auch in diesem Falle Voraussetzung, daß die betreffenden Gemeinden aus den Regulierungsbaumaßnahmen infolge Zuwendung eines Vorteiles oder Abwendung eines Nachteiles Nutzen ziehen. Daß eine solche Voraussetzung im Beschwerdefalle nicht gegeben sei, hat die Beschwerdeführerin im Verfahren nicht behauptet, obwohl ihr dazu Gelegenheit geboten war. Außerdem kann nicht übersehen werden, daß es wohl selbstverständlich ist, daß großzügige Abwehrmaßnahmen gegen ein Gebirgsgewässer, wie sie sich hier als unumgänglich notwendig erwiesen haben, nicht nur die unmittelbar beteiligten Liegenschaftsbesitzer, sondern darüber hinaus einen größeren Kreis von Einwohnern der betroffenen Gemeindegebiete, wenn nicht alle Einwohner, vor den mit Überschwemmungen erfahrungsgemäß verbundenen zahlreichen Nachteilen bewahren und es darum dem Sinne des § 44 Abs. 2 entsprechen konnte, in einem solchen Falle die anteiligen Lasten nicht mehr auf einzelne Gemeindeangehörige, sondern auf die Gemeinden selbst zu verteilen. Daß bei einer solchen Entscheidung auf die Leistungsfähigkeit der Gemeinden Bedacht zu nehmen sei, ist entgegen der Auffassung der Beschwerdeführerin dem Gesetze nicht zu entnehmen. Es kann daher weder einen Mangel des behördlichen Verfahrens noch eine unrichtige Gesetzesanwendung bedeuten, wenn die belangte Behörde auf diese Frage nicht eingegangen ist.

Die Anwendung des § 44 Abs. 2 hat zur Voraussetzung, daß eine Beitragsverpflichtung von Gemeinden bisher nicht besteht und darum erst durch Bescheid dem Grund und der Höhe nach festgestellt werden muß. Die Höhe der Beitragsverpflichtung richtet sich gemäß dieser Gesetzesstelle notwendigerweise nach dem Verhältnis, in welchem die geplante Maßnahme den beteiligten Gemeinden infolge Zuwendung eines Vorteiles oder Abwendung eines Nachteiles in erheblichem Grade zum Nutzen gereicht. Dies bedeutet mithin, daß die Wasserrechtsbehörde über die Zuwendung solcher Vorteile (die Abwendung von Nachteilen) in Beziehung auf die betreffenden Gemeinden ein Ermittlungsverfahren abzuführen und hiebei auch festzustellen hat, in welchem Ausmaß die einzelnen Gemeinden an den voraussichtlich erlangten Vorteilen oder abgewendeten Nachteilen beteiligt sind, um hieraus wiederum das Beitragsverhältnis abzuleiten."

## Nr. 175: zu §§ 47 und 50 WRG.

VwGH. 18. Juni 1959, Slg. N. F. Nr. 4996/A:

Die Anwendung des § 47 ist auch in jenen Fällen gerechtfertigt, in denen die Art der Entstehung eines Gerinnes nicht eindeutig feststellbar ist, sofern nur ausgeschlossen werden kann, daß das Gerinne zu einer Anlage gehört, bezüglich deren Erhaltungspflichten der im § 50 Abs. 2 angeführten Art bestehen.

## Nr. 176: zu § 47 WRG.

VwGH. 27. April 1961, Zl. 216/60:

Behördliche Aufträge zur Räumung natürlicher Gerinne bedürfen einer Erhärtung durch Sachverständige hinsichtlich ihrer Zweckdienlichkeit.

## Nr. 177: zu § 47 WRG. sowie § 52 AVG.

VwGH. 7. März 1963, Slg. N. F. Nr. 5986/A:

Der Umstand, daß das Grundstück, das das Wasserbett bildet, eine größere Breitenausdehnung besitzt als von der Wasserwelle während des größten Teiles des Jahres bedeckt wird, kann nicht dazu führen, daß ein an dieses Grundstück angrenzendes Grundstück nicht mehr als Ufergrundstück im Sinne des § 47 Abs. 1 anzusehen ist.

„Die belangte Behörde hat den Beschwerdeführer in den Kreis der nach § 47 WRG. Verpflichteten aus der Erwägung einbezogen, daß die Liegenschaft des Beschwerdeführers im Bereich der regelmäßig wiederkehrenden Hochwässer des Baches liegt, wobei sie dem Umstande, daß für das Bachbett ein breiteres Grundstück in der Mappe aufscheint als von der Wasserwelle während des größten Teiles des Jahres benetzt wird, keine Bedeutung beigemessen hat. Der Verwaltungsgerichtshof pflichtet der belangten Behörde im grundsätzlichen bei.

Was unter den ‚Ufergrundstücken' im Sinne des § 47 Abs. 1 zu verstehen ist, hat der Gesetzgeber weder an dieser noch an einer anderen Stelle des Gesetzes definiert. Der Ausdruck ‚Ufergrundstücke' findet sich im WRG. noch im § 2 Abs. 2 und im § 72 Abs. 1 Mit Grundstücken im Bereich eines Gewässers beschäftigen sich die §§ 3 Abs. 3, 9 Abs. 3 und 48 WRG. Der VwGH. ist der Meinung, daß der Begriff Ufergrundstücke im Sinne des § 47 nur aus dieser Gesetzesstelle, und zwar aus dem Zweck der gesetzlichen Bestimmungen gewonnen werden kann. Welchem Zweck die Bestimmungen des § 47 dienen, ergibt sich aus der Überschrift dieses Paragraphen, nämlich der Instandhaltung der Gewässer und des Überschwemmungsgebietes. Unter Gewässer sind hier nur natürliche Gewässer zu verstehen, weil Kanäle, künstliche Gerinne usw. gemäß § 50 von den Wasserberechtigten instandzuhalten sind. Nach § 42 Abs. 1 bleibt die Herstellung von Vorrichtungen und Bauten gegen die schädlichen Einwirkungen des Wassers, insofern Verpflichtungen anderer nicht bestehen und unbeschadet der Bestimmungen der §§ 44, 47 und 50 zunächst denjenigen überlassen, denen die bedrohten oder beschädigten Liegenschaften und Anlagen gehören. Die Ausnahme von diesem Grundsatz regelt § 47. Nach dieser Gesetzesstelle können die Eigentümer der Ufergrundstücke von der Wasserrechtsbehörde ‚im Interesse der Instandhaltung der Gewässer sowie zur Hintanhaltung von Überschwemmungen‘ zur Durchführung der in dieser Geesetzesstelle angeführten Maßnahmen verhalten werden. Wenn der Gesetzgeber diese Verpflichtung den Eigentümern der Ufergrundstücke auferlegt hat, so war hiefür offenbar die Erwägung maßgebend, daß die Eigentümer der im Einflußbereich eines Gewässers gelegenen Liegenschaften in erster Linie an der Instandhaltung der Gewässer interessiert sind, für die die Durchführung der Maßnahmen mit dem geringsten Aufwande verbunden ist und weil es sich in aller Regel um Maßnahmen auf ihren Liegenschaften handelt. Der vom Gesetzgeber gewünschte Erfolg könnte nicht erreicht werden, wenn die im § 47 Abs. 1 vorgesehenen Maßnahmen nur den Eigentümern jener Grundstücke auferlegt werden könnten, die das Bachbett bilden oder an dieses unmittelbar anschließen. Keinesfalls kann der Umstand, daß das Grundstück, das das Wasserbett bildet, eine größere Breitenausdehnung besitzt als von der Wasserwelle während des größten Teiles des Jahres bedeckt wird, dazu führen, daß ein an dieses Grundstück angrenzendes Grundstück nicht mehr als Ufergrundstück im Sinne der mehrfach angeführten Bestimmung anzusehen ist.

Wenn der Beschwerdeführer zur Begründung seiner Rechtsansicht ausführt, die von der Behörde vorgenommene Auslegung des Gesetzes müßte dazu führen, daß damit die Verpflichtung zum Betreten fremden Eigentums begründet würde, was aber nicht zulässig sei, weil das Gesetz ein entsprechendes Zwangsrecht nicht kennt, so ist ihm entgegenzuhalten, daß es sich vorliegend nur um die Instandhaltung eines Gewässers handelt, das, sieht man von dem Grundstreifen ab, der zwar noch zum Gutsbestand des Grundstückes dieses Gerinnes gehört, aber nicht ständig von der Wasserwelle bedeckt ist, unmittelbar an den Liegenschaftsbesitz des Beschwerdeführers anschließt, so daß keine Notwendigkeit des Betretens fremden Eigentums bei der Instandhaltung des Gerinnes durch den Beschwerdeführer besteht.

Der Beschwerdeführer bestreitet aber auch die Annahme der belangten Behörde, daß die in seinem Eigentume stehenden Grundstücke regelmäßig wiederkehrenden Hochwässern ausgesetzt sind. Er bemängelt in diesem Zusammenhange, daß ihm die belangte Behörde von den im Berufungsverfahren getroffenen Feststellungen nur Mitteilung gemacht habe, ohne ihm Gelegenheit zu geben, hiezu Stellung zu nehmen. Abgesehen davon, daß diese Behauptung aktenwidrig ist, vermag der Beschwerdeführer mit diesem Vorbringen schon deswegen nichts zu gewinnen, weil es, wie bereits oben ausgeführt wurde, darauf nicht ankommt, sofern nur feststeht, daß die Instandhaltung des Baches auch im Bereich der Liegenschaft des Beschwerdeführers notwendig ist.

Was schließlich das Vorbringen anlangt, daß die belangte Behörde den Vertreter der Bundeswasserbauverwaltung als Sachverständigen nicht heranziehen hätte dürfen, so übersieht der Beschwerdeführer, daß gemäß § 52 Abs. 1 AVG. 1950 die Behörde, wenn die Aufnahme eines Beweises durch Sachverständige notwendig wird, grundsätzlich die der Behörde beigegebenen oder zur Verfügung stehenden amtlichen Sachverständigen (Amtssachverständigen) heranzuziehen hat. Als solche Amtssachverständige kommen die Vertreter der Bundeswasserbauverwaltung jedenfalls in Betracht.“

<h1 align="center">Nr. 178: zu §§ 48 und 140 WRG.</h1>

VwGH. 28. September 1961, Slg. N. F. Nr. 5629/A:

Die durch § 140 Abs. 1 Z. 5 aufrechterhaltene Bestimmung des § 1 Abs. 2 des oberösterreichischen Landesgesetzes vom 21. Feber 1924 LGBl. Nr. 36, betreffend forst- und wasserpolizeiliche Maßnahmen, wonach die Errichtung von ständigen Lagerplätzen im Hochwasserbereich der Bäche und Flüsse der Bewilligung der politischen Bezirksbehörde bedarf, bezieht sich nur auf Holzlagerplätze, nicht auf die Lagerung von Eisenstäben.

<h1 align="center">Nr. 179: zu §§ 50 und 10 WRG.</h1>

OGH. 5. März 1958, SZ. XXXI 37:

Nur die zur Erhaltung der Wasserversorgung aus einem Brunnen notwendigen Kosten sind Betriebskosten, nicht aber die Kosten für die Neuherstellung eines bisher nicht vorhandenen Brunnens.

<h1 align="center">Nr. 180: zu § 50 WRG.</h1>

VwGH. 2. Juni 1958, Slg. N. F. Nr. 4688/A:

1. Die Bestimmungen des § 50 Abs. 1 bis 3 bieten eine ausreichende Rechtsgrundlage für eine behördliche Regelung der Enteisung einer Wasserbenutzungsanlage und der durch die Anlage hinsichtlich der Eisbildung nachteilig beeinflußten Wasserstrecken.

2. Bei Aufteilen der Instandhaltungspflicht auf mehrere Personen ist auf frühere Regelungen sowie auf die wirtschaftlichen Verhältnisse der Beteiligten billige Rücksicht zu nehmen.

<h1 align="center">Nr. 181: zu § 50 WRG.</h1>

VwGH. 18. Dezember 1958, Slg. N. F. Nr. 4836/A:

1. Der Rückstaubereich einer Wasserkraftanlage kann begrifflich nicht mehr zum unmittelbaren Anlagenbereich im Sinne des § 50 Abs. 1 letzter Satz gerechnet werden.

2. Instandsetzungsaufträge müssen die erforderlichen Leistungen präzise anführen.

<h1 align="center">Nr. 182: zu § 50 WRG.</h1>

VwGH. 19. März 1959, Slg. N. F. Nr. 4913/A:

Ein Instandhaltungsauftrag nach § 50 ist nur bei Bestand eines Wasserbenutzungsrechtes möglich.

<h1 align="center">Nr. 183: zu § 50 WRG.</h1>

VwGH. 17. Dezember 1959, Slg. N. F. Nr. 5149/A:

Auch wenn die fälligen Instandhaltungsarbeiten am Werkskanal nicht nur durch den Betrieb der Wasserkraftanlage, sondern auch durch den Verkehr auf der unmittelbar angrenzenden Straße ausgelöst werden, aber eine rechtmäßige Verpflichtung des Trägers der Straßenbaulast nicht besteht, muß der Wasserberechtigte seine Anlage allein instandhalten.

„Es steht außer Streit, daß es sich vorliegend um ein künstliches Gerinne als Teil einer Wasserkraftanlage handelt und daß der Inhalt der seinerzeit erteilten wr. Bewilligung nicht mehr bekannt ist. Dem Beschwerdeführer obliegt es somit grundsätzlich, seinen Oberwassergraben auch in dem in der Beschwerde behandelten Bereich (5 m abwärts der Bundesstraßenbrücke) derart zu erhalten, daß keine Verletzung öffentlicher Interessen oder fremder Rechte stattfindet.

Fraglich kann daher nur sein, ob diese Instandhaltungspflicht dadurch eingeschränkt wird, daß die fälligen Instandhaltungsarbeiten nicht nur durch den Betrieb der Wasserkraftanlage, sondern auch durch den Verkehr auf der unmittelbar angrenzenden Straßenfläche ausgelöst werden, ob es daher aus diesem Grunde rechtswidrig war, dem Beschwerdeführer gleichwohl allein die Instandhaltungsarbeiten anzulasten.

Es ist im Verfahren nicht hervorgekommen, daß eine rechtsgültige Verpflichtung des Trägers der Straßenbaulast bestehe, zur Erhaltung der Anlage des Beschwerdeführers beizutragen. Eine solche Verpflichtung müßte aber bestehen, um den Beschwerdeführer im Sinne der maßgeblichen Vorschrift des § 50 Abs. 1 davon zu befreien, seine Anlage allein so instandhalten zu müssen, daß fremde Rechte oder öffentliche Interessen nicht verletzt werden. Daß eine solche Verletzung aber sowohl dem Eigentümer des Bundesstraßengrundes gegenüber als auch hinsichtlich des öffentlichen Interesses an einem gesicherten Straßenverkehr eintreten müßte, wenn der Straßengrund zufolge unzureichender Abstützung des Oberwassergrabens absinken würde, hat der Beschwerdeführer nicht in Abrede gestellt . . .

Mit anderen Worten, die Instandhaltung ist dem Beschwerdeführer — mangels rechtsgültiger Verpflichtungen anderer — unter allen Umständen aufgetragen, sofern nur eine nachteilige Einwirkung der Anlage auf fremde Rechte oder öffentliche Interessen statthat. Ob diese nachteilige Einwirkung aber etwa auch auf Einflüsse zurückgeht, die mit dem Betrieb der Anlage nicht im Zusammenhang stehen, und der Wasserberechtigte deshalb Regreß gegenüber denjenigen üben kann, welche für solche Einflüsse haftbar sind, ist im Verfahren nach § 50 Abs. 1 mangels gesetzlicher Regelung jedenfalls nicht zu entscheiden.

Der Beschwerdeführer irrt, wenn er die Bestimmung des § 50 Abs. 6 auf seinen Fall angewendet wissen will. Denn diese Vorschrift bezieht sich auf Uferschutzbauten, also Anlagen, die nur zum Schutze eines Ufers errichtet worden sind, nicht aber auf den Uferschutz künstlicher Gerinne im Zuge von Wasserkraftanlagen, für welche die besonderen Verpflichtungstitel des § 50 Abs. 1 Anwendung zu finden haben. Der Vorwurf der Beschwerde, daß die belangte Behörde den Zustand der Anlage im Zeitpunkt ihrer Errichtung nicht erforscht sowie die wirtschaftlichen Verhältnisse des Beschwerdeführers nicht geprüft habe, findet im § 50 Abs. 1 keine Deckung. Die Rüge, daß die Behörde nicht auf ‚frühere Regelungen öffentlicher oder privatrechtlicher Natur‘ zurückgegriffen habe, ist nach § 41 Abs. 1 VwGG 1952 unbeachtlich, weil der Beschwerdeführer im Verwaltungsverfahren derartige Regelungen nicht aufgezeigt hat, der belangten Behörde anderseits solche Regelungen nach Ausweis der Akten nicht bekanntgeworden sind . . .

Der VwGH. sieht sich jedoch veranlaßt, noch auf folgendes hinzuweisen: Sofern die am Oberwassergraben des Beschwerdeführers vorbeiführende Bundesstraße seit Inkrafttreten des WRG. 1934 im kritischen Bereiche verbreitert worden sein sollte, ohne daß für den Erweiterungsbau eine hiefür erforderliche wr. Bewilligung im Sinne der §§ 119 und 34 WRG. 1934 erwirkt worden ist, wäre es Sache des Beschwerdeführers, die Notwendigkeit einer solchen Bewilligung darzutun sowie die Sanierung dieses Mangels im Sinne des § 138 WRG. 1959 zu begehren und im danach abzuführenden nachträglichen Bewilligungsverfahren die Verletzung seiner Rechte (§ 12 WRG.) zu erweisen. Auf diesem Wege könnte er die Herstellung einer rechtsgültigen Verpflichtung des Trägers der Straßenbaulast (§ 50 Abs. 1 WRG.) zur Miterhaltung des betreffenden Anlagenteiles für die Zukunft bewirken. Für die ihm bis dahin erwachsenen Nachteile könnte er allerdings — mangels einer Regelung im WRG. — einen Ersatzanspruch nur nach den Vorschriften des Allgemeinen bürgerlichen Gesetzbuches geltend machen.“

# Nr. 184: zu § 50 WRG.

VwGH. 9. März 1961, Zl. 107/60 und 224/60:

Nachteilige Auswirkungen einer Wasseranlage auf einen Interessentenweg sind wr. wahrzunehmen. Hierauf abzielende Anordnungen dürfen sich nicht auf die Wiedergabe des Gesetzeswortlautes beschränken, sondern müssen konkrete Aufträge erhalten.

# Nr. 185: zu § 50 WRG.

VwGH. 7. Februar 1963, Zl. 169/62:

Die Verpflichtung zur Instandhaltung besteht nur für den unmittelbaren Anlagenbereich und für die Beseitigung bestimmter nachteiliger Anlagenwirkungen auf das restliche Gewässer. Eine uneingeschränkte Einbeziehung (in perzentuellen Teilen) auf die gesamte Gewässerstrecke ist nicht möglich.

# Nr. 186: zu §§ 50 und 22 WRG.

VerfGH. 16. Oktober 1963, B 331/61, Slg. N. F. Nr. 4573:

1. Keine verfassungsrechtlichen Bedenken gegen § 50 WRG.

2. Wenn bei einer Wasserkraftanlage Einlaufbauwerk und Kraftanlage verschiedenen Eigentümern gehören, so hat die Wasserrechtsbehörde darüber zu entscheiden, wer im Zusammenhang mit § 22 zur Instandhaltung dieser Anlagenteile verpflichtet ist.

# Nr. 187: zu § 50 WRG.

OGH. 22. April 1964, 6 Ob 15/64:

Instandhaltungspflicht einer Gebietskörperschaft als Inhaberin einer Wasserbenutzungsanlage gehört nicht zur Hoheits- sondern zur Wirtschaftsverwaltung und richtet sich nach dem WRG.

# Nr. 188: zu §§ 53 und 17 WRG.

VwGH. 27. Oktober 1966, Zl. 204/66 und 1024/66:

Ein Rechtsanspruch eines Dritten, daß dem Bewilligungswerber die Vorlage eines wasserwirtschaftlichen Rahmenplanes aufgetragen wird, ist aus § 53 nicht abzuleiten.

„Es ist wohl richtig, daß die Behörde zunächst laut § 53 Abs. 3 im Zuge eines wr. Verfahrens, wozu auch das Widerstreitverfahren gehört, wenn sich die Darstellung der anzustrebenden wasserwirtschaftlichen Ordnung als notwendig erweist, die Vorlage eines Entwurfes für einen wasserwirtschaftlichen Rahmenplan dem Bewilligungswerber auftragen kann. In dem gegenständlichen Widerstreitverfahren ist aber sowohl die mitbeteiligte Partei als auch die Beschwerdeführerin Bewilligungswerber. Ein Rechtsanspruch darauf, daß die belangte Behörde dem anderen Bewilligungswerber die Vorlage eines solchen Entwurfes aufträgt, kann der angeführten Gesetzesbestimmung jedenfalls nicht entnommen werden. War die Beschwerdeführerin der Meinung, daß zur erschöpfenden Beurteilung des Sachverhaltes ein solcher Plan notwendig ist, dann stand es ihr gemäß § 53 Abs. 2 frei, einen solchen mit dem Antrag auf Überprüfung vorzulegen."

# Nr. 189: zu § 54 WRG.

VwGH. 9. Mai 1961, N. F. 5562/A; 14. November 1962, Zl. 949/61:

1. Rechtsverbindliche Kraft kommt nur solchen generellen Rechtsnormen zu, die ordnungsgemäß verlautbart worden sind.

2. Eine wasserwirtschaftliche Rahmenverfügung bedarf als Verordnung der Verlautbarung im BGBl.

# Nr. 190: zu §§ 58 und 10 WRG.

VwGH. 27. September 1968, Zl. 1654/67:

Der Grundwasserbenützer nach § 10 Abs. 1 ist kein Wasserberechtigter nach § 58 Abs. 2, dem danach nur die Duldung amtlicher Überprüfungen vorgeschrieben werden kann.

# Nr. 191: zu § 60 WRG.

VwGH. 6. März 1958, Slg. N. F. Nr. 4596/A:

Die „gütliche Übereinkunft" im Sinne des § 60 Abs. 2 muß sich sowohl auf das beanspruchte Objekt als auch auf den zu leistenden Gegenwert erstrecken.

# Nr. 192: zu § 60 WRG.

VerfGH. 19. Dezember 1959, G 3/59, Slg. N. F. Nr. 3666:

Voraussetzung einer Enteignung ist stets ein konkreter Bedarf, dessen unmittelbare Deckung durch die enteignete Sache im öffentlichen Interesse erforderlich ist.

# Nr. 193: zu § 60 WRG.

VerfGH. 5. Oktober 1961, B 62/61:

Den Schutz des Art. 5 StGG. über die allgemeinen Rechte der Staatsbürger genießt nicht nur das Eigentum i. e. S., sondern jedes Vermögensrecht, auch eine nuda proprietas.

# Nr. 194: zu §§ 60, 64, 114 und 117 WRG.

VwGH. 22. Juni 1962, Zl. 1338/61:

Entschädigung nur im Rahmen und Ausmaß von Zwangsrechten möglich; keine Vergütung aus bloßen Billigkeitsgründen (z. B. Landwirtschaft).

„Das gegenständliche Verfahren wurde durch die mit Bescheid an die Beschwerdeführerin erteilte Bewilligung zur Ausnützung der Wasserkraft des Baches ausgelöst. Laut der Begründung dieses Bescheides handelte es sich bei diesem Wasserbauvorhaben um einen bevorzugten Wasserbau. Demgemäß war der Beschwerdeführerin auch im Abschnitt C des Bescheidspruches aufgetragen worden, Eingriffe in fremde Rechte nur nach vorangegangener gütlicher Vereinbarung oder auf Grund eines Enteignungs- und Entschädigungsbescheides vorzunehmen.

Die Beschwerdeführerin durfte somit die mit der Umleitung verbundenen Eingriffe in die Wasserbenutzungsrechte der mitbeteiligten Parteien erst vornehmen, wenn diese Parteien hiezu ihre uneingeschränkte Zustimmung erteilt hatten oder wenn durch den LH. als nach § 114 Abs. 1 zuständiger Behörde die not-

wendigen Zwangsrechte zugunsten der Beschwerdeführerin bei gleichzeitiger Festlegung der Entschädigungsleistungen rechtskräftig begründet worden waren.

Die Beschwerdeführerin wählte nun den Weg, dem LH. das Projekt für eine
Beregnungsanlage zur Bewässerung von Grundstücken vorzulegen, die bisher mit
Wasser aus dem Bach berieselt worden waren, und die Abhaltung einer mündlichen
Verhandlung zu beantragen, bei der die betroffenen Wasserberechtigten — soweit
sie nicht in bar abzufinden waren — zur Bildung einer mit dem Wasserrecht für
die Beregungsanlage zu beteilenden Wassergenossenschaft veranlaßt werden sollten.

Wie die Protokolle über die mündlichen Verhandlungen zeigen, kam eine
gütliche Vereinbarung über die durch die Beschwerdeführerin einerseits und die
in ihren Wasserbezugsrechten betroffenen Personen anderseits für die Erhaltung
der Beregnungsanlage zu erbringenden Leistungen nicht zustande. Eine volle
‚gütliche Übereinkunft zwischen den Beteiligten‘ im Sinne des § 60 Abs. 2 war
mithin nicht erreicht worden. An dieser Tatsache vermochte auch der Umstand
nichts zu ändern, daß in zahlreichen Belangen Einigung erzielt worden war. Das
heißt also, daß die Wasserrechtsbehörde erster Instanz im Sinne der §§ 60, 114 und
117 WRG. sowie des der Beschwerdeführerin in Abschnitt C des Bescheides der
belangten Behörde erteilten Auftrages die notwendigen Z w a n g s r e c h t e zu
begründen und der Beschwerdeführerin die Leistung angemessener E n t s c h ä d i -
g u n g aufzutragen hatte. Der Bescheid des Landeshauptmannes enthält jedoch
keinen Abspruch über die Begründung von Zwangsrechten, so daß der bescheidmäßig festgelegten Pflicht der Beschwerdeführerin zur Errichtung und (teilweisen)
Erhaltung der Beregnungsanlage keine entsprechenden Verpflichtungen der mitbeteiligten Parteien gegenüberstehen. Dies läßt erkennen, daß die Wasserrechtsbehörde erster Instanz und mit ihr die belangte Behörde die ihnen in einem solchen Verfahren übertragenen Aufgaben nicht ausreichend wahrgenommen haben.

Es muß demnach jedenfalls rechtswidrig sein, wenn der Beschwerdeführerin
die Erhaltung eines Teiles der Beregnungsanlage (Bachfassung) aufgetragen wurde,
ohne daß gleichzeitig alle jene Rechte der mitbeteiligten Parteien beseitigt worden wären, deren Entschädigung die Gesamtanlage dienen sollte. Die Beschwerde-
behauptung, daß keine Rechtsgrundlage bestanden habe, der Beschwerdeführerin
die Verpflichtung zur Erhaltung der Bachfassung (Anlage einschließlich der Ent-
sandungskammer) aufzuerlegen, erweist sich somit bereits aus diesem Grunde als
richtig, so daß es entbehrlich war, auf die weiteren Beschwerdeausführungen zu
diesem Punkt näher einzugehen. Dennoch sei darauf hingewiesen, daß das dem
angefochtenen Bescheide zugrunde gelegte Gutachten des Amtssachverständigen
hinsichtlich der Frage der Erhaltungspflicht der Anlage nicht so gefaßt ist, daß
daraus die im angefochtenen Bescheide gezogenen rechtlichen Schlüsse ohne weiteres
zu gewinnen waren. Der Interessentenbeitrag, der nach diesem Gutachten durch
die Bezugsberechtigten zu leisten, jedoch mit dem Erhaltungsaufwand — ausgenommen die Bachfassung — zu kompensieren wäre, ergibt sich aus der M e l i o -
r a t i o n, die das bisherige Berieselungssystem durch die neue Beregnungsanlage
erfahren hat, und stellt daher die Abgeltung für einen an sich nicht zustehenden
Vorteil dar. Bei dieser Betrachtungsweise des Amtssachverständigen wird also
offenbar eine Erhaltungspflicht der Beschwerdeführerin für die Anlage einer Verpflichtung der Bezugsberechtigten für die Abgeltung der ihnen zugekommenen
Melioration gegenübergestellt. Die entsprechenden Kostensummen werden kom-
pensiert. Offen bleibt dabei aber die Frage nach der Höhe des Aufwandes (etwa
auf Arbeitsstunden umgerechnet), den die Bezugsberechtigten für die Erhaltung
der früheren Anlage zu leisten hatten und dessen Aufbringung ihnen doch wohl
auch für die Zukunft zuzumuten ist. Das Sachverständigengutachten erscheint
jedenfalls in dieser Richtung unvollständig.

Die im angefochtenen Bescheid überdies der Beschwerdeführerin auferlegte
Verpflichtung, eine Entschädigung von S 25.000,— für den Entgang von Bewässe-

rungsmöglichkeiten zu entrichten, wäre aus den soeben angestellten Überlegungen gleichfalls zu Unrecht ausgesprochen worden, wenn die Behörde nicht in der Lage versetzt gewesen wäre, gleichzeitig ein Zwangsrecht zu begründen. Dies war indes nicht der Fall. Wie J. H. im Verfahren selbst eingeräumt hat, stand und steht ihm ein Wasserrecht am Bach nicht zu, so daß die belangte Behörde gar nicht in der Lage sein konnte, im Sinne des § 64 Abs. 1 lit. c mit einer Enteignung vorzugehen und für diesen Rechtsentzug nach § 117 dieses Gesetzes eine Entschädigung auszusprechen. Für die in der Begründung des angefochtenen Bescheides vertretene Auffassung, daß es im öffentlichen Interesse an der Erhaltung der Landwirtschaft gelegen sei, in einem solchen Fall aus Billigkeitsgründen eine Entschädigung zuzuerkennen, bietet ein nach dem Bewilligungsverfahren gemäß §§ 114 Abs. 1 und 117 abzuführendes Enteignungs- und Entschädigungsverfahren jedenfalls schon deshalb keine Grundlage, weil eine aus solchen Rücksichten abzuleitende Entschädigungspflicht im WRG. nicht vorgesehen ist."

## Nr. 195: zu §§ 60, 12 und 118 WRG.

VwGH. 20. Juni 1963, Slg. N. F. Nr. 6058/A:

1. Der Enteignungsanspruch der Wasserrechtsbehörde muß sich gegen einen bestimmten Eigentümer richten, um überhaupt einen Eigentumsübergang bewirken zu können.

2. Bei den „durch die Enteignung verursachten Nachteilen" kann es sich nur um die unmittelbaren Wirkungen des Enteignungsaktes, nicht aber um Auswirkungen handeln, die sich nicht unmittelbar aus dem Enteignungsakt ergeben.

## Nr. 196: zu § 60 WRG.

VwGH. 1. Juli 1963, Zl. 1737/62, ÖJZ. 1964, Heft 15/15, Ev.Bl. Nr. 75 und 100:

Einleitung des Enteignungsverfahrens Voraussetzung für Befreiung von der Grunderwerbsteuer hinsichtlich einer Ersatzliegenschaft.

## Nr. 197: zu § 60 WRG.

VerfGH. 16. Oktober 1963, G 20/62:

1. Das 2. Verstaatlichungsgesetz schließt in die Erzeugung der elektrischen Energie auch die Nutzung der Energieträger, insbesondere des Wassers ein; durch seine Enteignungsbestimmungen werden daher nicht nur die elektrischen Teile, sondern auch die wasserbaulichen Teile der Unternehmungen, Betriebe und Anlagen zur Erzeugung elektrischer Energie erfaßt.

2. Die Zuständigkeit des Bundes oder der Länder zu Enteignungen ist danach zu beurteilen, ob die Angelegenheit, zu deren Zweck sie verfügt wird, in die Gesetzgebungszuständigkeit des Bundes oder der Länder fällt. Die Angelegenheiten des Naturschutzes fallen in die Gesetzgebungs- und Vollziehungszuständigkeit der Länder.

## Nr. 198: zu § 60 WRG.

VwGH. 7. November 1963, Slg. N. F. Nr. 6144/A:

Die Einwendung, einer projektsgemäßen Beanspruchung von Grund und Boden nicht zuzustimmen, hat zur Folge, daß die beantragte wr. Bewilligung nur erteilt werden kann, wenn sich der Grundeigentümer mit dem Bewilligungswerber über den beabsichtigten Eingriff und die dafür zu leistende Entschädigung geeinigt hat oder wenn ein entsprechendes Zwangsrecht begründet worden ist, ausgenommen die Fälle nach § 111 Abs. 4.

<h2 style="text-align:center">Nr. 199: zu §§ 60 und 63 WRG.</h2>

VerfGH. 15. Dezember 1965, B 99—102/65, Slg. N. F. Nr. 5171:

**Zum Begriff „Notwendigkeit der Enteignung" im Sinne des § 15 Abs. 3 Bundesstraßengesetz, BGBl. Nr. 59/1948.**

„Notwendigkeit der Enteignung bedeutet zweierlei; einerseits, daß die zu enteignenden Grundstücke für die Durchführung der projektierten Bundesstraße erforderlich sind, anderseits, daß der für das Projekt erforderliche Grund nicht auf andere Weise als durch Enteignung zu beschaffen ist. Es ist nun sicherlich denkmöglich anzunehmen, daß für die Beurteilung, ob der Grund für das Projekt notwendig ist, vorerst festgestellt sein müsse, ob das geplante Projekt auch ausführbar ist, denn für ein nicht durchführbares Projekt ist eine Enteignung nicht notwendig. Dies würde bedeuten, daß für den Fall, als zur Durchführung des Projektes noch andere Bewilligungen erforderlich sind, diese Bewilligungen vorliegen müssen, weil bei Fehlen dieser Bewilligung die Durchführbarkeit des Projektes, daher auch die Notwendigkeit der Enteignung nicht überprüft werden kann. Allein es ist aber auch denkmöglich, so wie es die belangte Behörde getan hat, die Prüfung lediglich darauf zu beschränken, ob die zu enteignende Grundfläche für die projektierte Straße notwendig ist und anders nicht beschafft werden kann, und im Falle einer solchen Notwendigkeit mit der Enteignung vorzugehen, sonstige Bewilligungen aber, die für den Bau allenfalls erforderlich sind, den besonders einzuleitenden Verfahren zu überlassen, zumal im § 15 Abs. 1 BStG. nur für den Fall, als Eisenbahngrundstücke in Betracht kommen, das Einvernehmen mit dem Bundesministerium für Verkehr als Eisenbahnbehörde vorgeschrieben ist, nicht aber das Einvernehmen mit anderen Behörden, obwohl es dem Gesetzgeber sicherlich nicht verborgen geblieben ist, daß Bundesstraßen auch an Ufern öffentlicher Gewässer gebaut und solche Gewässer mit Brücken überquert werden. Im § 16 Abs. 2 BStG. (Betreten fremder Grundstücke zwecks Vorarbeiten für den Bau einer Bundesstraße) ist nur hinsichtlich des Betretens von Eisenbahngrund die eisenbahnrechtliche Vorschrift für maßgebend erklärt, nicht aber z. B. bei Benützung von Ufergrundstücken an öffentlichen Gewässern die wr. Vorschriften. Dazu kommt im konkreten Fall, daß nach den örtlichen Verhältnissen die im Gesetz festgelegte Straße anders als projektiert kaum gebaut werden kann und die Erlangung allfälliger Bewilligungen wahrscheinlich war, weil einerseits die Straße im Zeitpunkt der Enteignung schon weit ausgebaut war und das eingeleitete wr. Verfahren bereits zeigte, daß nur fraglich war, welche Auflagen erteilt werden. Hat sich aber die belangte Behörde eine von zwei denkmöglichen Gesetzesauslegungen zu eigen gemacht, hat sie das Gesetz nicht denkunmöglich angewendet."

<h2 style="text-align:center">Nr. 200: zu § 61 WRG.</h2>

VwGH. 7. Februar 1963, Zl. 169/62:

**Eine Rechtsbeziehung besteht bei Öffentlicherklärung eines bisher privaten Gewässers ausschließlich zwischen dem bisher Berechtigten und dem Staate; in Rechte Dritter kann hiebei nicht eingegriffen werden.**

„Laut § 60 Abs. 1 lit. a zählt die Öffentlicherklärung eines Privatgewässers zu den Zwangsrechten. Eine solche Erklärung ist nach § 61 Abs. 1 zulässig, wenn wichtige öffentliche Interessen es erfordern. Durch einen derartigen Rechtsakt wird zu Lasten des bisher aus dem Titel des Eigentums am Privatgewässer Berechtigten dessen aus dieser Berechtigung erfließende Verfügungsmacht über das Gewässer zugunsten der öffentlichen Hand entzogen. Daraus folgt, daß damit eine Rechtsbeziehung ausschließlich zwischen dem bisher Berechtigten und dem Staate gestaltet und damit in Rechte Dritter, insbesondere also auch in bestehende Wasserrechte, nicht eingegriffen wird. Die Beachtung der dabei zu prüfenden öffentlichen Interessen kommt allein der einschreitenden Behörde zu. Die Beschwerdeführerin als nach der Sachverhaltannahme der belangten Behörde zur Abwassereinleitung wr. befugte Partei konnte also durch die Öffentlicherklärung in gesetzlich geschützten Rechten nicht betroffen werden."

## Nr. 201: zu § 63 WRG.

OGH. 31. August 1967, 6 Ob 186/67:

**Durch die Enteignung einer Liegenschaft erlöschen auch die Bestandsrechte; der bisherige Mieter kann daher auf Räumung geklagt werden.**

## Nr. 202: zu § 64 WRG.

VwGH. 29. Jänner 1959, Zl. 2033/58:

**Bei Enteignungen nach § 64 lit. c kommt es auf die unzweifelhaft höhere Bedeutung der geplanten Wasseranlage und die für sie sonst erforderlichen unverhältnismäßigen Kosten an.**

## Nr. 203: zu §§ 64 und 105 WRG.

VwGH. 12. März 1959, Zl. 2232/55:

**Gerade die Versorgung mit elektrischem Strom durch kleinere ortsgebundene Unternehmen kann nur dann als volkswirtschaftlich rationell und damit als dem Gemeinwohl dienend und schutzwürdig angesehen werden, wenn sie die gegenwärtigen und in naher Zukunft auftretenden Bedürfnisse zu befriedigen imstande ist.**

## Nr. 204: zu §§ 64 und 98 WRG.

OGH. 7. Juni 1963, 1 Ob 86/63:

**Für die nach dem WRG. entstandenen und zu beurteilenden Wasserrechte ist die Wasserrechtsbehörde zuständig. Dies ist insbesondere dann der Fall, wenn ein Zwangs- oder Mitbenützungsrecht eingeräumt wird.**

## Nr. 205: zu §§ 64, 67, 107 und 117 WRG.

VwGH. 9. Dezember 1965, Zl. 1138/65:

**Einer öffentlichen Wasserversorgung ist gegenüber dem Eingriff in ein fremdes Wasserrecht im allgemeinen insbesondere dann eine unzweifelhaft höhere Bedeutung beizumessen, wenn klargestellt ist, daß die derzeit benützten Brunnen weder genügend noch hygienisch einwandfreies Wasser liefern.**

„Gemäß § 64 Abs. 1 lit. c kann die Wasserrechtsbehörde u. a. zum Zwecke nutzbringender Verwendung der Gewässer — in dem Maß, als erforderlich — bestehende Wasserrechte und Wassernutzungen ganz oder teilweise enteignen, wenn die geplante Wasseranlage sonst nicht oder nur mit unverhältnismäßigen Aufwendungen ausgeführt werden könnte und ihr gegenüber der zu enteignenden Wasserberechtigung eine unzweifelhaft höhere Bedeutung zukommt. Die amtssachverständige Begutachtung der von den Beschwerdeführern im Verfahren aufgezeigten Projektsvariante, das erforderliche Wasser von einer 2 km weiter entfernt liegenden Quelle zu beziehen, lautet dahin, daß bei dem stark felsigen Untergrund die Heranziehung einer noch weiter vom Versorgungsgebiet entfernten Quelle wirtschaftlich nicht tragbar wäre. Damit war mit ausreichender Klarheit ausgesagt, daß diese Art der Projektsausführung für die mitbeteiligte Partei unverhältnismäßige Aufwendungen bedingen würde. Es bedurfte mithin entgegen der Meinung der Beschwerdeführer in dieser Richtung weder einer weiteren Beweisführung durch die mitbeteiligte Partei noch zusätzlicher Ermittlungen, wenn von vornherein feststand, daß nach sachverständiger Erfahrung die von den Beschwerdeführern vorgeschlagene Projektsgestaltung die Mittel der Projektsherrin übersteigen würde und für sie daher nicht tragbar sei. Daß aber der gegenständlichen Wasserversorgungsanlage gegenüber dem Eingriff in die Wasserrechte der Beschwerdeführer eine unzweifelhaft höhere Bedeutung zuzumessen ist, durfte als gegeben erachtet werden, dies besonders auch im Hinblick auf die amtssachverständige Feststellung, daß die derzeit benützten Brunnen weder genügend noch hygienisch einwandfreies Wasser lieferten. Der Hinweis der Beschwerdeführer auf die Vorschrift des § 67 geht fehl, weil dort nur von solchen Fällen die Rede ist, in denen auf Antrag des zu Enteignenden eine Enteignung durch eine zweckmäßige und keinen unverhältnismäßigen Aufwand erfordernde Änderung bestehender Anlagen und Vorrichtungen vermieden werden kann. Um einen solchen Fall handelte es sich aber im Gegenstande nicht, zumal die Beschwerdeführer irrigerweise annehmen, daß auf der Grundlage dieser Vorschrift Änderungen des P r o j e k t e s der mitbeteiligten Partei hätten vorgeschrieben werden können.

Das weitere Beschwerdevorbringen, wonach dem Antrag auf Beischaffung von Unterlagen der hydrographischen Landesabteilung über die Wasserführung nicht stattgegeben worden sei und daß die diesbezüglichen Angaben der BH. über die Mittelwasserführung unglaubwürdig erschienen, übergeht vollkommen die Feststellung des angefochtenen Bescheides, daß die Daten von 120 l/s für die Mittelwasserführung und von 30 bis 40 l/s für die Niederstwasserführung mit dem von der Hydrographischen Landesabteilung übermittelten Gutachten übereinstimmten und den allgemeinen Erfahrungswerten für dieses Gebiet entsprächen. Es ist daher nicht zu ersehen, inwieweit in dieser Richtung ein Verfahrensmangel feststellbar sein soll. Daß außerdem auch dauernder Wassermangel Voraussetzung für die Enteignung gewesen wäre, ist unrichtig, weil § 64 Abs. 1 lit. c von einer solchen Voraussetzung nicht handelt.

Was aber die Entschädigung für jene Zeiträume (2½ Tage pro Jahr) betrifft, in denen die Anlagen der Beschwerdeführer nach dem Sachverständigenbeweise während der Zeit des Niedrigwassers als zusätzlich stillgelegt zu betrachten sind, so ist festzuhalten, daß diese Beschwerdeführer im Verwaltungsverfahren nur vorgebracht haben, daß sie, besonders die Mühlenbetriebe, mehr als S 100,— Verdienstentgang bzw. kostenmäßige Nachteile je Tag erlitten, und daß das Sachverständigengutachten in dieser Richtung unzureichend sei. Sie haben dabei übersehen, daß es nunmehr an ihnen gelegen wäre — und nicht an dem Gutachten eines Amtssachverständigen — an Hand entsprechender Daten den Nachweis zu führen, daß bei ihren Betrieben ein bestimmter höherer Kostenbeitrag für den Betriebsstillstand errechnet werden müsse, als dies der Amtssachverständige angenommen habe. Wenn sie es unterlassen haben, diesen Nachweis anzutreten und erst in der Beschwerde geltend machen, daß der täglich zu leistende Lohn S 750,— ausmache und die Entschädigung deshalb auch darauf abzustellen gewesen wäre, so haben sie es an der ihnen zukommenden ausreichenden Mitwirkung am Ermittlungsverfahren fehlen lassen und können es der belangten Behörde nicht als entscheidenden Mangel des Ermittlungsverfahrens zurechnen, wenn diese auf der Grundlage einer ergänzenden gutachtlichen Äußerung bei der Annahme verblieben ist, daß der Entschädigungsbetrag von S 100,— je Tag in dieser Hinsicht ausreichend bemessen sei. Wie der VwGH. nämlich bereits wiederholt, so in einem

Erk. vom 26. Juni 1959, Slg. N. F. Nr. 5007/A, ausgesprochen hat, befreit der Verfahrensgrundsatz, daß die Verwaltungsbehörde von Amts wegen vorzugehen hat (§ 39 Abs. 2 AVG. 1950), die Partei nicht von der Verpflichtung, zur Ermittlung des maßgebenden Sachverhaltes beizutragen und Verzögerungen des Verfahrens hintanzuhalten. Daher ist die Verfahrensrüge einer Partei abzulehnen, die im Verwaltungsverfahren untätig geblieben ist, um erst im Verfahren vor dem VwGH. ihre Zurückhaltung abzulegen und das Verwaltungsverfahren als mangelhaft zu bekämpfen, an dem sie trotz gebotener Gelegenheit nicht ausreichend mitgewirkt hat."

## Nr. 206: zu §§ 65, 100 Abs. 2 und 114 WRG.

VwGH. 14. Mai 1964, Zl. 201/64:

**Bei bevorzugten Wasserbauten ist die Bewilligungsbehörde nicht verhalten, über das Begehren nach Ablösung eines Grundstückes zu entscheiden.**

## Nr. 207: zu §§ 65, 12, 60 und 117 WRG.

VwGH. 6. Juli 1967, Zl. 330/67:

**Ein Bewilligungsbescheid, der den Konsenswerber verpflichtet, die von ihm in Anspruch genommenen Grundflächen einzulösen, ohne gleichzeitig die Höhe des Kaufschillings festzulegen, ist mangelhaft. Eine nachträgliche Enteignung der rechtskräftig beanspruchten Fläche kann jedoch nicht mehr durchgeführt werden.**

„Die belangte Behörde hat ihre Entscheidung darauf gegründet, daß die Reichsautobahnen bzw. das Deutsche Reich kraft der Bestimmung des § 418 ABGB. an den fraglichen Grundstücken außerbücherliches Eigentum erworben hätten, so daß die Voraussetzungen für die Einräumung eines Zwangsrechtes nicht mehr gegeben gewesen seien.

Auszugehen ist davon, daß den ehemaligen ‚Reichsautobahnen‘ mit dem Bescheide vom 24. Feber 1941 die im wesentlichen auf § 37 WRG. 1934 gestützte Bewilligung erteilt wurde, den Bach projektgemäß zu verlegen und dabei u. a. über Liegenschaften der Beschwerdeführer zu führen; des weiteren, daß diese Liegenschaftseigentümer dem Vorhaben und damit der Beanspruchung ihres Grund und Bodens unter der Bedingung ihre Zustimmung erteilt hatten, daß diese Liegenschaften eingelöst würden; schließlich, daß die Behörde diesem Begehren in der Weise stattgegeben hatte, daß sie die Reichsautobahnen im Bewilligungsbescheid verpflichtete, ‚die für das neue Bachbett erforderlichen Grundstücke den Grundeigentümern einzulösen‘ . . .

Offen war damit nur mehr die Durchsetzung des den Reichsautobahnen zugegangenen Bescheidgebotes geblieben, mit den Liegenschaftseigentümern ein Kaufgeschäft über die fraglichen Grundparzellen abzuschließen. Daß dieser Kaufabschluß, wie späterhin hervorgekommen ist, an der Frage des Kaufschillings scheiterte, war nicht zuletzt eine Folge dessen, daß die Wasserrechtsbehörde ebenso wie beide Verfahrensgegner es unterlassen hatte, w ä h r e n d des Bewilligungsverfahrens auch in dieser Richtung Klarheit zu erzielen. Damit aber vermochte nur aufgezeigt zu werden, daß dieses Verfahren Mängel aufgewiesen hatte, die die Durchsetzung der zugunsten der Grundeigentümer verfügten Bescheidauflage erschweren konnten. Nicht aber ergab sich daraus etwa, daß die Frage der Grundbeanspruchung bis nun unentschieden geblieben sei und daß sich daraus die Notwendigkeit ergebe, nunmehr ein Zwangsrecht zu begründen. Abgesehen von der vom VwGH. nicht beantworteten Frage, ob hier eine solche nachträgliche Zwangsrechtsbegründung überhaupt als zulässig bzw. möglich anzusehen wäre und zu wessen Lasten es begründet werden sollte, muß daran festgehalten werden, daß die der Wasserrechtsbehörde im § 12 Abs. 1 und 2 zugunsten des Eigentums der Beschwerdeführer gesetzte Schranke von diesen selbst dadurch beseitigt worden war, daß sie der projektsgemäßen Beanspruchung ihres Liegenschaftseigentums zugestimmt hatten und daß die von ihnen hiefür geforderte Gegenleistung von der Gegenseite zugesagt und dieser überdies bescheidmäßig rechtskräftig vorgeschrieben worden war. Damit hatte sich die Begründung von Zwangsrechten endgültig erübrigt."

<h2 align="center">Nr. 208: zu §§ 70 und 98 WRG.</h2>

OGH. 7. Juni 1963, 1 Ob 86/63, ÖJZ. 1964, Heft 2, Ev.Bl. Nr. 31:

Über das Bestehen und den Umfang eines vertraglich eingeräumten Wasserleitungs- und Wasserbezugsrechtes haben die ordentlichen Gerichte zu entscheiden.

<h2 align="center">Nr. 209: zu §§ 74 und 141 WRG. sowie § 3 VVG. 1950.</h2>

OGH. 4. November 1960, SZ. XXXIII 121:

Die Wassergenossenschaft ist eine öffentlich-rechtliche Körperschaft und zum unmittelbaren Einschreiten beim Exekutionsgericht nach § 3 Abs. 3 VVG. 1950 berechtigt.

<h2 align="center">Nr. 210: zu § 74 WRG.</h2>

VwGH. 20. Dezember 1967, Zl. 86/65:

Bei der Satzung einer Körperschaft öffentlichen Rechtes handelt es sich um eine Verordnung, die nicht durch Bescheid abgeändert werden darf.

<h2 align="center">Nr. 211: zu §§ 77 und 141 WRG.</h2>

VwGH. 11. November 1965, Zl. 1215/65:

1. Die Satzung hat nach § 77 Abs. 3 lit. i zwingend auch Bestimmungen über die Schlichtung der zwischen den Mitgliedern oder zwischen ihnen und der Genossenschaft aus dem Genossenschaftsverhältnis entstehenden Streitigkeiten zu enthalten. Fehlen sie, so darf eine solche Satzung nicht genehmigt werden. Auf keinen Fall kann eine Satzung bestimmen, daß derartige Streitigkeiten vor Gericht oder unmittelbar bei der Wasserrechtsbehörde auszutragen sind, ebensowenig wie sie die Zuständigkeit letzterer zur Aufsicht auszuschließen vermag.

2. Eine Satzung ist gemäß § 141 Abs. 1 u. a dann entsprechend abzuändern, wenn ihr Bestimmungen über die Schlichtung von Streitigkeiten mangeln.

<h2 align="center">Nr. 212: zu §§ 78, 87, 93, 97 und 139 WRG.</h2>

VwGH. 25. Mai 1961, Slg. N. F. Nr. 5574/A; 11. November 1965, Zl. 1215/65:

Die Frage der Beitragsleistung zu den Verbandsaufgaben bildet zunächst, und zwar auch bei älteren sogenannten Konkurrenzen eine interne Angelegenheit, wobei zur Austragung von Streitigkeiten über die Beitragshöhe die Schlichtungsstellen und erst nach ihr die Wasserrechtsbehörde berufen ist.

<h1 style="text-align:center">Nr. 213: zu § 78 WRG.</h1>

VwGH. 18. Oktober 1961, Zl. 1426/60:

Unterschiedlichen Entwässerungsvorteilen ist durch differenzierte Beitragshöhen Rechnung zu tragen.

<h1 style="text-align:center">Nr. 214: zu § 78 WRG.</h1>

VwGH. 28. Juni 1962, Zl. 1418/61:

**Auflösung von Zwangsgenossenschaften nur durch die Wasserrechtsbehörde möglich, u. zw. lediglich dann, wenn ihr Weiterbestand im Hinblick auf die gegebenen Verhältnisse keine besonderen Vorteile mehr erwarten läßt.**

<h1 style="text-align:center">Nr. 215: zu § 78 WRG.</h1>

OGH. 2. April 1964, 6 Ob 42/64:

**Eine die Satzungen ergänzende, jedoch wasserrechtsbehördlich nicht eigens genehmigte Brunnenordnung ist als besonderes Übereinkommen im Sinne von Abs. 2 aufzufassen.**

<h1 style="text-align:center">Nr. 216: zu §§ 82, 27 und 75 WRG.</h1>

VwGH. 19. Dezember 1963, Zl. 534/63:

**1. Für das Ausscheiden eines Mitgliedes aus einer Wassergenossenschaft kann nur jener Zeitpunkt als maßgebend angesehen werden, in dem solche Veränderungen in der Anlage eingetreten sind, die es unmöglich machen würden, jemanden zu einem Beitritt nach § 75 Abs. 3 zu zwingen.**

**2. Die hydro- und elektromotorischen Einrichtungen stellen wesentliche Bestandteile einer Wasserkraftanlage dar.**

**3. Schon mit dem Ausbau des Generators und Widerstandsreglers und nicht erst mit dem Abtrag der Turbine sind der Bestand einer Wasserkraftanlage und die Voraussetzungen für die Zwangsmitgliedschaft bei einer Wassergenossenschaft im Sinne des § 73 Abs 1 lit. e nicht mehr gegeben.**

<h1 style="text-align:center">Nr. 217: zu § 82 WRG.</h1>

VwGH. 30. September 1965, Zl. 725/65:

**Beendigung der Mitgliedschaft zu einer Wassergenossenschaft.**

„In dem ergänzenden Ermittlungsverfahren hat die belangte Behörde unwidersprochen festgestellt, daß von der mitbeteiligten Partei der Generator des Kraftwerkes am 31. März 1959 und der elektrische Widerstandsregler am 13. April 1959 verkauft und daß die Turbine des Werkes am 16. Mai 1961 verschrottet wurde. Daraus hat die belangte Behörde den Schluß gezogen, daß die mitbeteiligte Partei bereits am 31. März 1959 nicht mehr Besitzer einer Wasserbenutzungsanlage war, die eine Verpflichtung zum Beitritte zu einer bestehenden Wassergenossenschaft begründet hätte. Der VwGH. kann nicht finden, daß diese Schlußfolgerung dem Gesetz widerspricht. Bei der hier in Betracht kommenden Anlage handelt es sich um eine Wasserbenutzungsanlage zum Zwecke der Erzeugung elektrischer Energie. Eine solche Anlage besteht nicht nur aus baulichen Teilen, sondern auch aus maschinellen Einrichtungen, durch welche die motorische Kraft des Wassers in elektrische Energie umgewandelt wird. Eine bauliche Anlage, bei welcher das Wasser nur zu- und wieder abgeleitet wird, ohne daß die motorische Kraft des Wassers oder die Wasserwelle selbst benutzt wird, ist keine Wasserbenutzungsanlage. Von einer solchen Anlage kann demnach nicht mehr gesprochen werden, wenn der Motor, mit welchem die Triebkraft des Wassers nutzbar gemacht wurde, nicht mehr vorhanden ist. Es ist daher auch nicht richtig, wenn die Beschwerdeführerin an einer anderen Stelle der Beschwerde meint, als maßgebliche Veränderung könnten nur jene Vorkehrungen angesehen werden, die in dem Bescheid vom 20. Juni 1961 vorgeschrieben wurden. Bei diesem Bescheide handelt es sich um den Bescheid der Wasserrechtsbehörde, mit welchem der mitbeteiligten Partei gemäß § 29 die infolge Erlöschens des Wasserbenutzungsrechtes durchzuführenden Vorkehrungen vorgeschrieben wurden. Mit der Frage, ab wann die Anlage betriebsunfähig geworden ist, hat dieser Bescheid nichts zu tun. Die Beschwerdeführerin vermag in diesem Zusammenhang auch aus den vorhin wiedergegebenen Ausführungen im Erk. vom 19. Dezember 1963, Zl. 534/63, nichts zu gewinnen, da diese nur besagen, daß die auf Grund des Bescheides vom 20. Juni 1961 vorgenommenen Maßnahmen an sich geeignet erscheinen, solche Änderungen herbeizuführen, die ein Ausscheiden der mitbeteiligten Partei rechtfertigen würden. Diese Ausführungen können aber nicht so verstanden werden, daß nur die in Befolgung des vorangeführten Bescheides durchgeführten Maßnahmen als Gründe für das Ausscheiden der mitbeteiligten Partei in Betracht kommen.

Die Beschwerdeführerin macht schließlich geltend, daß im Verfahren ihr Vorbringen unberücksichtigt geblieben sei, wonach laut Eintragung im Wasserbuche die Wasserbenutzungsanlage der mitbeteiligten Partei mit dem Wasserbenutzungsrechte des Einlasses verbunden erscheine. Die mitbeteiligte Partei sei daher auch Mitberechtigte dieses Einlasses und daher gemäß der Eintragung im Wasserbuche zur Erhaltung dieses Werkes zu 9/50 verpflichtet. Auch damit vermag die Beschwerdeführerin nicht durchzudringen. In dem heute entscheidenden Rechtsstreite geht es ausschließlich darum, von welchem Zeitpunkt an die mitbeteiligte Partei aus der Wassergenossenschaft ausgeschieden ist. Diese Frage ist auf Grund der Bestimmungen des § 7 Abs. 2 der Satzung zu beantworten. Ob die mitbeteiligte Partei überdies noch wr. Beziehungen zu dem Einlasse besitzt, ist für die vorliegende Entscheidung ohne Bedeutung."

### Nr. 218: zu §§ 83 u. 78 WRG. sowie § 6 Wasserbautenförderungsgesetz:

VwGH. 28. Juni 1962, Zl. 1418/61:

**1. Rechtsanspruch auf Auflösung einer Zwangsgenossenschaft oder eines Zwangsverbandes nur dann, wenn Weiterbestand im Hinblick auf die gegebenen Verhältnisse keine besonderen Vorteile mehr erwarten läßt.**

**2. Bestimmungen des § 83 Abs. 1 lit. a WRG. über Selbstauflösung gelten nur für freiwillige Genossenschaften und solche mit Beitrittszwang.**

**3. Die Kosten der Regulierung und Instandhaltung der sogenannten „Bundesflüsse" sind unabhängig vom Vorhandensein einer früheren Konkurrenz dem Bund auferlegt.**

„Der beschwerdeführende Wasserverband wurde nach dem Inhalte des seine Gründung verfügenden Bescheides vom 30. Jänner 1939 unzweifelhaft als Zwangsgenossenschaft im Sinne des § 62 Abs. 2 WRG. 1934 errichtet. Seine Auflösung war gemäß § 83 Abs. 2 WRG. 1959 durch die Wasserrechtsbehörde dann zu verfügen, wenn sein Weiterbestand im Hinblick auf die gegebenen Verhältnisse keine besonderen Vorteile mehr erwarten ließ. Nur unter solchen Voraussetzungen konnte also ein Rechtsanspruch des Beschwerdeführers auf Auflösung gegeben sein. Die in der

Beschwerde zum Ausdruck gebrachte Auffassung, daß im Hinblick auf den in der Sitzung des Verbandsausschusses gefaßten Beschluß vorliegend auch die Bestimmung des § 83 Abs. 1 lit. a WRG. 1959 maßgeblich sein konnte, ist unrichtig. Denn diese Vorschrift bezieht sich nur auf den Fall entsprechender Beschlüsse freiwilliger Genossenschaften oder von Genossenschaften mit Beitrittszwang, nicht aber von Zwangsgenossenschaften, die im übrigen ja schon nach der Rechtsnatur ihrer Einrichtung niemals in die Lage versetzt sein können, den gegen sie von Staats wegen verfügten Zwang durch eine einseitige Entschließung aufzuheben. Dies ganz abgesehen davon, daß der Beschluß nur darauf gerichtet war, die Auflösung des Verbandes bei der Wasserrechtsbehörde zu b e a n t r a g e n.

Gemäß § 6 Abs. 2 WBFG. sind die Regulierungs- und Instandhaltungskosten für die Traun aus Bundesmitteln zu bestreiten. Die belangte Behörde hat in der Begründung des angefochtenen Bescheides im Sinne der Sachverständigenäußerung die Auffassung vertreten, daß die hier in Betracht kommenden Hochwasserdämme deshalb nicht unter den Begriff ‚Instandhaltung und Regulierung‘ fallen, weil die Finanzierung des Schutzbauwerkes seinerzeit nicht durch den Staat allein, sondern unter Beteiligung von Bund, Land, Gemeinden und Industrien bewirkt worden sei, wie ja auch derzeit noch Hochwasserdämme an anderen ‚Bundesflüssen‘ Oberösterreichs als Konkurrenzbauten erhalten würden. Diese Begründung wird dem Inhalte des § 6 Abs. 2 WBFG. nicht gerecht, wonach die Kosten der Regulierung und Instandhaltung der Traun b e d i n g u n g s l o s dem Bund auferlegt werden. Da außerdem als feststehend betrachtet werden kann, daß der Bund dort, wo ihm die Kostentragung für die Instandhaltung und Regulierung eines Gewässers überantwortet ist, auch die Ausführung der entsprechenden Arbeiten im Rahmen seiner Wasserbauverwaltung selbst vornimmt und sie nicht dem Dafürhalten einer für solche Zwecke seinerzeit etwa gebildeten Wassergenossenschaft überläßt, könnte tatsächlich angenommen werden, daß für den Fall der Anwendbarkeit des § 6 Abs. 2 WBFG. auf die gegenständlichen Hochwasserschutzanlagen der Weiterbestand des beschwerdeführenden Wasserverbandes keine besonderen Vorteile mehr erwarten ließe. Denn Verbandszweck ist nach den Satzungen die Dammerhaltung und die Aufbringung der dafür notwendigen Mittel.

Die belangte Behörde hätte also auf die entscheidende Frage eingehen müssen, ob die Instandhaltung der gegenständlichen Hochwasserschutzdämme als Regulierung oder Instandhaltung im Sinne des § 6 Abs. 2 WBFG. anzusehen sei. Sie hätte sich dabei gewiß auch mit dem in § 13 Abs. 1 und 2 WBFG. geprägten und nach dem darin enthaltenen Hinweis auch auf § 6 dieses Gesetzes bezogenen Begriff der ‚Instandhaltung der Gewässer‘ auseinandersetzen. müssen, der u. a. die Erhaltung a l l e r Schutz- und Regulierungsbauten umfaßt, während andererseits § 42 Abs. 1 WRG. 1959 als solche Bauten ‚die Herstellung von Vorrichtungen und Bauten gegen die schädlichen Einwirkungen des Wassers‘ bezeichnet.

Die belangte Behörde hat eine Begründung ihres Bescheides in dieser Richtung offenbar in der Meinung unterlassen, daß die Erhaltungspflicht des Bundes nach § 6 Abs. 2 WBFG. im Einzelfalle wesentlich davon abhänge, ob ein Wasserbauwerk (vor dem Inkrafttreten dieses Gesetzes) allein aus Bundesmitteln oder nur mit Unterstützung des Bundes errichtet worden sei. Da aber weder § 6 Abs. 2 WBFG. noch eine andere Bestimmung dieses Gesetzes eine derartige Einschränkung enthält, erweist sich diese Rechtsauffassung der belangten Behörde als unrichtig.“

## Nr. 219: zu § 84 WRG.

OGH. 4. November 1960, SZ. XXXIII 121:

**Ein mit der Vollstreckbarkeitsbestätigung versehener Rückstandsausweis einer Wassergenossenschaft über rückständige Genossenschaftsbeiträge ist nach § 3 Abs. 2 VVG. 1950 ein Exekutionstitel im Sinne des § 1 der Exekutionsordnung.**

<h1 style="text-align:center">Nr. 220: zu § 84 WRG.</h1>

VwGH. 19. Dezember 1963, Zl. 502/63:

Rückständige Genossenschaftsbeiträge sind nach den Vorschriften des VVG 1950 einzutreiben, während die Leistungen der Mitglieder grundsätzlich durch die Wassergenossenschaft nach ihren Satzungen festzulegen und vorzuschreiben und Streitigkeiten darüber vor Anrufung der WRB. zunächst vor dem vorgesehenen Schlichtungsorgan auszutragen sind.

<h1 style="text-align:center">Nr. 221: zu §§ 85 und 98 WRG.</h1>

OGH. 22. November 1963, SZ. XXXVI 150:

Für Verwaltungsangelegenheiten einer Wassergenossenschaft betreffende Streitigkeiten zwischen Funktionären dieser Genossenschaft ist der Rechtsweg unzulässig.

<h1 style="text-align:center">Nr. 222: zu §§ 85 und 77 WRG.</h1>

VwGH. 19. Dezember 1963, Zl. 502/63:

Die Wasserrechtsbehörde ist zur Erlassung eines Feststellungsbescheides darüber zuständig, ob jemand als Mitglied einer Wassergenossenschaft zu gelten hat.

<h1 style="text-align:center">Nr. 223: zu §§ 85 und 98 WRG.</h1>

OGH. 2. April 1964, SZ. XXXVII 46:

Über die Streitigkeiten aus dem Genossenschaftsverhältnis entscheidet die Wasserrechtsbehörde auch dann, wenn die Regelung über die Aufteilung der Kosten in die Form eines Vertrages (Brunnenordnung) gekleidet wurde.

<h1 style="text-align:center">Nr. 224: zu § 86 WRG.</h1>

VwGH. 19. Dezember 1963, Zl. 502/63:

Die Heranziehung von Nichtmitgliedern zur Leistung eines angemessenen Kostenbeitrages stellt einen antragsbedürftigen Verwaltungsakt dar.

<h1 style="text-align:center">Nr. 225: zu §§ 93, 44, 85, 97 und 139 WRG.</h1>

VwGH. 1. Feber 1962, Slg. N. F. Nr. 5707/A:

Zuständigkeitsabgrenzung zwischen LH. und Schlichtungsstelle bei Entscheidung über Kostenstreitigkeiten von Mitgliedern eines Wasserverbandes.

„Mit der Bestätigung der erstinstanzlichen Entscheidung hat die belangte Behörde ausgesprochen, daß sie hinsichtlich der Verpflichtung der Beschwerdeführerin, die ihr vorgeschriebenen Kostenbeiträge zu leisten, den Standpunkt der Erstbehörde teilt, wonach diese Verpflichtung aus der Bestimmung des § 139 Abs. 2 und der auf dieser Gesetzesstelle beruhenden Zugehörigkeit der Beschwerdeführerin zu einem Wasserverband erwachse. Sie hat auch die Begründung ihres Bescheides in diesem Sinne ausgeführt, wenngleich sie, ohne dies zu konkretisieren, nur nebenbei und in rechtlich nicht beachtbarer Weise auch darauf hingewiesen hat, daß es sich ‚hier weniger um die Anwendung des § 44 WRG. handle‘. Die belangte Behörde stützt sich sonach bei ihrer Entscheidung nicht so, wie sie dies bei ihrem mit dem Erk. des VwGH. vom 25. Mai 1961, Zl. 641/60, überprüften Bescheid unternommen hat, auf § 44 Abs. 2 WRG. und hat daher der Beschwerdeführerin Beiträge nicht unab-

hängig von ihrer Zugehörigkeit zu einem Wasserverband auferlegt, sondern dies
vielmehr im Hinblick auf eine solche Zugehörigkeit getan. Damit hat die belangte
Behörde aber auch die sachliche Zuständigkeit des LH. für die Feststellung der
Beitragspflicht der Beschwerdeführerin im Beschwerdefalle bejaht. Gewiß wäre
diese Zuständigkeit dann begründet gewesen, wenn es sich um ‚eine Angelegenheit
eines Wasserverbandes‘ im Sinne der Zuständigkeitsvorschrift des § 99 Abs. 1
l i t. h WRG. gehandelt hätte. Dies war hier indes nicht der Fall. Wie der VwGH.
bereits im vorerwähnten Erkenntnis vom 25. Mai 1961 näher dargelegt hat, ist die
Frage der Kostentragung bei Wasserverbänden zunächst nicht durch Bescheid der
Wasserrechtsbehörde, sondern intern zu lösen. Die Anrufung des LH. in Kostenstreitigkeiten ist erst dann zulässig, wenn die Schlichtungsstelle darüber abgesprochen hat (§§ 93 Abs. 5, 97, Abs. 2 WRG. 1959). Dies ganz abgesehen davon, daß
vorliegend der Wasserverband gar nicht als Bewilligungswerber aufgetreten war.“

## Nr. 226: zu §§ 96, 93, 97, 139 und 141 WRG.

VwGH. 27. Feber 1964, Slg. N. F. Nr. 6254/A:

**Die Bestellung eines Sachwalters für einen Wasserverband kann nur dazu
dienen, der Untätigkeit des Vorstandes in der Führung der Verbandsgeschäfte zu
begegnen. Darüber, wer dem Wasserverband angehört und welche Verpflichtungen
sich aus einer solchen Zugehörigkeit ergeben, wird damit nicht entschieden.**

„Die Beschwerdeführerin erachtet sich insofern in ihren Rechten verletzt, als
die belangte Behörde von der Tatsache des Bestandes des Wasserverbandes sowie
von der Zugehörigkeit der Beschwerdeführerin zu diesem ausgegangen sei und für
diesen einen Sachwalter bestellt habe. Sie übersieht dabei, daß die auf § 96 Abs. 4
gegründete Bestellung eines Sachwalters für einen Wasserverband — und dies allein
ist Spruchinhalt des angefochtenen Bescheides — keine andere Rechtsfolge als die
Berechtigung und Verpflichtung des Sachwalters erzeugt, einzelne oder alle Ge-
schäfte des Verbandes im Rahmen der Befugnis des V o r s t a n d e s zu führen.
Dem Vorstand obliegt nach § 93 Abs. 3 die Leitung und Besorgung der Verbands-
angelegenheiten nach Maßgabe der Satzungen und der von der Mitgliederversamm-
lung beschlossenen Richtlinien, die Einstufung der Verbandsmitglieder für die
Kostenaufteilung und die Vorschreibung der Mitgliedsbeiträge. Er stellt laut § 97
Abs. 3 bei Zwangsverbänden — und als solche müssen notwendigerweise auch die
aus gesetzlich begründeten Konkurrenzen nach § 139 Abs. 2 hervorgegangenen
Wasserverbände angesehen werden — auch fest, wer auf Grund der Satzungen
als Verbandsmitglied anzusehen ist. Gegen solche Entscheidungen ist die Berufung
an den LH. zulässig.
Sind aber — wie dies die belangte Behörde als gegeben angenommen hat —
Satzungen in einer dem nunmehr geltenden WRG. entsprechenden Form nicht vorhanden und ist der Wasserverband aus diesem Grunde nicht handlungsfähig, dann
ist es gemäß § 141 Abs. 1 und 2 Sache der Wasserrechtsbehörde, die notwendigen
Satzungsänderungen von Amts wegen vorzunehmen. Es mag der Beschwerdeführerin anheimgestellt sein, gegen einen solchen Bescheid mit Berufung aufzutreten
und einzuwenden, daß ihre satzungsgemäße Einbeziehung in den Wasserverband
dem Gesetze nicht entspreche…
Aus dieser Situation ergibt sich, daß die Bestellung eines Sachwalters für sich
allein gegenüber der Beschwerdeführerin, die die Zugehörigkeit zum Wasserver-
bande bestreitet, keine Rechtswirkungen zu erzeugen vermochte. Diese Bestellung
konnte nach der Gesetzeslage nur dazu dienlich sein, der Untätigkeit des Vorstandes in der Führung der Verbandsgeschäfte zu begegnen. Darüber, wer nun dem
Wasserverband zugehört und welche Verpflichtungen sich aus einer solchen Zugehörigkeit ergeben, wurde damit nicht mitentschieden.“

## Nr. 227: zu § 98 WRG.

VwGH. 28. Jänner 1960, Slg. N. F. Nr. 5187/A:

Ein Handeln „in Vollziehung der Gesetze" ist nur dann anzunehmen, wenn es in Ausübung der Hoheitsverwaltung erfolgt, wenn der Handelnde als Obrigkeit auftritt und den gesetzlichen Auftrag hat, die Erfüllung einer bestehenden Verpflichtung auch gegen den Willen des Normadressaten zu erzwingen.

## Nr. 228: zu §§ 98 und 15 WRG.

VwGH. 9. Feber 1961, Slg. N. F. Nr. 5495/A:

Für Unterlassungsansprüche zur Sicherung des Fischereirechtes als eines selbständig dinglichen Rechtes ist der Rechtsweg zulässig.

## Nr. 229: zu §§ 98 und 19 WRG.

OGH. 18. Oktober 1961, SZ. XXXIV 148:

Der außerstreitige Weg steht nur dann offen, wenn eine rechtsgestaltende Festsetzung der Benützung der gemeinschaftlichen Sache durch die Miteigentümer begehrt wird. Die Ausdehnung des Wasserbezuges durch eigenmächtigen Anschluß einer Rohrabzweigung an eine Wasserleitung durch den Miteigentümer der Liegenschaft ist daher auf dem Rechtsweg zu bekämpfen; auch die Wasserrechtsbehörde ist diesfalls nicht zuständig, weil es sich ausschließlich darum handelt, ob und in welchem Umfang den Streitteilen ein privatrechtliches Wasserbezugsrecht zusteht und ob ein Eingreifen in derartige Rechte vorliegt.

## Nr. 230: zu §§ 98 und 15 WRG.

VwGH. 14. Juni 1962, Zl. 1394/61:

Zur Entscheidung von Streitigkeiten über den Bestand des Fischereirechtes an einer künstlich geschaffenen Wasserspeicheranlage ist das ordentliche Gericht zuständig.

## Nr. 231: zu §§ 98, 27, 29, 70 WRG.

OGH. 7. Juni 1963, 1 Ob 86/63:

Handelt es sich nicht um die Entscheidung über das Erlöschen oder die Aufhebung jener Wasserbezugsrechte, die im Zuge eines wr. Verfahrens nach den Vorschriften des WRG. durch Hoheitsakt bzw. Zwangseinräumung entstanden oder durch Vergleich von der WRB. begründet worden sind (§§ 27, 29 u. 70 WRG. 1959), sondern nur um die Frage des Erlöschens einer vertraglich eingeräumten Dienstbarkeit und die sich daraus ergebenden rechtlichen Konsequenzen (Unterlassung der weiteren Wassernutzung, Entfernung der Anlagen, Leistung von Schadenersatz), so ist die Zulässigkeit des Rechtsweges zu bejahen.

## Nr. 232: zu § 98 WRG.

OGH. 20. Dezember 1963, 1 Ob 38/63:

Zur Feststellung, daß das Grundeigentum nicht durch eine Dienstbarkeit der Wasserableitung belastet ist, und zu dem sich daraus ergebenden Gebot, weitere Eingriffe zu unterlassen und den bisherigen Schaden wiedergutzumachen, sind nur die ordentlichen Gerichte zuständig.

# Nr. 233: zu § 98 WRG.

VerfGH. 4. Dezember 1964, B 124/64:

Die Bindungswirkung eines aufhebenden Erkenntnisses des VwGH. erstreckt sich auf alle im Erk. zum Ausdruck kommenden Rechtsmeinungen im Zusammenhang mit dem von der belangten Behörde angenommenen Sachverhalt. Dies gilt insbesondere auch für die Frage der Zuständigkeit der Behörde, welche Frage demnach vor dem VerfGH. nicht neuerlich aufgerollt werden kann.

# Nr. 234: zu §§ 98 und 138 WRG.

OGH. 29. September 1966, 1 Ob 202/66:

Der Anspruch eines Grundeigentümers, eine Gebietskörperschaft habe am Rand einer von ihr neu angelegten Straße einen Wasserableitungsgraben anzulegen, um Erdreich und Wasser von seiner angrenzenden Liegenschaft fernzuhalten, gehört auf den Rechtsweg.

# Nr. 235: zu §§ 98 WRG. und § 73 AVG.

VwGH. 4. Oktober 1968, Zl. 163/68:

Bei Stellung eines Devolutionsantrages fällt die Zuständigkeit an die einer Verletzung der Entscheidungspflicht bezichtigte Unterbehörde erst dann wieder zurück, wenn die angerufene Oberbehörde den Devolutionsantag bescheidmäßig abgelehnt hat.

# Nr. 236: zu § 99 WRG.

VwGH. 2. Juni 1958, Slg. N. F. Nr. 4687/A:

Unter den in Abs. 1 lit. k angeführten „Ortsgemeinden", deren Wasservorhaben der Genehmigung des LH. vorbehalten bleiben, sind nur Städte mit eigenem Statut zu verstehen.

# Nr. 237: zu § 99 WRG.

VwGH. 27. Oktober 1960, Zl. 1087/59:

Der Wasserbedarf eines Gastbetriebes und eines Wohnhauses geht nicht über den Bedarf bäuerlicher oder kleingewerblicher Betriebe hinaus.

# Nr. 238: zu § 99 WRG.

VwGH. 25. Mai 1961, Slg. N. F. Nr. 5574/A:

Unter „Grenzgewässern" im Sinne des Abs. 1 lit. a sind Gewässer zu verstehen, welche die Grenze zwischen zwei Bundesländern oder gegen das Ausland bilden.

# Nr. 239: zu §§ 99, 40, 74 und 78 WRG.

VwGH. 18. Oktober 1961, Slg. N. F. Nr. 5646/A:

Unter der für die Zuständigkeit des LH. zur wr. Bewilligung eines Entwässerungsprojektes und zur Anerkennung einer Wassergenossenschaft mit Beitragszwang gemäß § 99 Abs. 1 lit. f und h maßgeblichen Fläche von mehr als 100 ha ist jenes Gebiet zu verstehen, welches nach dem der Bewilligung zu unterziehenden Projekt be- oder entwässert werden soll.

VwGH. 28. März 1963, Zl. 1667/62 und 146/63:

Die zur Bevorzugungserklärung führende und notwendigerweise nur ein Projekt in seinem Verhältnis zur österreichischen Volkswirtschaft abschätzende Wertung im Sinne des Abs. 2 vermag einer nach § 17 Abs. 1 zu fällenden Entscheidung nicht zu präjudizieren.

## Nr. 241: zu §§ 100 und 6 WRG.

VwGH. 17. Oktober 1963, Zl. 921/63:

Der im § 17 Abs. 2 des BSVG. zwingend vorgeschriebene Vorgang, daß der LH. als Schiffahrtsbehörde bei Anlagen an einem verkehrswichtigen Punkt die Ermächtigung der Obersten Schiffahrtsbehörde einzuholen und letztere im Einvernehmen mit der Obersten Wasserrechtsbehörde entscheidet, stellt eine Prozeßvoraussetzung dar.

## Nr. 242: zu § 101 Abs. 1 WRG.

VwGH. 25. Mai 1961, Slg. N. F. Nr. 5574/A:

Widerspruchslose Beteiligung eines Amtes der Landesregierung bedeutet Einigung über die Zuständigkeit hinsichtlich einer sich über den örtlichen Wirkungsbereich zweier Bundesländer erstreckenden Anlage nach Abs. 1.

## Nr. 243: zu § 101 Abs. 1 WRG.

VerfGH. 16. Oktober 1963, G 20/62, Slg. N. F. Nr. 4570:

Auch wenn die Gesamtanlage und das Wasserbenutzungsrecht sich über den örtlichen Wirkungsbereich zweier Behörden erstreckt, so greift die besondere Zuständigkeitsbestimmung des Abs. 1 nicht Platz, soweit sich die Verfügung nur auf Anlageteile erstreckt, die als wasserbautechnische Einheiten in örtlich bestimmter Abgrenzung ausschließlich in einem Verwaltungsbereich gelegen sind.

## Nr. 244: zu §§ 101 Abs. 2 sowie 32, 99 und 138 WRG.

VwGH. 21. Juni 1968, Zl. 80/68:

Daß der hinsichtlich einer Wasserversorgungsanlage gemäß § 99 Abs. 1 lit. c zuständige LH. nach § 101 Abs. 2 auch bezüglich der Abwasserbeseitigung zuständig ist, setzt bei beiden Anlagen nicht nur einen sachverhaltsmäßigen, sondern auch einen rechtlichen Zusammenhang voraus. Letzterer fehlt, wenn lediglich das Grundwasser eines bestimmten Bereiches im Sinne der §§ 32 und 138 vor Verunreinigung geschützt werden soll.

„Wenn die in erster Instanz eingeschrittene Behörde die Auffassung vertrat, daß ihre Zuständigkeit deshalb gegeben sei, weil neben der an sich der Wasserrechtsbehörde I. Instanz zustehenden Behandlung des Falles nach §§ 32 und 138 zugleich seine Einreihung als Angelegenheit einer Wasserversorgungsanlage im Sinne des § 99 Abs. 1 lit. c zu beachten und deshalb nach § 101 Abs. 2 die Behörde der höheren Instanz zuständig sei, war dies rechtsirrig. Es bestand zwischen der Abwasserbeseitigung des Hauses und der Trinkwasserversorgungsanlage der Gemeinde wohl eine sachverhältnismäßige, aber keine rechtliche Beziehung. Einzige Voraussetzung für ein Einschreiten nach § 32 bzw. § 138 konnte sein, daß nach der hiefür gewiß allein in Betracht zu ziehenden Bestimmung des § 32 Abs. 2 lit. c anzunehmen war, daß d a s Grundwasser des in Betracht kommenden Bereiches verunreinigt werde. Welchen Zwecken das Grundwasser zugeführt wird, hatte mithin außer Betracht zu bleiben, so daß ein rechtlicher Zusammenhang mit Einrichtungen zur Verwendung des Grundwassers nicht angenommen werden durfte. Eine aus der Zuständigkeitsbestimmung des § 99 Abs. 1 lit. c erfließende Kompetenz des LH. konnte mithin im Gegenstande nach dem von der belangten Behörde angenommenen Sachverhalt deshalb nicht gegeben sein, weil es sich keineswegs auch um eine Angelegenheit der Wasserversorgungsanlage der Gemeinde handelte. War dies aber der Fall, so bezog sich das Verfahren nicht auf m e h r e r e Wasserbenutzungen im Sinne des § 101 Abs. 2. Damit steht aber fest, daß der LH. seine Zuständigkeit von vornherein rechtsirrig in Anspruch genommen hat und daß die belangte Behörde deshalb verpflichtet gewesen wäre, den erstinstanzlichen Bescheid ohne Überprüfung des Meritums zu beheben.“

## Nr. 245: zu § 101 Abs. 3 WRG.

VwGH. 21. November 1963, Slg. N. F. Nr. 6163/A:

**Wird gegen ein Vorhaben bei der mündlichen Verhandlung die Unzulässigkeit seiner Ausführung in der geplanten Art, verbunden mit einem Entschädigungsbegehren, eingewendet, dann kann von einem „im wesentlichen anstandslosen Ergebnis“ im Sinne des § 101 Abs. 3 nicht die Rede sein.**

## Nr. 246: zu §§ 101 Abs. 3 und 115 WRG.

VwGH. 25. Feber 1966, Zl. 1711/65:

**Ein „im wesentlichen anstandsloses“ Ergebnis liegt dann vor, wenn die erhobenen Forderungen oder Einwendungen rechtlich nicht bedeutsam und daher auch nicht dazu angetan sind, den Verfahrensgang zu beeinflussen. Ist die im Sinne des § 115 Abs. 2 erhobene Forderung auf teilweise Projektsabänderung nach dieser Gesetzesvorschrift zulässig und daher geeignet, auf den weiteren Gang des Verfahrens Einfluß zu nehmen, so kann von keinem „im wesentlichen anstandslosen“ Ergebnis gemäß § 101 Abs. 3 die Rede sein.**

„Gemäß der vom BM. f. L. u. F. im Sinne des § 101 Abs. 3 erteilten Delegation war die belangte Behörde nur unter der Voraussetzung ermächtigt und damit zuständig, namens der ermächtigenden Behörde eine Entscheidung zu treffen, wenn das Verfahren ein i m w e s e n t l i c h e n a n s t a n d s l o s e s E r g e b n i s gezeitigt hatte. Wann ein solches Ergebnis im allgemeinen vorliege, hat der Gesetzgeber nicht näher dargelegt und es damit der Beurteilung der Behörden überlassen, ob diese Voraussetzung im Einzelfalle vorliege. Nun hat der VwGH. bereits aus ähnlichem Anlaß, nämlich bei der Beurteilung von Delegationen gemäß § 12 Abs. 1 des Eisenbahngesetzes, BGBl. Nr. 60/1957, die unter der Voraussetzung eines ‚anstandslosen Ergebnisses‘ ergangen waren, festgestellt, daß ein solches Ergebnis nur dann anzunehmen sei, wenn bei der maßgebenden Verhandlung von keiner Seite gegen das den Gegenstand der Verhandlung bildende Vorhaben Einwendungen erhoben wurden. Hiebei sei es ohne Bedeutung, ob diejenigen, welche Einwendungen erhoben hatten, dazu legitimiert waren, ob ihr Vorbringen überhaupt als Einwendung im Sinne des Gesetzes anzusehen war und ob die Behörde über diese Einwendungen zu entscheiden oder sie zur Austragung auf den Zivilrechtsweg zu verweisen hatte (Erk. des VwGH. vom 31. Jänner 1963, Zl. 1297, 1299, 1300/62, und vom 12. September 1963, Zl. 209/63). Wenn demgegenüber im § 101 Abs. 3 nicht ein ‚anstandsloses‘, sondern ein ‚im wesentlichen anstandsloses‘ Ergebnis die Delegation wirksam werden lassen soll, so sind die eben erwähnten Ausführungen der Vorerkenntnisse für den Beschwerdefall folgerichtig dahin zu ergänzen, daß ein im w e s e n t l i c h e n anstandsloses Ergebnis des Verfahrens der belangten Behörde dann nicht angenommen werden durfte, wenn die seitens der Beschwerdeführerin im Sinne des § 115 Abs. 2 erhobene Forderung auf teilweise Projektsänderung nach dieser Gesetzesvorschrift z u l ä s s i g und daher g e e i g n e t war, auf den weiteren Gang des Verfahrens E i n f l u ß zu nehmen. Denn als u n w e s e n t - l i c h für das Verfahrensergebnis könnte ja nur eine Forderung oder Einwendung zu betrachten sein, die rechtlich nicht bedeutsam und daher auch nicht dazu angetan ist, den Verfahrensausgang zu beeinflussen.

Daß das Begehren der Beschwerdeführerin für die Entscheidung über das vorliegende Projekt von Bedeutung sei, hat die belangte Behörde selbst angenommen, weil sie die mitbeteiligte Partei im angefochtenen Bescheide verpflichtete, die .Trassenführung im Sinne des Antrages der Beschwerdeführerin einer technischen Überprüfung auf die Durchführbarkeit einer Verschwenkung zu unterziehen. Damit aber lag ein im wesentlichen anstandsloses Ergebnis des von der belangten Behörde abgeführten Verfahrens nach ihrer eigenen Annahme nicht vor, so daß die Delegation nicht eingetreten war."

A n m e r k u n g : Nach Wortlaut und Sinn des Gesetzes ist für die Delegierung zur Entscheidung nicht die Erhebung von Anständen und Einwendungen im Verfahren sondern ein im wesentlichen anstandsloses E r g e b n i s  d e s  V e r f a h r e n s maßgebend. Mit Erk. vom 2. Februar 1926, Slg. Nr. 14.444/A sagte der VwGH.: „Die Beschwerdeführer behaupten, die Voraussetzungen für die Ermächtigung hätten nicht zugetroffen, weil das Ergebnis der kommissionellen Verhandlung nicht anstandslos war. Dies nötigt zur Beantwortung der Frage, was ein Anstand im Sinne der erwähnten Gesetzesbestimmung sei. Im Interesse der rascheren Ausführung der geplanten Anlage soll das Verfahren abgekürzt werden, nicht aber soll bei Vorhandensein von Gründen, die eine Genehmigung ausschließen, die Unterbehörde mit der Entscheidung betraut werden. Daraus folgt, Anstände sind Tatsachen, die die Erteilung der Genehmigung ausschließen oder doch als zweifelhaft erscheinen lassen. Es gibt daher nur eine Ermächtigung zur Erteilung, nicht aber zur Versagung der Genehmigung. Nur dann also liegen Anstände vor, wenn die Behörde aus irgendeinem Grunde nicht sicher ist, ob sie die Genehmigung wird erteilen können. Daß ein solcher Grund vorlag, können die Beschwerdeführer nicht einmal behaupten. Sie behaupten nur, die Tatsache, daß über einen Enteignungsantrag entschieden werden mußte, sei an sich schon ein Anstand. Das ist aber nicht richtig. In der Ermächtigung zur Erteilung der Genehmigung lag auch die Ermächtigung zur Entscheidung über Enteignungsanträge sowie über die Zuerkennung von Leitungsrechten und über die Auferlegung von Bedingungen und Beschränkungen für den Projektanten der Anlage. Die Annahme der Beschwerdeführer würde dazu führen, daß ein anstandsloses Ergebnis nur vorliegt, wenn dem Ansuchen ohne weiteres, ohne Auferlegung irgendwelcher Bedingungen und ohne Zuerkennung von Leitungs- und Enteignungsrechten Folge zu geben möglich wäre. Diese Annahme ist aber unrichtig, weil in allen diesen Fällen kein Anstand gegen die Bewilligung der Anlage vorliegt". Die rechte Mitte zwischen beiden Erkenntnissen würde der gegenständlichen Gesetzbestimmung und den verwaltungsökonomischen Grundsätzen (z. B. der §§ 37, 39, 43 AVG.) gerecht werden.

## Nr. 247: zu §§ 102, 107, 124 WRG.

VwGH. 2. Juni 1958, Slg. N. F. Nr. 4687/A:

**Unterlieger, deren Wasserbenutzungsrechte im Wasserbuch nicht eingetragen oder zur Eintragung angemeldet sind, haben im wr. Verfahren keine Parteistellung und daher auch kein Recht zur Beschwerdeführung vor dem VwGH.**

## Nr. 248: zu § 102 (Abs. 1 lit. b) und § 12 WRG.

VwGH. 3. März 1960, Zl. 2995/58:

**Daß zu den Rechten, die „sonst berührt werden" (Abs. 1 lit. b), alle Rechte zählen, die im Konnex mit einem Wasserbauvorhaben stehen, ist rechtlich verfehlt. Der in dieser Gesetzesstelle enthaltene ausdrückliche Hinweis auf die im § 12 Abs. 2 genannten Rechte schränkt den Kreis der „sonst berührten" Rechte vielmehr auf rechtmäßig geübte Wassernutzungen, Nutzungsbefugnisse nach § 5 Abs. 2 und das Grundeigentum ein.**

# Nr. 249: zu §§ 102 und 4 WRG.

VwGH. 24. November 1960, Slg. N. F. Nr. 5472/A:

Der Hinweis auf den beabsichtigten Kauf einer Liegenschaft reicht zur Begründung der Parteistellung nicht aus, es muß vielmehr ein Rechtstitel für den Erwerb dargetan werden.

# Nr. 250: zu §§ 102, 12 und 34 WRG.

VwGH. 9. Mai 1961, Slg. N. F. 5562/A, in einer Gewerbesache:

Die Gefährdung eines Wasserwerkes durch Grundwasserverunreinigung seitens eines Gewerbebetriebees begründet keine Parteistellung als Nachbar im Sinn des III. Abschnittes der Gewerbeordnung.

# Nr. 251: zu § 102 WRG.

VwGH. 21. September 1961, Zl. 821/61:

Die Rechtsstellung einer Partei kann nur der in Anspruch nehmen, der sein Wasserrecht und die Übertragung dieses Rechtes an ihn auf Grund einer Eintragung im Wasserbuch nachgewiesen hat.

# Nr. 252: zu § 102 WRG.

VwGH. 7. Juni 1962, Zl. 841/62;
VerfGH. 15. Juni 1967, B 400/66:

1. Auf die Frage der Parteistellung ist vom VwGH. nicht mehr einzugehen, wenn der VerfGH. seine Rechtsansicht über die mangelnde Parteistellung erkenntnismäßig bereits zum Ausdruck gebracht hat.

2. Hat der VwGH. über die Frage der Parteistellung entschieden, kann der VerfGH. zum Gegenstand nicht mehr meritorisch Stellung nehmen.

# Nr. 253: zu §§ 102, 13 und 36 WRG.

VwGH. 29. November 1962, Zl. 994/62:

Parteistellung der Gemeinden im wr. Verfahren, Voraussetzungen und Grenzen.

„Die Parteistellung einer Gemeinde im wr. Verfahren ergibt sich aus der Vorschrift des § 102 Abs. 2 lit. d. Wenn es in dieser Gesetzesstelle heißt, daß die Gemeinden, Ortschaften und einzelne Ansiedlungen zur Wahrung des ihnen nach § 13 Abs. 3 zustehenden Anspruches Parteien sind, so ist damit nur gesagt, daß die Gemeinden nur die nach dieser Gesetzesbestimmung zustehenden Rechte im Verfahren geltend machen können. Eine Beschränkung auf die Geltendmachung bestimmter Ansprüche ist jedoch auch bei anderen Parteien eines Bewilligungsverfahrens gegeben ...

Welche Rechte die Beschwerdeführerin als Gemeinde in einem wr. Bewilligungsverfahren geltend machen kann, ist in den Bestimmungen des § 13 Abs. 3 klar geregelt. Dort ist bestimmt, daß das nach Absatz 1 zustehende Maß (der Wasserbenutzung) keinesfalls so weit gehen darf, daß Gemeinden oder Ortschaften das für die Abwendung von Feuersgefahren, für sonstige öffentliche Zwecke oder für Zwecke des Haus- und Wirtschaftsbedarfes ihrer Bewohner erforderliche Wasser entzogen wird. Das gleiche gilt sinngemäß für den Wasserbedarf einzelner Ansiedlungen. Die Verletzung solcher Rechte hat die Beschwerdeführerin nicht geltend gemacht. Bei der mündlichen Verhandlung hat der Vertreter der Beschwerdeführerin gegen das Vorhaben wegen Verletzung des ihr zustehenden Rechtes auf den Anschluß und die Benutzung der öffentlichen Wasserversorgungsanlage Einwendung erhoben. Über diese Einwendung hätte die Behörde der ersten Rechtsstufe gemäß § 59 Abs. 1 AVG. 1950 im Spruch ihres Bescheides absprechen müssen, da es sich hiebei um die Entscheidung über einen Parteiantrag handelt, nämlich um den mit jeder Einwendung mitzudenkenden Antrag, das Begehren des Einschreiters überhaupt nicht oder zumindest nicht am beantragten Umfang zu bewilligen. Dies ist nicht geschehen. Der Begründung des erstinstanzlichen Bescheides ist aber jedenfalls zu entnehmen, daß die Behörde das Vorbringen des Vertreters der Beschwerdeführerin nicht als eine solche Einwendung gewertet hat, die wegen Verletzung eines Rechtes, das von der Beschwerdeführerin mit Recht geltend gemacht werden kann, zur Abweisung des Ansuchens führen kann. Diese Rechtsansicht ist zutreffend. Die Verletzung des aus dem in Ausführung des § 36 ergehenden Landesgesetze enthaltenen Rechtes auf den Anschluß und die Benutzung öffentlicher Wasserversorgungsanlagen der Gemeinden kann, wie der VwGH. bereits in seinem Erk. vom 27. Oktober 1960, Slg. N. F. Nr. 5404/A, ausgesprochen hat, nicht als bestehendes Recht im Sinne des § 12 Abs. 1 und 2 WRG. eingewendet werden."

## Nr. 254: zu §§ 102, 12 und 5 WRG.

VwGH. 12. November 1963, Slg. N. F. Nr. 6087/A:

**1. Durch Einrichtungen, die der Grundwasserentnahme und der Abwasserbeseitigung dienen, können Nutzungsbefugnisse beeinträchtigt werden, weshalb diesen Grundbesitzern Parteistellung zukommt.**

**2. Die Bestimmung des Abs. 2 bezieht sich nicht auf Nutzungsbefugnisse im Sinne des § 5 Abs. 2.**

## Nr. 255: zu §§ 102, 33, 107 und 121 WRG.

VwGH. 28. November 1963, Slg. N. F. Nr. 6168/A:

**Im amtswegig eingeleiteten Verfahren zur Überprüfung einer wr. bewilligten Kanalisationsanlage kommt dem im Bewilligungsverfahren übergangenen Nachbarn selbst dann nicht Parteistellung zu, wenn die Wasserrechtsbehörde auf Grund eines bei Erteilung der wr. Bewilligung gemachten Vorbehaltes im Überprüfungsverfahren zusätzliche Auflagen im Interesse der Nachbarn vorschreibt.**

„Dem Verwaltungsverfahren, mit welchem die Kanalisationsanlage der mitbeteiligten Partei wr. bewilligt worden war, war der Beschwerdeführer nicht beigezogen. Dies hat zur Folge, daß der Beschwerdeführer nur mehr die Schadenshaftung nach § 26 WRG. vor Gericht geltend machen kann. Diesen Weg hat der Beschwerdeführer nach der Aktenlage auch beschritten.

In dem über die Anzeige der mitbeteiligten Partei eingeleiteten und mit Bescheid der belangten Behörde abgeschlossenen Verwaltungsverfahren wurde festgestellt, daß den Vorschreibungen des Bewilligungsbescheides entsprochen und der mitbeteiligten Partei weitere Auflagen vorgeschrieben wurden. Durch den Ministerialbescheid wurde überdies festgestellt, daß die Anlage als überprüft anzusehen ist. Im erstinstanzlichen Bescheid ist zwar auf § 121, der von der Überprüfung der Ausführung von Wasseranlagen handelt, nicht ausdrücklich Bezug genommen worden, wohl aber im Ministerialbescheide. Daraus folgt, daß durch den Ministerialbescheid die in der vorangeführten Gesetzesstelle angeordnete Überprüfung der Wasseranlage durchgeführt und zum Abschluß gebracht worden ist..."

Gegenstand des Überprüfungsverfahrens war die Frage, ob die Anlage auf Grund des Gutachtens des gerichtlich beeideten Sachverständigen Mängel aufweist und ob weitere Anordnungen zu treffen sind. Tatsächlich wurden auch auf Grund des Ergebnisses dieses Verfahrens der mitbeteiligten Partei zusätzliche Auflagen vorgeschrieben. Dieser Bescheid führt zwar die Rechtsgrundlage nicht an, auf welche sich die Vorschreibungen gründen. Bei der gegebenen Sachlage kommt aber als Rechtsgrundlage nur der im Genehmigungsbescheide enthaltene Vorbehalt in Betracht. Daß einem solchen Verfahren die Nachbarn in der Rechtsstellung einer Partei beizuziehen sind, ist dem WRG. nicht zu entnehmen. Auch die zu dieser Frage im Verfahren bei Genehmigung einer gewerblichen Betriebsanlage entwickelte Rechtsprechung des VwGH. (vgl. hiezu das VwGH. Erk. vom 21. Dezember 1959, Slg. N. F. Nr. 5152/A), die unter bestimmten Voraussetzungen dem Nachbarn bei Anwendung der Vorbehaltsklausel eine Parteistellung einräumt, kann hier nicht Platz greifen, weil der Beschwerdeführer im Genehmigungsverfahren — seine Parteistellung voraussetzt — ‚übergangener Nachbar' ist, dessen Rechtsstellung, im Gegensatze zur Gewerbeordnung, durch die Bestimmungen des § 107 Abs. 2 in Verbindung mit § 26 WRG. eindeutig geregelt ist.

Steht aber dem Nachbarn in dem zuletzt abgewickelten Verwaltungsverfahren die Rechtsstellung einer Partei nicht zu, hätte die belangte Behörde die Berufung des Beschwerdeführers gegen den erstinstanzlichen Bescheid richtigerweise als unzulässig zurückweisen müssen. Dadurch, daß sie die Berufung zu einer Sachentscheidung angenommen und den erstinstanzlichen Bescheid durch zusätzliche Auflagen ergänzt hat, kann der Beschwerdeführer indes in keinem Recht verletzt sein. Die mangelnde Parteistellung des Beschwerdeführers in dem zur Erlassung des angefochtenen Bescheides führenden Verfahren hat ferner zur Folge, daß dieser Bescheid in die Rechtssphäre des Beschwerdeführers überhaupt nicht eingreifen kann."

## Nr. 256: zu §§ 102, 34 und 104 WRG.

VwGH. 15. Oktober 1964, Zl. 473/64:

Pflicht zur Gewässerreinhaltung nach §§ 31 oder 34 bedeutet noch keine Verpflichtung zu einer bestimmten Duldung oder Unterlassung im Sinne des § 102 Abs. 1 lit. b.

„Zunächst ist festzuhalten, daß die Beschwerdeführerin ihre Parteistellung im Verfahren sowie die darauf gegründeten Einwendungen auf ihr Grundeigentum an dem in der Nachbarschaft des gegenständlichen Brunnengebietes gelegenen Tanklager gestützt und in diesem Zusammenhang auf den Betrieb von Trink-, Nutzwasser- und Löschwasserbrunnen im Tanklagergebiet hingewiesen hat, daß sie weiters vermeinte, ihre Parteistellung aus wasserrechtsbehördlich erteilten Bewilligungen zu Wasserentnahmen aus dem Hafen und für die Abwasserversickerung bzw. Abwassereinleitungen in die Donau sowie schließlich aus der Tatsache ableiten zu sollen, daß sie einer besonderen Reinhaltepflicht hinsichtlich mehrerer Anlagen bzw. der Reinhaltungspflicht nach § 31 unterliege. Sie hat dabei übersehen, daß das geplante Grundwasserwerk unstreitig nicht darauf gerichtet oder geeignet war, irgendeine dieser Berechtigungen oder das Grundeigentum der Beschwerdeführerin zu schmälern oder zu beseitigen, daß die Beschwerdeführerin also nach dem Projekt weder zu einer Leistung noch zu einer Duldung oder Unterlassung verpflichtet werden sollte, so daß es auf der Grundlage der die Parteistellung regelnden Vorschriften des § 102 Abs. 1 lit. b allein darauf ankommen konnte, ob die auf dem G r u n d e i g e n t u m der Beschwerdeführerin betriebenen Trink-, Nutzwasser- und Löschwasserbrunnen durch die Projektsausführung in ihrer Leistung beeinträchtig würden . . . Die außerdem ins Treffen geführte Verpflichtung zur Gewässerreinhaltung blieb der Beschwerdeführerin auch unabhängig vom Projekt der mitbeteiligten Partei auferlegt. Wenn die Beschwerdeführerin ferner meint, daß sich ihre Parteistellung auch aus der Tatsache ergebe, daß erst durch die Verwirklichung des Projektes der Stadt die Anwendungsmöglichkeit des § 34 auf die benachbarten Industrieanlagen der Beschwerdeführerin eröffnet werde, unterliegt sie einem Rechtsirrtum. Denn ihre Parteistellung konnte sich gemäß § 102 Abs. 1 lit. b lediglich aus der Berührung ihrer Rechte durch das zur Bewilligung beantragte Projekt selbst und nicht schon bloß daraus ergeben, daß § 34 den Schutz solcher Anlagen durch besondere Regelungen vorsieht, ohne daß eine solche Regelung aber Gegenstand des zum angefochtenen Bescheid führenden Verfahrens oder Inhalt des Bescheides gewesen wäre. Die im Gesetz begründete Verpflichtung, behördliche Maßnahmen nach § 34 — so sie gerechtfertigt sind — hinnehmen zu müssen, bedeutet keineswegs schon die Verpflichtung zu einer bestimmten Duldung oder Unterlassung nach § 102 Abs. 1 lit. b, wie dies die Beschwerdeführerin anzunehmen scheint. Die Duldung oder Unterlassung seitens eines Dritten im Sinne dieser Gesetzesstelle muß vielmehr vom Antragsteller beabsichtigt, also Gegenstand seines Projektes sein.

Dem Vorbringen der Beschwerdeführerin anläßlich der mündlichen Verhandlung vor dem VwGH., es sei die besondere Bedeutung ihres Unternehmens bei der Prüfung der öffentlichen Interessen durch die belangte Behörde zu wenig berücksichtigt worden, ist entgegenzuhalten, daß diese Prüfung nach dem Inhalte der §§ 104 bis 106 ausschließlich der Wasserrechtsbehörde überantwortet und ein Mitspracherecht hiebei niemandem eingeräumt ist. Es mag den Parteien eines Verfahrens freistehen, die Wasserrechtsbehörde auch auf solche Umstände aufmerksam zu machen. Ein subjektiv-öffentlicher Rechtsanspruch aber, daß die Behörde solchen Hinweisen Rechnung trage, ist niemandem eröffnet.

Aus diesen Überlegungen folgt, daß der Beschwerdeführerin im Verfahren entgegen der Annahme der mitbeteiligten Partei Parteistellung zukam, daß sie aber rechtlich bedeutsame Einwendungen gegen das Projekt nur insoweit vorbringen konnte, als sie eine projektsbedingte Beeinträchtigung ihres Grundeigentumes bzw. der darauf bestehenden Brunnenanlagen darzutun vermochte. In dieser Richtung hat aber der Sachverständigenbeweis erbracht, daß eine Rechtsverletzung solcher Art nicht anzunehmen sei, während alle übrigen bei der Verhandlung gemachten Einwendungen nach dem Vorgesagten von vornherein nicht dazu angetan sein konnten, eine Verletzung von im WRG. geschützten Rechten der Beschwerdeführerin darzutun."

## Nr. 257: zu §§ 102 und 124 WRG. sowie § 37 der Wasserbuchverordnung.

VerfGH. 11. Dezember 1965, B 59/65, N. F. Nr. 5162:

**Servitutsverpflichtete genießen in einem wasserbücherlichen Verfahren auf jeden Fall Parteistellung im Sinne des § 37 Abs. 1 der Wasserbuchverordnung.**

Anmerkung: Vgl. aber Nr. 258.

## Nr. 258: zu §§ 102, 124 und 68 WRG. sowie § 37 der Wasserbuchverordnung.

VwGH. 10. Juni 1966, Slg. N. F. Nr. 6943/A:

**Wer Partei eines wr. Verfahrens ist — auch das Verfahren zur Eintragung in das Wasserbuch ist ein solches Verfahren —, kann nur dem WRG. 1959, niemals aber der Wasserbuchverordnung allein entnommen werden.**

## Nr. 259: zu § 102 Abs. 1 lit. b sowie § 60 WRG.

VerfGH. 8. Juni 1966, B 19/66, in Straßenrechtssache :

Als Eigentümer genießt nur der Eigentümer oder ein dinglich Berechtigter Parteistellung. Der zum Abbau von Lehm Berechtigte ist nicht einmal dann Partei im Enteignungsverfahren, wenn dieses Recht grundbücherlich eingetragen ist, denn der Einverleibung des Bestandrechtes kommt keine dingliche Wirkung zu.

## Nr. 260: zu §§ 102, 100 und 124 WRG.

VwGH. 30. Juni 1966, Zl. 226/66:

Im Verfahren zur Eintragung eines bereits erworbenen Wasserbenutzungsrechtes in das Wasserbuch hat das Unternehmen, dessen Vorhaben zum bevorzugten Wasserbau erklärt wurde, keine Parteistellung.

„Diese Bestimmung besagt, daß derjenige, dessen Bauvorhaben zum bevorzugten Wasserbau erklärt wurde (§ 100 Abs. 2) Partei ist, soweit sein Bauvorhaben durch wr. bewilligungspflichtige Projekte dritter Personen berührt wird. Der Rechtsgehalt dieser Vorschrift kann nur aus dem Inhalt der Bestimmung des § 100 Abs. 2 im Zusammenhalt mit § 114 und § 115 sowie jener des § 8 AVG. 1950 erschlossen werden. Der VwGH. hat bereits in seinem Erk. vom 24. November 1960, Zl. 1077/59, in einem rechtlich gleichgelagerten Falle ausgesprochen, daß den Vertretern solcher qualifizierter Wasserbauprojekte v o r  Erlangung einer wr. Bewilligung nicht einmal in einem Verfahren für die Bewilligung eines ihr Projekt berührenden W a s s e r b a u e s die Berechtigung zukomme, den Bestand eines entgegenstehenden, gleichsam vorweggenommenen Wasserrechtes entgegenzusetzen und ein rechtliches Interess oder einen Rechtsanspruch aus einem solchen noch nicht vorhandenen Titel darzutun. Der Gesetzgeber könne — so führte der VwGH. weiter aus — mit dieser Bestimmung erkennbar kein anderes Ziel verfolgt haben, als den Vertretern derartiger Wasserbauprojekte die Zuziehung zu allen, ihren Projektsbereich betreffenden B e w i l l i g u n g s v e r f a h r e n  sicherzustellen und ihnen zu ermöglichen, bei solchem Anlaß die Zusammenhänge zwischen dem jeweis geplanten und dem von ihnen vertretenen Wasserbauprojekt rechtzeitig aufzuzeigen, die nicht zuletzt deshalb, um eine B e n a c h t e i l i g u n g  der bei Ausführung des bevorzugten Wasserbaues b e t r o f f e n e n  D r i t t e n  tunlichst hintanzuhalten. Wollte man der Bestimmung des § 102 Abs. 1 lit. c einen weitergehenden Inhalt zubilligen, wie etwa die gesetzliche Fiktion eines mit der Bevorzugungserklärung b e r e i t s  e r l a n g t e n  Wasserrechtes, dann käme man zu der rechtlich unhaltbaren Lösung, daß reelle Wasserbauprojekte nicht bewilligt werden dürften, weil die Vertreter von vorläufigen Bauprojekten ihnen widersprochen hätten, deren tatsächliche Ausführung ungewiß wäre und deren endgültiger Inhalt und Umfang sowie deren Berührungspunkte mit Rechten Dritter nach keiner Richtung feststünden. An der in diesem Erkenntnis vertretenen Rechtsansicht hält der VwGH. weiterhin fest. Wenn aber dem Vertreter eines solchen qualifizierten Wasserbauprojektes nicht einmal in einem Verfahren für die Bewilligung eines sein Projekt berührenden W a s s e r b a u e s  das Recht zukommt, irgendein rechtliches Interesse oder einen Rechtsanspruch entgegenzusetzen, dann umso weniger, wenn es sich — wie im vorliegenden Beschwerdefall — lediglich darum handelt, daß ein bereits erworbenes Wasserbenutzungsrecht der Beschwerdeführerin gemäß § 124 Abs. 1 in das Wasserbuch eingetragen wird.“

A n m e r k u n g :  Vgl. dagegen die Ausführungen von E. Hartig in JBl., Heft 17/18 vom 16. September 1967, S. 465. Auch nach VwGH.Erk. vom 19. Dezember 1963, Zl. 1211/61, ist es ein selbstverständlicher Auslegungsgrundsatz, daß Rechtsvorschriften nicht so ausgelegt werden dürfen, daß sie überflüssig oder inhaltslos werden. Der Gesetzgeber hat in der Wasserrechtsnovelle 1947 die gegenständliche Bestimmung in das WRG. eingefügt. Mit dieser Bestimmung wird nun keineswegs ein konkretes Wasserbenutzungsrecht vorweggenommen oder die Fiktion eines solchen geschaffen, vielmehr aus der Bestimmung des § 100 Abs. 2 für den Inhaber der Bevorzugungserklärung die rechtliche Konsequenz gezogen. Durch die Parteistellung soll er in die Lage versetzt werden, sein Vorhaben — das als in besonderem Interesse der österreichischen Volkswirtschaft deklariert wurde— nach Maßgabe dieser Erklärung in anderen Verfahren, die es berühren, geltend zu machen. Dadurch wird nicht nur sichergestellt, daß der Inhaber einer Bevorzugungserklärung die wasser- und volkswirtschaftlichen Zusammenhänge seines Vorhabens mit dem jeweiligen anderen Projekt aufzeigen kann, sondern daß dieses Vorhaben auch in die jeweilige verfahrensmäßige Prüfung des öffentlichen Interesses mit der Möglichkeit der Nachprüfung durch die Rechtsmittelinstanzen einbezogen und eine ungerechtfertigte Frustrierung des Planungsaufwandes und des Planungszieles eines Großvorhabens durch eine Einzelanlage vermieden wird.

# Nr. 261: zu §§ 102, 29 und 13 WRG.

VwGH. 11. Mai 1967, Zl. 83/67:

**Parteien in einem Erlöschensverfahren sind nur die im § 29 Abs. 1 und 3 aufgezählten Personen; § 13 Abs. 3 gilt nur für das Bewilligungsverfahren.**

# Nr. 262: zu § 102 WRG.

VerfGH. 30. November 1967, B 395/67:

**Bücherliches Vorkaufsrecht gibt keine Parteistellung.**

# Nr. 263: zu §§ 102 und 4 WRG.

VwGH. 7. Juni 1968, Zl. 223/63:

**Antragsteller ist, wer einen im WRG. vorgesehenen Antrag stellt.**

„Mit der Frage ‚wer als Beteiligter im Sinne des § 4 Abs. 7 anzusehen und sohin zur Stellung des Antrages auf Ausscheiden aus dem öffentlichen Wassergut legitimiert ist, hat sich der VwGH. bereits mehrfach, so unter anderem auch in dem von der Behörde der ersten Rechtsstufe angeführten Erk. vom 28. Jänner 1960, Slg. N. F. Nr. 5188/A, beschäftigt und ausgesprochen, als solcher sei nur derjenige anzusehen, der einen Rechtstitel für den Erwerb der beanspruchten Liegenschaft besitze. Von dieser Rechtsprechung abzugehen, besteht für den VwGH. kein Anlaß, zumal die Beschwerdeführer nichts vorgebracht haben, was die Unrichtigkeit der bisher vom Gerichtshof vertretenen Rechtsansicht aufgezeigt hätte. Wenn die Beschwerdeführer darauf hinweisen, daß sie jedenfalls Antragsteller und daher Parteien im Sinne des § 102 Abs. 1 lit. a seien, dann übersehen sie, daß nicht jeder, der bei der Wasserrechtsbehörde einen Antrag auf Entscheidung stellt, als Antragsteller im Sinne der angeführten Gesetzesbestimmung anzusehen ist, sondern nur derjenige, der einen im WRG 1959 vorgesehenen Antrag stellt. Das WRG. sieht zwar im § 4 Abs. 7 einen Antrag auf Ausscheiden aus dem öffentlichen Wassergut vor, regelt jedoch die Antragsberechtigung hier besonders, nämlich in dem oben aufgezeigten Sinn. Daß aber die Beschwerdeführer etwa auf Grund eines mit dem Bund abgeschlossenen Kaufvertrages einen Rechtsanspruch auf den Erwerb des gegenständlichen Grundstückes besitzen, haben sie weder im Verwaltungsverfahren noch in der Beschwerde nachzuweisen vermocht.“

# Nr. 264: zu §§ 102 und 9 WRG. sowie § 73 AVG.

VerfGH. 27. September 1968, B 83/68;
VwGH. 20. Dezember 1968, Zl. 1717/68:

**Nur derjenige, der einer wr. Bewilligung zur Errichtung und zum Betrieb einer Anlage bedarf, also derjenige, der die Anlage errichtet oder betreibt, ist legitimiert, die Entscheidung der Behörden darüber zu verlangen.**

114

„Die belangte Behörde ist davon ausgegangen, es stehe dem Beschwerdeführer
kein Anspruch darauf zu, daß über die Erteilung der wr. Bewilligung zur Errichtung und zum Betriebe der in Rede stehenden Wasserversorgungsanlage verhandelt
und entschieden wird. Sie hält also den Antrag des Beschwerdeführers wegen
Mangels der Legitimation für unzulässig. Damit ist sie im Recht. Nur derjenige,
der nach dem WRG. einer wr. Bewilligung zur Errichtung und zum Betrieb einer
Anlage bedarf, also derjenige, der die Anlage errichtet und betreibt, ist legitimiert,
die Entscheidung der Behörde darüber zu verlangen. Dies ergibt sich u. a. aus den
§§ 9, 11, 13 in Verbindung mit § 102.

Die Behörde hat es demnach rechtmäßigerweise abgelehnt, über den Antrag
der Sache nach zu entscheiden.

Im Recht, dem gesetzlichen Richter nicht entzogen zu werden, ist der Beschwerdeführer somit durch den bekämpften Bescheid offenkundig nicht verletzt
worden."

## Nr. 265: zu § 103 WRG.

VwGH. 24. Februar 1959, Zl. 2306/58:

**Es widerspricht der sich aus dem Grundsatz der materiellen Wahrheit des
festzustellenden Sachverhaltes ergebenden Manuduktionspflicht, wenn die Behörde
einer an sich auslegungsbedürftigen Eingabe ohne vorherige Befragung der Partei
einen Sinn unterstellt, der zu einer abschlägigen Entscheidung führen muß.**

## Nr. 266: zu § 103 WRG.

VwGH. 8. Oktober 1964, Zl. 316/64:

**Ziviltechniker sind im Sinne des Ziviltechnikergesetzes, BGBl. Nr. 146/1957,
zur berufsmäßigen Vertretung von Parteien vor Behörden einschließlich der Verfassung von Eingaben in technischen Angelegenheiten und zur berufsmäßigen
Beratung in allen in das Fachgebiet einschlägigen Angelegenheiten berechtigt.**

## Nr. 267: zu § 103 WRG.

VwGH. 11. März 1965, Zl. 1494/64:

**Einem Konsenswerber steht es frei, ein von ihm als unzweckmäßig beurteiltes
Projekt auch nach darüber bereits durchgeführter mündlicher Verhandlung, jedoch
vor der behördlichen Entscheidung, wieder zurückzunehmen und ein neues Detailprojekt einzureichen.**

## Nr. 268: zu §§ 105 und 117 WRG.

VwGH. 10. Juli 1958, Slg. N. F. Nr. 4731/A:

**Die Vorschrift des § 105 räumt der zur Erteilung einer wr. Bewilligung zu-
ständigen Behörde auch das Recht ein, die Konsenserteilung an Bedingungen zu
knüpfen, deren Zweck die Abwendung oder Verminderung anderer als der im
Gesetz ausdrücklich angeführten Gefahren ist. Unter dieser Voraussetzung können
in den wr. Bewilligungsbescheid auch Bedingungen aufgenommen werden, die die
Art der Entschädigung vorwegnehmen. Die Rechtskraft eines solchen Bewilligungsbescheides schließt jedoch den Abschluß eines außerbehördlichen Entschädigungs-
übereinkommens nicht aus, auch kann der durch die Bauführung Betroffene im
Entschädigungsverfahren auf Grund der hiefür maßgebenden Vorschriften allenfalls eine andere ihm günstig erscheinende Art der Entschädigung begehren.**

<h2 style="text-align:center">Nr. 269: zu § 105 WRG.</h2>

VwGH. 15. Jänner 1959, Zl. 306/57 und 330/57:

Auf die Wahrung des öffentlichen Interesses steht niemandem ein Anspruch zu.

<h2 style="text-align:center">Nr. 270: zu § 105 WRG.</h2>

VwGH. 9. Juli 1959, Slg. N. F. Nr. 5028/A:

Eine erhebliche Beeinträchtigung der Schiffahrt im Sinne des § 105 lit. b WRG. ist anzunehmen, wenn die Befahrung eines Gewässers mit der bisherigen Schiffstype (Fähre) durch die beabsichtigte Wasseranlage unmöglich wird. Das öffentliche Interesse an der Schiffahrt läuft auf ihre ungestörte Aufrechtehaltung hinaus.

<h2 style="text-align:center">Nr. 271: zu §§ 105, 8 und 13 WRG.</h2>

VwGH. 9. Februar 1961, Zl. 2176/59:

Keine Parteistellung der Gemeinden bei Auflassung des Gemeingebrauches.

<h2 style="text-align:center">Nr. 272: zu § 105 WRG.</h2>

VwGH. 15. Februar 1962, Zl. 605/61 und 792/61:

Die wr. Beurteilung hat sich nur auf jene Bereiche zu erstrecken, die durch anderweitige gesetzliche Regelungen und auf ihnen fußende Genehmigungen nicht erfaßt sind.

<h2 style="text-align:center">Nr. 273: zu § 105 WRG. sowie Art. 18 B.-VG.</h2>

VerfGH. 23. März 1963, B 206/62, ÖJZ. 1964, Heft 6, S. 163:

Die Vorschrift des Art. 18 B.-VG. auf Gesetzmäßigkeit der Vollziehung gewährt kein subjektives verfassungsrechtlich geschütztes Recht

<h2 style="text-align:center">Nr. 274: zu §§ 105 und 98 WRG.</h2>

VerfGH. 26. März 1963, B 2/62, ÖJZ. 1963, Heft 21, S. 585:

Auch das WRG. trachtet, wie etwa die Gewerbeordnung und die Bauordnung, hygienische Forderungen zu erfüllen, ohne deshalb zum Gesundheitswesen zu zählen.

<h2 style="text-align:center">Nr. 275: zu § 105 WRG.</h2>

VwGH. 9. Jänner 1964, Zl. 1723/63:

Es müssen grundsätzlich ästhetische Momente sein, die das Interesse einer unbestimmten Vielheit von Betrachtern zu einem öffentlichen Interesse an der Erhaltung eines Landschaftsbildes gestalten.

<h2 style="text-align:center">Nr. 276: zu § 105 WRG.</h2>

VwGH. 14. Mai 1964, Zl. 2331/63:

Bedingungen müssen eine präzise Anführung der erforderlichen Leistungen beinhalten.

## Nr. 277: zu § 105 WRG.

VwGH. 4. Februar 1965, Zl. 1268/64:

**Das im WRG. begründete öffentliche Interesse an der Erhaltung von Wasser-
anlagen (Wehranlagen) geht dem öffentlichen Interesse am Tierschutz auch dann
vor, wenn durch die Erhaltungsarbeiten zwangsläufig eine bestimmte Menge von
Wassertieren in Mitleidenschaft gezogen wird. In solchen Fällen kann durch die
notwendigen Erhaltungsarbeiten eine Tierquälerei nicht begründet werden.**

## Nr. 278: zu § 105 WRG.

VwGH. 27. Oktober 1966, Zl. 934/66:

**Vorschreibungen im Interesse der Schiffahrt.**

„Wenngleich sich im angefochtenen Bescheide kein ausdrücklicher Hinweis auf
jene Vorschrift des WRG. findet, auf die sich die bekämpfte Vorschreibung gründet, so ergibt sich aus der Anordnung des § 105 lit. b, daß sie hiefür allein als
Grundlage in Betracht kommt. Denn danach kann ein Unternehmen im öffentlichen Interesse insbesondere dann als unzulässig angesehen oder nur unter entsprechenden Bedingungen bewilligt werden, wenn u. a. eine erhebliche Beeinträchtigung der Schiff- oder Floßfahrt zu besorgen ist. (Hiezu sei auch auf die einschlägigen Ausführungen des hg. Erk. vom 9. Juli 1959, Slg. N. F. Nr. 5028/A,
verwiesen.) Wohl war es der belangten Behörde bereits nach der Vorschrift des § 10
Abs. 2 des Gesetzes BGBl. 42/1964 im Zusammenhalt mit § 13 der Verordnung
BGBl. Nr. 243/1964 bei sonstiger Nichtigkeit ihres Bescheides aufgetragen, der
Beschwerdeführerin die Anlage von Schleusen bestimmter Ausführungsart vorzuschreiben. Doch war damit nur die E r r i c h t u n g  der Schleusen sichergestellt,
die im übrigen die Beschwerdeführerin bereits von sich aus in ihr Projekt einbezogen hatte.

Die weitergehende Vorschreibung, die Schleusen zu betreiben, sie zu warten
und instandzuhalten bzw. für die Schiffahrt benutzbar zu erhalten, konnte somit
nur als Auflage auf der Grundlage des § 105 lit. b ihre gesetzliche Rechtfertigung
finden. Soweit sich die Beschwerdeführerin mithin auf das Gesetz BGBl. Nr. 42/
1964 bezieht, übersieht sie, daß die gegenständliche Anordnung darin keine Dek-
kung hätte finden können. Insofern die Beschwerdeführerin aber in der Begründung ihrer Beschwerde des näheren ausführt, warum es nicht zulässig gewesen sei,
die Frage der Kostentragung für die Errichtung der Schleusen im Bescheid uner-
örtert zu lassen und ihr überdies den Bau zweier Schleusen statt einer Schleuse
aufzuerlegen, muß ihr entgegengehalten werden, daß sich ihre Beschwerde ausdrücklich nur gegen die eingangs im Wortlaute zitierte Auflage über Betrieb, Wartung,
Instandhaltung und Benutzbarkeit der Schleusen zu richten erklärt und diese
Ausführungen der Beschwerdebegründung somit ins Leere gehen.

Daß ein öffentliches Interesse an der Anlage von Schleusen besteht, um
die projektbedingte Behinderung der Schiffahrt auszugleichen, wird in der Beschwerde nicht in Streit gezogen. Es konnte aber mit der Herstellung der Schleusenanlagen nicht sein Bewenden haben, weil die Ermöglichung der Schleusen-
durchfahrt nicht nur die Herstellung der Schleusen, sondern auch deren Wartung
und Erhaltung, insbesondere aber ihren Betrieb notwendig voraussetzt. Es war
der belangten Behörde mit anderen Worten zur Vermeidung des Bewilligungs-
hindernisses nach § 105 lit. b auferlegt, den weiteren Schiffahrtsbetrieb dadurch
sicherzustellen, daß der Projektswerberin aufgetragen wurde, nach Errichtung der
Schleusenanlagen dafür vorzusorgen, daß diese Anlagen ihren Zweck auch er-

füllen. Die Vorschreibung, die Schleusenanlagen zu warten und instandzuhalten, konnte somit nicht gesetzwidrig sein. Denn diese Verpflichtung mußte den Bewilligungswerber als jene Person treffen, durch deren Wasserbau eine dauernde Behinderung der Schiffahrt eintreten sollte. Aber auch was den Betrieb der Schleusenanlage betrifft, wäre demnach auch er grundsätzlich Sache der Beschwerdeführerin. Hier aber ist der Beschwerde zu folgen, daß damit Aufgaben aufgetragen würden, die von der Beschwerdeführerin nicht vollziehbar seien; weil es sich (zumindest zum größten Teil) um Agenden der Schiffahrtspolizei handle. Laut § 1 Abs. 2 des Gesetzes BGBl. Nr. 42/1964 hat das BM. f. V. u. v. U. den Verkehr auf der Donau u. a. durch Verordnung zu regeln, wenn und insoweit es die Sicherheit und Ordnung der Schiffahrt und Floßfahrt oder auch die Flüssigkeit des Verkehrs erfordert. Auf dieser Grundlage ist die Verordnung BGBl. Nr. 243/1964 ergangen, deren § 6 eingehend den Verkehr von Wasserfahrzeugen im Bereich von Schleusen regelt . . .

Aus diesen Vorschriften ergibt sich, daß die Durchfahrt durch die hier in Betracht kommenden Schiffsschleusen öffentlich-rechtlich geordnet ist und daß die Einhaltung und Durchsetzung dieser Ordnung den Organen der Schiffahrtspolizei überantwortet ist. Soweit also unter ‚Betrieb‘ der Schleusen die Summe aller jener Tätigkeiten zu verstehen ist, die dazu erforderlich sind, um den Durchschleusenvorgang zu vollziehen, muß festgestellt werden, daß es sich dabei insgesamt um Vorgänge handelt, die kraft ihrer grundsätzlichen Regelung durch Organe der Schiffahrtspolizei dem Einfluß der Beschwerdeführerin von vornherein entzogen sind. Darf sie aber auf diese Vorgänge keinen Einfluß üben, dann durfte ihr insoweit auch der ‚Betrieb‘ der Schleusen nicht vorgeschrieben werden. Auch die Bezugnahme der Auflage auf ‚schiffahrtsbehördliche Weisungen‘ der Obersten Schiffahrtsbehörde und ihrer Organe bezüglich des Schleusenbetriebes erweist sich in dieser Schau insoweit als rechtswidrig, weil keine gesetzliche Ermächtigung besteht, andere als die im Abs. 3 und 4 des § 9 des Gesetzes BGBl. Nr. 42/1964 hiefür vorgesehenen Personen neben den Organen der Schiffahrtspolizei zur Erfüllung schiffahrtspolizeilicher Aufgaben heranzuziehen. Die in der Gegenschrift der belangten Behörde geäußerte Rechtsmeinung, wonach der Gesetzgeber bei einer solchen Rechtsauffassung die Übergabe der Schleusenanlagen in das Bundeseigentum hätte statuieren müssen, kann nicht geteilt werden, weil das Eigentum an diesen Anlagen keine zwingende Voraussetzung für ihren Betrieb durch betriebsfremdes Personal bildet, sofern nur der Anlagebesitzer — sowie hier — grundsätzlich gehalten ist, das Durchschleusen zu ermöglichen.

Selbstverständlich ist allerdings — wie schon oben betont —, daß es der Beschwerdeführerin aufgetragen werden durfte, die Schleusen zu ‚warten und instandzuhalten‘, worunter die Ermöglichung des dauernden Funktionierens der Anlage verstanden werden muß, wie es ebenso selbstverständlich ist, daß die Beschwerdeführerin für den ‚Betrieb‘ im technischen Sinn, also für die Bereitstellung der notwendigen Betriebsenergie aufzukommen hat, weil ja die Schleusenanlage erst dadurch ihrem Zweck zugeführt werden kann. Es ist aber keineswegs zu ersehen, daß es sich bei der umstrittenen Auflage etwa nur um diesen Begriff des ‚Betriebes‘ gehandelt habe. Vielmehr spricht die Bezugnahme auf einen ‚Betrieb . . . unter Berücksichtigung der schiffahrtspolizeilichen Weisungen des BM. für V. v. U. als Oberste Schiffahrtsbehörde und seiner Organe‘ eindeutig für den oben geschilderten, viel weiter zu fassenden Begriff des ‚Betriebes der Schleusen und der dazugehörigen Schiffahrtsanlagen‘. Daß schließlich die Schleusenanlagen jederzeit für die Schiffahrt benützbar sein müssen, konnte in diesem Zusammenhang inhaltlich nicht mehr bedeuten‘ als eine Wiederholung der Auflagen über die Wartung und Instandhaltung der Schleusen. Daß Instandhaltungsarbeiten in Einzelfällen unvermeidlich auch zu einem vorübergehenden Stillstand des Schleusenbetriebes führen können, muß als selbstverständlich gelten.“

118

# Nr. 279: zu §§ 105, 104 und 106 WRG.

VwGH. 26. Juni 1968, Zl. 1590/67:

Wenn dem Bewilligungswerber eine uneingeschränkte Nutzung des aus Bohrungen zu gewinnenden Mineralwassers und der Ablauf des nicht verwendeten Wassers in den Vorfluter vorschwebt, werden u. a. auch die Bestimmungen der §§ 105 lit. h sowie 104 lit. a und 106 heranzuziehen sein.

# Nr. 280: zu § 105 lit. e WRG.

VwGH. 11. Oktober 1968, Zl. 340/68:

Eine Bedingung, die sich ihrem Inhalte nach als Verbot charakteriesiert, von der erteilten Staubewilligung vor ausreichender Realisierung des seitens der Beschwerdeführerin weder auszuführenden noch von ihr in seiner Ausführung beeinflußbaren Kanalisationsprojektes vollen Gebrauch zu machen, bedeutet in Wahrheit eine Umkehr der formell erteilten Bewilligung in eine Abweisung des Bewilligungsbegehrens, wofür indes das WRG. keine Handhabe bietet.

Eine im öffentlichen Interesse an der Reinhaltung des Wassers „unter entsprechenden Bedingungen" zu erteilende Bewilligung ist nur unter der Voraussetzung zulässig, daß die Beschwerdeführerin überhaupt in der Lage ist, die ihr zur Wahrung öffentlicher Interessen erteilten Aufträge zu erfüllen und hiedurch den Weg zur projektgemäßen Wasserbenützung freizumachen.

# Nr. 281: zu § 107 WRG.

VwGH. 26. Februar 1959, Zl. 3025/55; 14. September 1962, Zl. 731/62:

Die Präklusionsfolgen des § 42 Abs. 1 AVG. 1950 können nur die potentiellen Gegner eines bewilligungspflichtigen Vorhabens treffen, nicht aber diejenige Partei, von der das Vorhaben ausgeht. Der Abgabe einer formellen Zustimmungserklärung seitens des Bewilligungswerbers wohnt indes eine diesen bindende Kraft und die Bedeutung eines Anerkenntnisses in dem Sinne inne, daß die auf Kosten des eigenen Interesses des Bewilligungswerbers an das öffentliche Interesse oder den das Interesse anderer am Verfahren Beteiligter gemachten Zugeständnisse später nicht einmal mit der Begründung mehr zurückgezogen werden können, daß das freiwillig auf sich genommene nach dem Gesetz gegen seinen Willen nicht hätte auferlegt werden dürfen.

# Nr. 282: zu § 107 WRG. sowie § 69 AVG.

VwGH. 26. Juni 1959, Slg. N. F. Nr. 5008/A:

Ein dem technischen Amtssachverständigen bei der Erstellung eines Gutachtens im wr. Bewilligungsverfahren unterlaufenes Versehen kann der entscheidenden Behörde nicht als ein die amtswegige Wiederaufnahme ausschließendes Verschulden im Sinne des § 69 Abs. 1 lit. b AVG. angelastet werden.

# Nr. 283: zu §§ 107 und 26 WRG.

VwGH. 8. Oktober 1959, Slg. N. F. Nr. 5069/A:

Durch privatrechtliche Vereinbarungen kann das Mitspracherecht des benachbarten Grundeigentümers im wr. Bewilligungsverfahren weder eingeschränkt noch aufgehoben werden; solchen Vereinbarungen kommt nur im gerichtlichen Entschädigungsverfahren nach § 26 Bedeutung zu.

## Nr. 284: zu § 107 WRG.

VwGH. 21. Jänner 1960, Zl. 1154/59:

Die Einrichtung der mündlichen Verhandlung ist nicht allein dazu bestimmt, den objektiven Sachverhalt zu klären, sondern auch die Erörterung der im Spiele stehenden Interessen zu fördern und auch möglichst einen Ausgleich herbeizuführen.

## Nr. 285: zu §§ 107 und 133 WRG.

VwGH. 29. Juni 1960, Slg. N. F. Nr. 5331/A:

Ein unangesagter Augenschein kann in besonderen Fällen ein gebotenes Beweismittel sein, wenn zwischen konkret gehaltenen nachbarlichen Beschwerden und dem Ergebnis der anläßlich eines angekündigten Lokalaugenscheines getroffenen Feststellungen nichtaufgeklärte Widersprüche bestehen.

## Nr. 286: zu § 107 WRG. sowie § 42 AVG.

VwGH. 9. Feber 1961, Zl. 1593/59:

Ausschreibungs- und Verhandlungsgegenstand müssen sich decken.

## Nr. 287: zu §§ 107 und 29 WRG. sowie § 42 AVG.

VwGH. 23. Feber 1961, Zl. 2190/59; 14. September 1962, Zl. 731/62:

Keine Präklusion hinsichtlich angeordneter Löschungsvorkehrungen, wenn in der Verhandlungsausschreibung nur von der Feststellung des Erlöschens allein die Rede ist.

## Nr. 288: zu § 107 WRG.

VwGH. 2. Juni 1961, Zl. 1020/60:

Der Grundsatz der Amtswegigkeit befreit die Partei nicht von der Verpflichtung, zur Ermittlung des maßgeblichen Sachverhaltes nach Kräften selbst beizutragen und Verzögerungen des Verfahrens hintanzuhalten; daher ist die Verfahrensrüge einer im Verwaltungsverfahren untätig gebliebenen Partei im späteren Verwaltungsgerichtshofverfahren unberechtigt.

## Nr. 289: zu § 107 WRG.

VwGH. 7. Feber 1963, Zl. 169/62:

Für die Beurteilung chemischer und biologischer Fragen besitzt die Behörde nicht das erforderliche Fachwissen.

## Nr. 290: zu § 107 WRG.

VwGH. 12. September 1963, Slg. N. F. Nr. 6087/A:

1. Wird ein Vorhaben im Zuge des Verfahrens geändert, muß im Sinne des § 107 Abs. 1 eine neuerliche Verhandlung mit den Nachbarn durchgeführt werden.
2. Ein Nachbar, der im Verwaltungsverfahren nicht tätig geworden ist, kann den letztinstanzlichen Bescheid vor dem VwGH. nicht anfechten.

# Nr. 291: zu §§ 107, 12, 111 Abs. 4 und 41 WRG.

VwGH. 11. Feber 1965, Slg. N. F. Nr. 6589/A:

Die in mündlicher Verhandlung vom Grundeigentümer abgegebene Erklärung, der projektsgemäßen Einwirkung auf sein Grundeigentum gegen Gewährung einer Gegenleistung zuzustimmen, sowie die Annahme dieser Erklärung durch den Projektsherrn, berechtigt die Wasserrechtsbehörde zu dem Schluß, daß insoferne eine projektsbedingte Verletzung eines Eigentumsrechtes nicht gegeben ist.

# Nr. 292: zu § 107 WRG.

VwGH. 11. März 1965, Zl. 1494/64:

Die Teilung eines Projektes in ein Haupt- und in ein Detailprojekt kann nicht erst im Verfahren über letzteres bekämpft werden.

# Nr. 293: zu § 107 WRG.

VwGH. 9. Dezember 1965, Slg. N. F. Nr. 6821/A:

Zieht ein Projektswerber eine in mündlicher Verhandlung zur Vermeidung der Beeinträchtigung fremder Rechte hinsichtlich der Projektsausführung gegebene Zusage zurück, dann liegt eine Änderung des verhandelten Projektes und damit die Notwendigkeit vor, die Verhandlung insoweit zu wiederholen.

# Nr. 294: zu § 107 WRG.

VwGH. 17. Feber 1966, Zl. 1120/65:

Wurde der für die Entscheidung maßgebende Sachverhalt in einem anderen bereits abgeschlossenen Verwaltungsverfahren festgestellt, ist die Wasserrechtsbehörde nicht verpflichtet, neuerlich Erhebungen in dieser Richtung durchzuführen, es sei denn, eine Partei kann ihre Bedenken dagegen durch ein gegenteiliges Sachverständigengutachten begründen.

# Nr. 295: zu §§ 107 WRG. und § 53 AVG.

VwGH. 16. März 1967, Zl. 1638/66:

Die ständige oder auch nur häufige Abgabe von Gutachten gegen Bezahlung für eine Partei des Verwaltungsverfahrens ist allenfalls geeignet, einen Ablehnungsgrund darzustellen.

# Nr. 296: zu § 107 WRG.

VwGH. 12. Oktober 1967, Zl. 567/67:

Wird nach Durchführung einer mündlichen Bewilligungsverhandlung ein Gesuch zurückgezogen und ein neues eingebracht, so ist von der Wasserrechtsbehörde eine neue mündliche Verhandlung durchzuführen, auch unabhängig vom Vorliegen einer Projektsänderung.

# Nr. 297: zu §§ 107, 26 und 102 WRG.

VwGH. 18. Jänner 1968, Zl. 1823/67:

Einer im Bewilligungsverfahren übergangenen Partei steht nur der im § 26 aufgezeigte Weg offen, den Ersatz eines Schadens im ordentlichen Rechtsweg zu begehren.

# Nr. 298: zu § 107 WRG. sowie §§ 45 und 52 AVG.

VwGH. 11. September 1968, Zl. 71/68:

1. Die Behörde handelt durchaus rechtmäßig, wenn sie sich mangels „nachweisbarer ausreichender fachlicher Qualifikation" einer Partei nicht in der Lage sieht, deren Aussagen für eine kritische Auseinandersetzung mit einem eingeholten, an sich umfassenden und schlüssigem Sachverständigengutachten zu verwerten.

2. Wenn sich die Ausführungen einer Partei in der bloßen Darstellung ihrer persönlichen Auffassung des Falles und im Versuch, die Qualifikation des beigezogenen Sachverständigen in Zweifel zu ziehen, erschöpfen, ohne jedoch ein eigenes Gegengutachten beizubringen, so wird dadurch der Beweiswert des vorliegenden an sich nicht in Frage gestellt.

# Nr. 299: zu §§ 108 und 105 WRG.

VwGH. 24. Feber 1966, Zl. 1229/65:

Die Beiziehung von Behörden und Fachkörperschaften zur Wahrung öffentlicher Interessen kann eine Verfahrenspartei mit Erfolg nicht geltend machen.

# Nr. 300: zu §§ 109, 17, 100 und 111 WRG.

VwGH. 24. November 1960, Zl. 1077/59:

Um einem entgegenstehenden Wasserbauvorhaben Dritter ein Wasserrecht entgegensetzen zu können, muß ein bevorzugter Wasserbau wenigstens die wr. Genehmigung für ein generelles Projekt aufweisen.

Gegenüber der früheren Rechtslage ist jedoch insofern eine Änderung eingetreten, als nunmehr auch Bauvorhaben bevorzugt erklärter Wasserbauten ausdrücklich als Bewerbungen im Sinne von § 109 Abs. 1 und 2 WRG. gelten und damit im Widerstreitverfahren einzubeziehen sind.

# Nr. 301: zu §§ 111 Abs. 1, 60 und 117 WRG.

VwGH. 8. Mai 1958, Slg. N. F. Nr. 4663/A:

Die Wasserrechtsbehörden sind nicht berechtigt, außerhalb des Falles bescheidmäßiger Begründung von Zwangsrechten unter Berufung auf § 117 über Entschädigungsleistungen für die Verletzung (Beschränkung) bestehender Wasserbenutzungsrechte abzusprechen oder einen solchen Abspruch der Erledigung durch einen Nachtragsbescheid vorzubehalten.

# Nr. 302: zu §§ 111 Abs. 1, 100 und 114 WRG.

VwGH. 18. Dezember 1958, Slg. N. F. Nr. 4837/A:

Rechtsnatur eines wr. „vorläufigen" Bewilligungsbescheides.

# Nr. 303: zu § 111 Abs. 1, 12, 60 und 117 WRG.

VwGH. 29. Jänner 1959, Slg. N. F. Nr. 4858/A:

Eine wr. Bewilligung kann nur dann erteilt werden, wenn zumindestens feststeht, daß die gesetzlichen Voraussetzungen für die Zulässigkeit einer allenfalls erforderlichen Enteignung des Wasserbenutzungsrechtes eines Dritten gegeben sind, der Abspruch hierüber darf nicht einem späteren Verfahren vorbehalten werden; letzteres ist aber selbst hinsichtlich der Entscheidung über die genaue Festlegung des Zwangsrechtes und die dafür zu leistende Entschädigung nur bei konkreter Verwehrung einer gleichzeitigen Erledigung zulässig.

## Nr. 304: zu § 111 Abs. 1 WRG.

VwGH. 29. September 1959, Slg. N. F. Nr. 5057/A:

Bei den öffentlichen Interessen, die die sofortige Vollstreckung eines Bescheides gebieten, muß es sich um solche handeln, deren Verletzung konkret vorstellbare schädliche Auswirkungen mit sich bringen kann.

## Nr. 305: zu § 111 Abs. 1 WRG.

VwGH. 22. Dezember 1959, Slg. N. F. Nr. 5156/A:

Die Genehmigung einer Betriebsanlage unter dem Vorbehalt weiterer Anordnungen (unter Beifügung der sogenannten Vorbehaltsklausel) ohne Einverständnis des Betroffenen ist rechtswidig.

## Nr. 306: zu § 111 Abs. 1 WRG.

VwGH. 10. März 1960, Zl. 2127/58:

Das Maß der zur Benützung kommenden Wassermenge ist, soweit tunlich, auch ziffernmäßig durch Festsetzung des zulässigen Höchstausmaßes zu begrenzen.

## Nr. 307: zu § 111 Abs. 1 WRG.

VwGH. 25. November 1960, Slg. N. F. Nr. 5431/A:

Eine Verpflichtung zur Durchführung der sich auf Grund eines erst zu erstellenden Gutachtens als notwendig erweisenden Maßnahmen ist mangels erforderlicher Bestimmtheit und damit Vollstreckbarkeit rechtlich nicht möglich. Außerdem würde hiedurch dem Sachverständigen die Befugnis eingeräumt, den Inhalt des hoheitlichen Auftrages festzulegen, was allein der Behörde zukommt.

## Nr. 308: zu §§ 111 und 105 WRG.

VwGH. 14. März 1961, Zl. 991/59:

Die an sich gebotene Bedachtnahme auf die Interessen der Gewerbetreibenden darf nicht dazu führen, daß der Schutz der Anrainer vor unzulässigen Immissionen vernachlässigt werde. Der Behörde kann es somit nicht verwehrt sein, auch wirtschaftlich beeinträchtigende Auflagen vorzuschreiben, wenn sie im Interesse des Anrainerschutzes erforderlich sind.

## Nr. 309: zu §§ 111 Abs. 1 und 34 WRG. sowie § 38 AVG.

VwGH. 26. Oktober 1961, Zl. 26/61:

Die Frage der Festsetzung eines Schutzgebietes nach dem WRG. ist keine Vorfrage im Verfahren wegen Erteilung einer Widmungs- und Baubewilligung nach der Grazer Bauordnung.

## Nr. 310: zu §§ 111 Abs. 1 und 12 WRG.

VwGH. 22. März 1962, Zl. 640/61:

Hat die Wasserrechtsbehörde bestimmte Entwässerungsmaßnahmen zu beurteilen, so handelt es sich auch dann um ein einheitliches Verfahren, wenn in der zweiten Instanz nicht mehr von einem natürlichen Graben, sondern von einem Rohrkanal die Rede ist und die auferlegten Maßnahmen demnach von jenen der ersten Instanz abweichen.

## Nr. 311: zu §§ 111 Abs. 1 und 12 WRG.

VwGH. 17. Mai 1962, Slg. N. F. Nr. 5803/A:

Bei der Bewilligung einer Wasserbenutzung können entgegenstehende Wasserrechte Dritter nur insoweit berücksichtigt werden, als sich eine Verletzung dieser Rechte aus der projektsmäßigen Wasserbenützung des Bewilligungswerbers ergeben muß. Auf unvorhergesehene und außerhalb der Projektsabsichten gelegene Fälle an sich möglicher Beeinträchtigungen der Rechte Dritter kann daher nicht Bedacht genommen werden.

## Nr. 312: zu § 111 WRG.

VerfGH. 29. Juni 1962, B 376/61:

Ein Bescheid, der nichts anderes verfügt als die Herstellung des der Rechtsanschauung des VwGH. entsprechenden Rechtszustandes, ist vor dem VerfGH. unanfechtbar. Denn die gegen ihn erhobene Beschwerde ist ja in Wahrheit gegen das ihm vorangegangene VwGH.-Erk. selbst gerichtet. Es widerspräche der von einem Erk. des VwGH. ausgehenden bindenden Wirkung, wollte der VerfGH. später die Zuständigkeitsfrage selbständig entscheiden.

## Nr. 313: zu §§ 111 Abs. 1, 12 und 117 WRG.

VwGH. 11. Oktober 1962, Zl. 651/62:

Hält die Wasserrechtsbehörde die Verletzung (Beschränkung) eines bestehenden Wasserbenutzungsrechtes durch eine bewilligte Wasserentnahme für möglich, darf sie, ohne das dem verliehenen Wasserbenutzungsrecht entgegenstehende Recht zu enteignen, über eine dem Inhaber des bestehenden Wasserbenutzungsrechtes zu leistende Entschädigung nicht entscheiden.

## Nr. 314: zu § 111 WRG. und § 73 AVG.

VwGH. 27. Juni 1963, Zl. 514/63:

Ein ausschließliches behördliches Verschulden im Sinne des § 73 AVG. liegt nicht vor, wenn ein Bewilligungswerber die Einreichung eines geänderten Projektes in Aussicht stellt.

## Nr. 315: zu §§ 111 Abs. 1 und 107 WRG.

VwGH. 4. Juli 1963, Zl. 63/63:

Entspricht das Vorhaben auch nur in einem Punkt nicht den gesetzlichen Bestimmungen, so ist der Bauwerber bei der Verhandlung darauf hinzuweisen, und ihm nahezulegen, das Bauansuchen entsprechend abzuändern. Verweigert er dies, dann muß das ganze Baubegehren als grundsätzlich unteilbares Ganzes abgelehnt werden.

VerfGH. 14. Oktober 1963, B 522/62;
VwGH. 1. Dezember 1960, Zl. 366/60:

**Die Parteien sind nicht nur dann berechtigt, die bescheidmäßige Feststellung strittiger Rechtsverhältnisse zu begehren, wenn derartige Feststellungsbescheide im Gesetz ausdrücklich vorgesehen sind, sondern auch immer dann, wenn der Becheid im Einzelfalle notwendiges Mittel der Rechtsverteidigung ist.**

# Nr. 317: zu §§ 111 Abs. 1, 12, 60 und 107 WRG.

VwGH. 7. November 1963, Slg. N. F. Nr. 6144/A:

**Die Einwendung, einer projektsgemäßen Beanspruchung von Grund und Boden nicht zuzustimmen, hat zur Folge, daß die beantragte wr. Bewilligung nur erteilt werden kann, wenn sich der Grundeigentümer mit dem Bewilligungswerber über den beabsichtigten Eingriff und die dafür zu leistende Entschädigung geeinigt hat oder wenn ein entsprechendes Zwangsrecht begründet worden ist (ausgenommen die Fälle nach § 111 Abs. 4).**

„Es ist der belangten Behörde nun allerdings beizupflichten, wenn sie angenommen hat, daß der Beschwerdeführer gegen das Projekt ‚keine begründeten Einwände' erhoben habe. Denn die Erklärung allein, dem Projekt und der Inanspruchnahme des Grundeigentumes nicht zuzustimmen, sagt nicht aus, aus welchen Gründen sich der Beschwerdeführer gegen das Projekt stellt und was er daher dagegen ‚einzuwenden' hat. Eine taugliche Einwendung hätte doch wohl etwa zum Ausdruck bringen müssen, daß die Anlage nicht oder nicht in solcher Art über das Grundeigentum des Beschwerdeführers geführt werden müsse und in anderer Weise ebenso zweckmäßig ausgeführt werden könne. Die bloße Weigerung aber, der Anlagenführung in der geplanten Art zuzustimmen, konnte nur auf die Tatsache hinweisen, daß eine gütliche Einigung über die geplanten Eingriffe in Grund und Boden zwischen der mitbeteiligten Partei und dem Beschwerdeführer nicht möglich sei und daß es daher — sollte die beantragte Bewilligung in dieser Richtung nicht versagt werden müssen — eines Zwangsrechtes bedürfe, um die derart verweigerte Zustimmung zu ersetzen . . . Was die belangte Behörde aber nach dem Vorgesagten nicht beachtet hat, sind die zwingenden Vorschriften des § 12 Abs. 1 und 2. Sie durfte nämlich die Bewilligung, das Projekt unter Inanspruchnahme der Grundstücke des Beschwerdeführers auszuführen, nach diesen Bestimmungen nur dann erteilen, wenn damit keine ungerechtfertigte Verletzung dieses Grundeigentumes verbunden war, d. h., wenn der Beschwerdeführer sich mit der mitbeteiligten Partei über den Eingriff u n d die dafür zu leistende Entschädigung geeinigt hatte oder wenn ein entsprechendes Zwangsrecht begründet wurde (§ 60 Abs. 1 und 2). Konnte ein Zwangsrecht nicht sofort bescheidmäßig festgelegt werden, dann durfte seine Begründung gemäß § 111 Abs. 1 ausnahmsweise einem gesonderten Bescheid vorbehalten werden, was hier aber nicht geschehen ist. (Ein Fall nach § 111 Abs. 4 WRG. 1959 lag hier offensichtlich nicht vor.) Die belangte Behörde hat also augenscheinlich übersehen, daß selbst eine uneingeschränkte Zustimmung des Beschwerdeführers zum Projekt noch nicht die Aufgabe oder Einschränkung des Eigentumsrechtes des Beschwerdeführers in sich hätte schließen können und daher mit der wr. Bewilligung allein noch nicht die Ermächtigung der mitbeteiligten Partei verbunden sein konnte, dieses fremde Eigentum für ihre Zwecke in Anspruch zu nehmen."

## Nr. 318: zu § 111 WRG.

VwGH. 11. Oktober 1968, Zl. 216/68:

Reine Bewilligungsbescheide sind nicht vollstreckbar.

## Nr. 319: zu § 111 Abs. 1 WRG.

VwGH. 22. September 1966, Zl. 394/66:

Der Ausspruch über die Begründung von Zwangsrechten darf nur dann einem gesonderten Bescheid vorbehalten werden, wenn hiefür Ermittlungen vonnöten sind, die im Rahmen der sonstigen Projektsverhandlung nicht gewonnen werden konnten.

## Nr. 320: zu § 111 Abs. 1 und 3 WRG.

VwGH. 21. Jänner 1959, Zl. 626/56:

Eine auf einem privat-rechtlichen Vertrag beruhende Verbindlichkeit kann dadurch zu einer öffentlich-rechtlichen Verpflichtung werden, daß sie auch in den Spruch des Bescheides aufgenommen wird.

## Nr. 321: zu § 111 Abs. 3. WRG.

OGH. 6. September 1961, 6 Ob 258/61, ÖJZ. 1961, S. 573:

Die Einigung über alle wesentlichen Bestimmungen und selbst über alle Nebenpunkte eines Vertrages erzeugt noch keine Verbindlichkeit, solange nicht die ausdrückliche oder nach redlicher Verkehrsübung anzunehmende stillschweigende endgültige Erklärung der Verhandlungspartner hinzutritt, unter den bisher vereinbarten Bedingungen abschließen zu wollen.

## Nr. 322: zu § 111 Abs. 3 WRG.

VwGH. 28. September 1961, Slg. N. F. Nr. 5628/A:

Ein zwischen dem Antragsteller (Projektswerber) und dem an einer Quelle auf Grund eines Privatrechtstitels Nutzungsberechtigten abgeschlossenes und von der Wasserrechtsbehörde beurkundetes Übereinkommen ist ein Übereinkommen im Sinne des § 111 Abs. 3, über dessen Auslegung und Rechtswirkungen im Streitfall die Wasserrechtsbehörden zu entscheiden haben.

## Nr. 323: zu §§ 111 Abs. 3 und 9 WRG.

OGH. 21. März 1962, SZ. XXXV 36:

Die Rückzahlung eines Betrages auf Grund stillschweigender Aufhebung einer zwischen den Parteien geschlossenen und von der Wasserrechtsbehörde genehmigten Vereinbarung ist im ordentlichen Rechtsweg geltend zu machen.

## Nr. 324: zu § 111 Abs. 3 WRG.

VwGH. 24. Jänner 1963, Zl. 2304/61:

1. Hat die Wasserrechtsbehörde den Inhalt einer in der wr. Verhandlung getroffenen privatrechtlichen Vereinbarung, statt sie zu beurkunden, in einen der Rechtskraft und damit auch der Vollstreckbarkeit fähigen Bescheidspruch trans-

formiert, so kann keine Auslegung als Vertrag mehr Platz greifen, weil dann bereits ein Gebot öffentlich-rechtlichen Charakters vorliegt.

2. Strompreise im Zusammenhang mit einer Änderung der Währungsverhältnisse.

## Nr. 325: zu § 111 Abs. 3 WRG.

OGH. 6. Feber 1963, 1 Ob 255/62:

Unzulässigkeit des Rechtsweges für Ansprüche aus einem vor der Wasserrechtsbehörde abgeschlossenen Vergleich über die Eintragung bereits bestehender Wasserbezugsrechte aus einem Privatgewässer (Viehtränke).

## Nr. 326: zu §§ 111 Abs. 3 und 117 WRG.

VwGH. 4. April 1963, Zl. 596/62:

Nach Abschluß eines Übereinkommens kann über neue Entschädigungsforderungen nicht abgesprochen werden, wenn kein Zwangsrecht begründet wurde. Enthält ein Übereinkommen Leistungen und Gegenleistungen, dann kann bei neu hervorgekommenen Tatsachen nicht mehr die Frage der Höhe der Leistungen bzw. Gegenleistungen an Hand des Übereinkommens im Wege der Auslegung beurteilt werden, da das Übereinkommen auf diese Tatsache offenkundig nicht Bedacht genommen hat.

## Nr. 327: zu § 111 Abs. 3 WRG.

VwGH. 5. November 1964, Slg. N. F. Nr. 6477/A:

Durch die Beurkundung der im Zuge eines wr. Verfahrens getroffenen Übereinkommen im Bewilligungsbescheid werden auch dann im öffentlich-rechtlichen Bereich Rechte weder begründet noch festgestellt noch abgeändert, wenn die Beurkundung in den Spruch des Bescheides aufgenommen wird.  .

## Nr. 238: zu § 111 Abs. 3 WRG.

VwGH. 9. Dezember 1965, Slg. N. F. Nr. 6821/A:

Ein im Sinne des § 111 Abs. 3 beurkundungspflichtiges Übereinkommen liegt nur dann vor, wenn von den betreffenden Parteien festgelegt und formuliert worden ist, wie ihr Übereinkommen wörtlich lauten soll. Die niederschriftliche Wiedergabe von Parteienerklärungen nach ihrem wesentlichen Inhalt (§ 14 AVG. 1950) vermag eine solche Formulierung bzw. ein beurkundungsfähiges Übereinkommen nicht darzustellen, da der Behörde nur die Beurkundung des ihr im vollen Wortlaut mitgeteilten Übereinkommens zukommen kann.

## Nr. 329: zu § 111 Abs. 3 WRG.

VerfGH. 6. März 1967, K I-2/66:

Zur Entscheidung über im Wasserrechtsbescheid beurkundete Übereinkommen sind die ordentlichen Gerichte dann berufen, wenn die Parteivereinbarung kein öffentlich-rechtlicher Akt ist. Öffentlich-rechtlicher Natur kann ein als „Parteivereinbarung" bezeichneter Akt aber nur sein, wenn ihm kraft gesetzlicher Vorschrift ein solcher Charakter zukommt.

## Nr. 330: zu § 111 Abs. 3 WRG.

VwGH. 4. Oktober 1968, Zl. 248/68:

Bei der Auslegung eines Übereinkommens nach Abs. 3 ist Aufgabe der Behörde die Erforschung des Vertragsinhaltes im Sinne des § 914 ABGB. Es kommt daher nicht in erster Linie darauf an, was aus dem Titel der Entschädigung für den Entzug des Wasserrechtes gerechtfertigt erscheint.

## Nr. 331: zu §§ 112 und 27 WRG.

VwGH. 2. Mai 1963, Slg. N. F. Nr. 6023/A:

Die Nichteinhaltung der Bauvollendungsfrist hat die Wirkung, daß die wr. Bewilligung (das Wasserbenutzungsrecht) erlischt. Sie kann nicht als Nichteinhaltung einer in einem Bescheid der Wasserrechtsbehörde getroffenen Anordnung im Sinne des § 137 Abs. 1 angesehen werden.

## Nr. 332: zu §§ 112, 102 und 107 WRG.

VwGH. 10. März 1966, Zl. 1419/65:

Die Ermächtigungsvorschrift des § 112 Abs. 5 gewährt den übrigen Verfahrensparteien keinen Rechtsanspruch auf Anwendung durch die Behörde. Mit der Rechtskraft des Bewilligungsbescheides ist die Möglichkeit zur Mitwirkung an der Gestaltung der wr. Bewilligung abgeschlossen.

„Auszugehen ist von der Tatsache, daß das Bewilligungsverfahren für die Änderung der Anlage der mitbeteiligten Partei rechtskräftig abgeschlossen worden ist. Gleichgültig, ob die Beschwerdeführerin anläßlich ihrer durch die Vorschrift des § 102 Abs. 1 lit. b gebotenen Zuziehung zu diesem Verfahren beachtliche Einwendungen hätte vorbringen können oder nicht, steht ihr als übergangener Partei jedenfalls nur mehr der im § 26 aufgezeigte Weg frei, den Ersatz eines Schadens der dort näher charakterisierten Art im ordentlichen Rechtswege zu begehren, weil ja angesichts der Bestimmung des § 107 Abs. 2 der Bewilligungsbescheid auch gegenüber einer übergangenen Partei Rechtskraftwirkungen zu äußern fähig ist (vgl. hiezu das VerfGH. Erk. vom 12. Oktober 1957, Slg. Nummer 3246).

Die Beschwerdeführerin wurde ausschließlich dadurch in die Lage versetzt, die Frage einer allfälligen Befristung des Wasserrechtes der mitbeteiligten Partei im Verwaltungsweg aufzurollen, daß die BH. ihr den Feststellungsbescheid zustellte, in dem festgehalten wurde, daß das fragliche Wasserrecht auch weiterhin als unbefristet zu gelten habe. Diese Feststellung gründete sich auf die Vorschrift des § 112 Abs. 5 wonach u. a. die Bestimmung einer nach § 21 Abs. 2 zu setzenden Frist durch entsprechende Ergänzung des Bewilligungsbescheides jederzeit nachgeholt werden kann. Diese den sonst geltenden Grundsatz der materiellen Rechtskraft durchbrechende bloße Ermächtigungsvorschrift gewährt indes keineswegs den übrigen Verfahrensparteien einen entsprechenden Rechtsanspruch auf Anwendung durch die Behörde. Für sie ist die Möglichkeit zur Mitwirkung an der Gestaltung einer wr. Bewilligung mit der Rechtskraft des Bewilligungsbescheides abgeschlossen bzw. im Falle der Übergehung als Partei nur der Weg nach § 26 gewiesen."

## Nr. 333: zu § 112 WRG.

VwGH. 14. September 1967, Zl. 852/67:

Im Verfahren über Baufristen kommt ausschließlich dem Konsenswerber Parteistellung zu.

„Gleichgültig, aus welchem Rechtsgrunde der Beschwerdeführerin die Parteistellung im gegenständlichen wr. Verfahren bisher zuerkannt worden sein mag, steht jedenfalls fest, daß ihr Mitspracherecht — selbst, wenn ihr ein solches nach Lage der Dinge zugekommen war — mit der Rechtskraft der Bewilligung zur Ausführung bzw. Änderung der gegenständlichen Wasserversorgungsanlage sein Ende gefunden hatte. Die Vorschreibung einer Baubeginns- oder Bauvollendungsfrist ist, worauf der VwGH. bereits in seinem Erk. vom 2. Mai 1963, Zl. 1893/62, hingewiesen hat, nicht etwa als Auflage zur erteilten Bewilligung und damit auch nicht als eine Vorschreibung zu werten, an deren Zustandekommen oder an deren Abänderung anderen Parteien des wr. Verfahrens als dem Bewilligungswerber ein rechtliches Interesse zukommen könnte. Die Auferlegung oder auch Verlängerung dieser Fristen ist vielmehr nach § 112 Abs. 1 z u g l e i c h mit der Bewilligung, d. h. als ein dem eigentlichen Bewilligungsverfahren nicht zuzurechnender Rechtsakt zu setzen, auf dessen Gestaltung mit Ausnahme des Bewilligungswerbers mangels einer dahinweisenden positiven Bestimmung des WRG. niemandem ein rechtliches Interesse zusteht.“

## Nr. 334: zu § 113 WRG.

VwGH. 26. Jänner 1960, Slg. N. F. Nr. 5182/A; 26. November 1964, Zl. 1504/64:

1. Auf den Zivilrechtsweg verwiesen werden können nur jene Einwendungen, die die Verletzung eines subjektiven, aus der Privatrechtsordnung erfließenden Rechtes behaupten.

2. Hinsichtlich privatrechtlicher Einwendungen unterliegt die Ausführung des Unternehmens jedenfalls allen Beschränkungen, die sich diesfalls aus den Vorschriften des bürgerlichen Rechtes und aus jenen über das gerichtliche Verfahren in bürgerlichen Rechtsstreitigkeiten ergeben.

## Nr. 335: zu §§ 113 und 12 WRG.

VwGH. 14. November 1962, Zl. 791/61:

Eine öffentlich-rechtliche Einwendung liegt nicht erst dann vor, wenn deren nähere rechtliche Untersuchung ergibt, daß tatsächlich ein subjektiv-öffentliches Recht verletzt worden ist, sondern bereits, wenn die Verletzung eines derartigen Rechtes b e h a u p t e t wird.

## Nr. 336: zu §§ 114, 100 und 115 WRG.

VwGH. 18. Dezember 1958, Zl. 694/57; 14. Jänner 1960, Zl. 2552/59, 24. November 1960, Zl. 1077/59:

1. Durch die Erklärung zum bevorzugten Wasserbau selbst kann noch niemand in seinen Rechten als verletzt angesehen werden.

2. Der bescheidmäßigen Erklärung zum bevorzugten Wasserbau kommt kein anderes Rechtsgehalt zu als die Festlegung einer bestimmten Verfahrensweise für das künftige wr. Bewilligungsverfahren.

## Nr. 337: zu §§ 115, 17 und 109 WRG.

VwGH. 28. März 1963, Zl. 1667/62 und 146/63:

Die bevorzugte Wasserbauten betreffenden Bestimmungen kommen im Falle eines Widerstreites erst dann zum Tragen, wenn das Widerstreitverfahren zugunsten des bevorzugten Wasserbaus geendet hat.

Nr. 338: zu § 115 WRG.

VwGH. 27. März 1968, Zl. 1824/67:

**Begriff „Beteiligter" und „wesentliche Erschwerung".**

„Die Bestimmungen des § 115 sind in mehrfacher Hinsicht bemerkenswert. Während im Abs. 1 der Grundsatz aufgestellt ist, daß bei einem zum bevorzugten Wasserbau erklärten Vorhaben den hiedurch berührten Dritten nur ein Anspruch auf angemessene Entschädigung zusteht, räumt Abs. 2 ‚den Beteiligten' das Recht ein, Abänderungen oder Ergänzungen des Entwurfes zu verlangen. Diesem Verlangen ist nach dem Wortlaut des Gesetzes Rechnung zu tragen, wenn durch die begehrten Abänderungen und Ergänzungen des Entwurfes das Bauvorhaben nicht wesentlich erschwert oder eingeschränkt wird. Die Verwendung des Wortes ‚Beteiligter' in dieser Gesetzesstelle ist aus folgenden Erwägungen mißverständlich. Beteiligter ist seit dem Inkrafttreten der Verwaltungsverfahrensgesetze des Jahres 1925 ein fest umrissener Begriff. Beteiligter ist jeder, der die Tätigkeit der Behörde in Anspruch nimmt, oder auf den sich die Tätigkeit der Behörde bezieht, ohne daß er an diesem Verfahren zufolge eines Rechtsanspruches oder eines rechtlichen Interesses teilzunehmen berechtigt ist. Erst in letzterem Falle wird nämlich der Beteiligte zur Partei des Verfahrens (§ 8 AVG.). In diesem Sinne wird der Begriff des Beteiligten auch im § 102 Abs. 3 bis 5 WRG. verwendet. Wenn aber, wie im Falle des § 115 Abs. 2 einem Beteiligten das Recht eingeräumt ist, von der Behörde zu verlangen, daß sie ein Vorhaben nur dann wr. bewilligt, wenn es entsprechend den gestellten Anträgen abgeändert oder ergänzt wird, sofern diesen Anträgen kein im Gesetz vorgesehenes Hindernis entgegensteht, handelt es sich nicht mehr um einen Beteiligten, sondern um eine Partei des Verfahrens. Der VwGH. ist daher der Meinung, daß im § 115 Abs. 2 unter den dort angeführten Beteiligten die ‚Dritten' zu verstehen sind, von denen im Abs. 1 dieser Gesetzesstelle die Rede ist. Es sind dies diejenigen Personen, deren Rechte (§ 12 Abs. 2) durch das Vorhaben berührt werden. Bei dieser Auslegung des Gesetzes ist der Beschwerdeführer ‚Beteiligter' im Sinne des § 115 Abs. 2, weil bei der Verwirklichung des Vorhabens in seinem Eigentum stehende Grundflächen in Anspruch genommen werden. Die Rechtmäßigkeit des angefochtenen Bescheides ist daher davon abhängig, ob die belangte Behörde auf Grund eines ordnungsgemäß durchgeführten Ermittlungsverfahrens zu dem Ergebnis gelangen konnte, daß das Begehren des Beschwerdeführers nach Abänderung des Entwurfes im Bereiche seiner Liegenschaften (eine Ergänzung kommt hier nicht in Frage) das Vorhaben wesentlich erschweren oder einschränken würde.

Zur Beantwortung dieser Frage hat sich die belangte Behörde der Mitwirkung eines amtlichen Sachverständigen bedient. Dieser hat das im angefochtenen Bescheid in seinen wesentlichen Teilen im Wortlaut wiedergegebene Gutachten erstattet. Auf Grund dieses Gutachtens ist die belangte Behörde zu dem Ergebnis gelangt, daß die vom Beschwerdeführer begehrte Änderung das Bauvorhaben wesentlich erschweren würde. Für eine solche Schlußfolgerung reicht aber das Gutachten nicht aus. Wie im Sachverhalt dargestellt, mündet das Gutachten in die Feststellung aus, daß die vom Beschwerdeführer begehrte Trassenänderung mit einer vermehrten Grundinanspruchnahme verbunden wäre, und daher abgelehnt werden müsse, weil sie wohl für den einzelnen eine geringere, für die Gesamtheit aber eine vermehrte Preisgabe von Kulturgründen mit sich bringen würde. Damit ist aber das Vorliegen der angeführten gesetzlichen Voraussetzungen nicht hinlänglich nachgewiesen. Unter einer wesentlichen Erschwerung eines Vorhabens im Sinne der mehrfach angeführten Gesetzesstelle kann wohl nur verstanden werden, daß bei Berücksichtigung der vorgeschlagenen Änderung der angestrebte Zweck des

Vorhabens nur mit erheblich größeren Aufwendungen erreicht werden könnte. Die belangte Behörde hätte daher den Sachverständigen auffordern müssen, sein Gutachten in dieser Hinsicht zu ergänzen. Da sie dies unterlassen hat, ist der Sachverhalt ergänzungsbedürftig geblieben."

## Nr. 339: zu § 117 WRG.

VwGH. 6. März 1958, Slg. N. F. Nr. 4596/A; 11. Oktober 1962, Slg. N. F. Nr. 5884/A; 31. Jänner 1963, Slg. N. F. Nr. 5954/A; 6. März 1965, Zl. 1946/64:

**1. Die Wasserrechtsbehörde ist nicht berufen, den Gegenwert der für einen Wasserbau beanspruchten Liegenschaften zu bestimmen, hinsichtlich welcher Zwangsrechte nicht begründet worden sind.**
**2. Der Anspruch auf Entschädigung ist unmittelbare Rechtsfolge des Enteignungsaktes.**

## Nr. 340: zu § 117 WRG.

VwGH. 3. März 1960, Slg. N. F. Nr. 5228/A;
OGH. 23. November 1966, 7 Ob 106/66:

**Bei der Festsetzung der „angemessenen Entschädigung" im Sinne des § 117 ist ein den Ertragswert eines landwirtschaftlich genutzten Grundstückes übersteigender Verkehrswert zu berücksichtigen, wenn das Grundstück infolge Grundarmut einer Gemeinde als Bauerwartungsland anzusehen ist.**

„Zu ersetzen ist nach Lehre und Rechtsprechung (vgl. Klang, Kommentar zum ABGB., zweite Auflage, 2. Band, S. 195) n i c h t   n u r   d e r   E r t r a g s - w e r t ,   s o n d e r n   d e r   d i e s e n   ü b e r s t e i g e n d e   V e r k e h r s w e r t (außerordentlicher Wert des besonderen Interesses), n i c h t   a b e r   d e r   W e r t d e r   b e s o n d e r e n   V o r l i e b e   (§ 7 Abs. 2 des Eisenbahn-Enteignungs- gesetzes) . . .

Nun ist es zweifellos richtig, daß nicht jedes der Landwirtschaft dienende Grundstück, das theoretisch verbaut werden könnte, schon deshalb als Bauerwar- tungsland anzusehen und dementsprechend zu bewerten ist. Allein der Verkehrs- wert eines landwirtschaftlichen Grundstückes wird dann höher zu veranschlagen sein als sein Nutzungswert, von dem der Sachverständige in seinem Gutachten offenbar allein ausgegangen ist, wenn an einem Ort, wie dies vorliegend der Fall zu sein scheint und auch von der belangten Behörde anerkannt wird, Mangel an für die Verbauung geeigneten Grundstücken herrscht."

## Nr. 341: zu § 117 WRG.

VwGH. 9. März 1961, Slg. N. F. Nr. 5520/A; 27. Feber 1964, Zl. 353/63;
OGH. 27. April 1965, 8 Ob 107/65:

**1. Bei Enteignungsmaßnahmen nach dem WRG. ist dem betroffenen Grund- besitzer nicht der Ertragswert, sondern der Verkehrswert zu ersetzen.**
**2. Der Verkehrswert ist jener Wert, der für Grundstücke ähnlicher Lage und Beschaffenheit zum Zeitpunkt der Enteignung geboten wurde.**

„Wenn § 117 Abs. 1 davon handelt, daß die Wasserrechtsbehörde bei der Festsetzung von Entschädigungsleistungen zu prüfen habe, ob Sach- oder Geld- leistungen aufzuerlegen seien, dann ist dazu festzustellen, daß das Gesetz Bestim- mungen über die dabei zu beachtenden Gesichtspunkte nicht enthält und damit der Behörde die Entscheidung zu freiem Ermessen überläßt. Solche Entscheidungen kann der VwGH. nur dahin überprüfen, ob die Ermessensübung auf einem mängelfreien Verfahren beruhe und dem Sinne des Gesetzes entspreche. Beides ist hier der Fall. Denn das Sachverständigengutachten bot hiefür eine ausreichende Grundlage, während es dem Sinne des Gesetzes (§§ 60 ff. WRG.) entspricht, die Wahl zwischen den beiden Entschädigungsmöglichkeiten nach dem Grundsatz einer im Falle von Enteignungen stets zu vermeidenden unbilligen Härte zu treffen ...

Was allerdings die Festsetzung der Geldentschädigung betrifft, so sind die Beschwerdeführer im Recht, wenn sie der belangten Behörde anlasten, ihre in dieser Richtung getroffene Entscheidung auf einem mangelhaften Ermittlungsverfahren aufgebaut zu haben:

Zunächst geht aus dem Schätzungsgutachten des landwirtschaftlichen Sachverständigen nicht einwandfrei hervor, auf welcher Grundlage es erstellt worden ist. Soweit es davon handelt, daß die als Ackergrundstücke zu beurteilenden Grundflächen Hektarerträgnisse bis zu S 6.000,— abwerfen, und demgemäß offenbar auf den Ertragswert abzielt, ist dem entgegenzuhalten, daß das Wasserbauunternehmen gemäß § 118 bzw. nach den sinngemäß anzuwendenden Vorschriften der §§ 4 bis 7 des Eisenbahnenteignungsgesetzes 1954, BGBl. Nr. 71, dem Enteigneten nicht den Ertragswert, sondern den Verkehrswert zu ersetzen hat. Sollte der Sachverständige aber tatsächlich auch einen den Ertragswert nicht übersteigenden Verkehrswert im Auge gehabt haben, dann fehlt jegliche Aussage über Vergleichswerte, von denen der Sachverständige notwendigerweise ausgehen müßte, um Ertrags- und Verkehrswert gegenüberzustellen. Der im Gutachten enthaltene Hinweis auf die in einem anderen Fall durch gerichtliches Urteil festgestellten Grundwerte vermöchte allenfalls als ergänzendes Argument im Sachverständigenbeweis zu dienen, kann aber die fehlende Bezugnahme auf die erwähnten Grundlagen nicht ersetzen ...

Die bloße Möglichkeit einer zukünftigen Einbeziehung der Grundstücke in den Betriebsbereich hatte dabei allerdings außer Betracht zu bleiben. Die Beschwerdeführer wären sonach zu verhalten gewesen, ihre anläßlich der mündlichen Verhandlung diesbezüglich erhobenen Einwendungen durch Anführung geeigneter Tatsachen zu erhärten. Erst auf solcher Grundlage wäre sodann feststellbar gewesen, ob ein mit der Schätzung des Verkehrswertes von Industriegrundstücken vertrauter Sachverständiger zusätzlich beizuziehen sei."

## Nr. 342: zu § 117 WRG.

VwGH. 9. März 1961, Zl. 1248/60; 9. März 1961, Zl. 1401/60; 28. September 1961, Slg. N. F. Nr. 5629/A:

**Aussagewert eines landwirtschaftlichen Schätzungsgutachtens.**

„Eine landwirtschaftliche Grundnutzung wäre doch nur dann anzunehmen, wenn feststünde, daß dieser Grundteil tatsächlich p r i m ä r der Gewinnung agrarischer Produkte und nicht vornehmlich anderen Zwecken gewidmet ist, wie dies häufig bei mit Wohnhäusern verbundenen und als Garten bezeichneten Grünflächen der Fall ist, die in erster Linie als Erholungsfläche dienen . . .

Die belangte Behörde hatte des weiteren im Sinne des § 6 des Eisenbahnenteignungsgesetzes 1954 bei der Ermittlung der Entschädigung nicht nur auf den Wert des abzutretenden Grundstückes, sondern auch auf die Verminderung jenes Wertes Bedacht zu nehmen, die der zurückbleibende Teil des G r u n d b e s i t z e s erleidet. Daß unter diesem Teil nicht nur der nicht enteignete Teil der Parzelle Nr. 43, sondern der gesamte Restteil der Liegenschaft der Beschwerdeführerin zu verstehen ist, ergibt sich bereits aus dem Begriff ‚Grundbesitz'. In dieser Richtung enthält das maßgebliche Gutachten des landwirtschaftlichen Sachverständigen überhaupt keine Ausführungen, wobei allerdings füglich bezweifelt werden muß, ob ein Sachverständiger für Angelegenheiten der Landwirtschaft tatsächlich in der

132

Lage gewesen wäre, jene Wertverminderung zu beurteilen, welche sich aus einer wesentlichen Verminderung der zum Wohnhaus gehörenden unbebauten Flächen für die Restliegenschaft ergeben kann. Die seitens der belangten Behörde in dieser Richtung gebrachten Ausführungen entbehren der unerläßlichen fachkundigen Grundlage . . .

Ein weiterer wesentlicher Mangel des Ermittlungsverfahrens ist schließlich darin zu erblicken, daß der landwirtschaftliche Sachverständige nicht ausgeführt hat, auf welcher Grundlage er zu den geschätzten Werten gelangt ist. Ein Gutachten über den Verkehrswert eines Grundstückes muß notwendigerweise aussagen, von welchen Grundlagen die Wertermittlung ausgeht, soll es nicht von vornherein unzureichend sein."

# Nr. 343: zu § 117 WRG. sowie Art. 5 StGG.

VerfGH. 16. März 1963, G 20/62:

**Die Verletzung des verfassungsgesetzlich geschützten Eigentumsrechtes im Sinne des Art. 5 StGG. setzt ein Privatrecht voraus. Der Charakter eines solchen ist auch dann zu bejahen, wenn die finanzielle Belastung und die sich daraus ergebende Nötigung zur Kostentragung vom Bereich des öffentlichen Rechtes ihren Ausgang nehmen.**

# Nr. 344: zu §§ 117 und 118 WRG.

VwGH. 12. Dezember 1963, Zl. 487/63;
OGH. 28. April 1961, 2 Ob 178/61:

**1. Entschädigungsberechtigt ist nur der Enteignete, nicht der Bestandnehmer.**

**2. Kein allgemeiner Anspruch auf Ersatz des Wiederbeschaffungswertes.**

# Nr. 345: zu § 117 WRG.

VwGH. 15. Oktober 1964, Zl. 703 und 743/64:

**Provisorische und konsenslose Objekte haben auch dann, wenn ein Widerruf bisher noch nicht ausgesprochen und eine Demolierung noch nicht aufgetragen wurde, einen wesentlich geringeren Verkehrswert als konsentierte Bauten.**

# Nr. 346: zu §§ 117, 98 und 111 Abs. 3 WRG.

OGH. 18. November 1964, SZ. XXXVII 166:

**Über das Begehren auf Zahlung der Gebühren und Abgaben von der Entschädigungssumme hat die Wasserrechtsbehörde unter Ausschluß des Rechtsweges zu entscheiden.**

# Nr. 347: zu § 117 WRG.

VwGH. 13. Mai 1965, Zl. 1833/64:

**Ist das Gutachten über die zu leistende Entschädigung dem Enteigneten nicht zur Kenntnis gebracht worden, so bleibt dieser Verfahrensmangel dennoch bedeutungslos, wenn der Enteignete nicht ausdrücklich das erstellte Gutachten als unrichtig rügt.**

## Nr. 348: zu § 117 WRG.

VerfGH. 14. Oktober 1965, G 28/64 (Jagdsache):

Die Entscheidung über Schadenersatzansprüche durch Verwaltungsbehörden widerspricht nicht dem Art. 6 Abs. 1 erster Satz Menschenrechtskonvention, weil die Entscheidungen der Verwaltungsbehörden der nachprüfenden Kontrolle der unabhängigen Gerichtshöfe des öffentlichen Rechtes unterliegen.

## Nr. 349: zu § 118 WRG.

VwGH. 18. Jänner 1968, Zl. 265/66:

Vergleichsgrundstücke müssen hinsichtlich der ihren Wert beeinflussenden Umstände mit den zu bewertenden Grundstücken soweit wie möglich übereinstimmen, sie sollen nach Lage, Art und Ausmaß der (baulichen) Nutzung, Bodenbeschaffenheit, Größe, Grundgestalt und Erschließungszustand einen Vergleich zulassen.

## Nr. 350: zu § 118 WRG.

VwGH. 31. Jänner 1963, Slg. N. F. Nr. 5954/A:

1. Die Berechnung der Entschädigung als unmittelbare Rechtsfolge des Enteignungsaktes ist auf den Zeitpunkt des endgültigen Enteignungsbescheides abzustellen.

2. Die Realschätzungsordnung, RGBl. Nr. 175/1897, ist im Verfahren nach § 118 Abs. 1 nicht unmittelbar anwendbar. Bei ihrer Heranziehung im Wege der Analogie ist auf die seit ihrem Inkrafttreten in vieler Hinsicht veränderten wirtschaftlichen Gegebenheiten gebührend Bedacht zu nehmen.

## Nr. 351: zu § 118 WRG.

OGH. 3. Oktober 1963, 1 Ob 117/63:

Wahlrecht des Enteigneten zwischen Wertfestsetzung nach der Möglichkeit einer geänderten · Weiterverwendung einerseits und der Vergütung seiner Erschwernisse und Verluste, die ihm dadurch entstehen, daß sich die Enteignung auf die Weiterverwendung in der bisherigen Art nachteilig auswirkt.

## Nr. 352: zu § 118 WRG.

VwGH. 22. Oktober 1963, Zl. 2054/61:
VerfGH. 27. März 1963, V 16/62:

Ein Wasserbenutzungsrecht ist ein selbständig bewertbares Wirtschaftsgut.

## Nr. 353: zu § 118 WRG.

OGH. 22. Dezember 1966, SZ. XXXIX Nr. 219:

In wr. Enteignungsfällen gilt § 1425 ABGB neben § 118 Abs. 4 WRG.

## Nr. 354: zu § 120 WRG.

VwGH. 26. März 1963, Zl. 1266/62, N. F. Nr. 5997/A (in einer Arbeiterschutzsache):

Durch die Bestellung einer Aufsichtsperson für eine Baustelle ist der Betriebsinhaber seiner Verpflichtung, sich persönlich von der Einhaltung der Schutzvorschriften zu überzeugen nicht enthoben.

## Nr. 355: zu §§ 121, 4, 50 und 111 WRG.

VwGH. 27. Oktober 1960, Zl. 1085/59; 25. März 1965, Zl. 1890/64:

1. Im Überprüfungsverfahren kann nicht mehr die Mangelhaftigkeit des bewilligten Projektes bekämpft werden. Hier ist auch für die Auslegung und Feststellung der Rechtswirkungen eines beurkundeten Übereinkommens und für die Vorschreibung von Instandhaltungsmaßnahmen kein Platz.
2. Die Einwendung des Bundesschatzes, daß öffentliches Gut ohne die hiefür erforderliche Zustimmung nicht in Anspruch genommen werden dürfe, hätte bereits im Bewilligungsverfahren vorgebracht werden müssen.

## Nr. 356: zu §§ 121, 26 und 107 WRG.

VwGH. 8. April 1965, Zl. 1855/64:

In einem Überprüfungsverfahren ist weder Raum für nachträgliche Einwendungen gegen die Anlagenbewilligung noch für Ersatzforderungen auf Grund nachteiliger Auswirkungen.

## Nr. 357: zu §§ 122 Abs. 1, 98 und 111 WRG.

VwGH. 23. Jänner 1958, Slg. N. F. Nr. 4536/A:

Zu den gemäß § 122 Abs. 1 erster Satz zu schützenden privaten Interessen gehört auch der Schutz vor einem drohenden Schaden, gleichgültig, ob für diesen im Verwaltungswege oder im Wege einer Klage vor Gericht Ersatz begehrt werden kann. Für den Fall, daß eine auf Grund der angeführten Gesetzesstelle getroffene einstweilige Verfügung nur der vorläufigen Gefahrenabwehr dient, muß zwischen ihr und der endgültigen Regelung ein sachlicher und rechtlicher Zusammenhang bestehen.

„Es ist davon auszugehen, daß § 122 Abs. 1 erster Satz die Wasserrechtsbehörde in dieser Hinsicht nur insofern einschränkt, als es sich um Maßnahmen handeln muß, die zur Wahrung öffentlicher Interessen oder zum Schutz privater Interessen erforderlich sind. Eine weitere Beschränkung des Inhaltes einer auf diese Gesetzesstelle gegründeten einstweiligen Verfügung ergibt sich aus der rechtlichen Natur dieses Verwaltungsaktes. Die einstweilige Verfügung kann der unmittelbaren Gefahrenabwehr (etwa beim Auftreten außergewöhnlicher Hochwasser mit einer dadurch bedingten Überschwemmung) dienen, in welchem Falle ein inhaltlicher und rechtlicher Zusammenhang mit einer späteren endgültigen Maßnahme nicht erforderlich ist. Falls aber die einstweilige Verfügung nur der vorläufigen Gefahrenabwehr dient, muß zwischen der einstweiligen Verfügung und einer künftigen endgültigen Maßnahme sowohl ein sachlicher wie auch ein rechtlicher Zusammenhang bestehen. Dies ergibt sich aus der Erwägung, daß in derartigen Fällen nicht Inhalt einer einstweiligen Verfügung sein kann, was nicht Gegenstand einer endgültigen Maßnahme sein kann. Im vorliegenden Beschwerdefall handelt es sich um einen durch wiederkehrende Hochwasser hervorgerufenen Übelstand. Die angefochtene einstweilige Verfügung muß daher mit der endgültigen Ordnung sowohl in einem sachlichen wie auch in einem rechtlichen Zusammenhang stehen. Durch diese einstweilige Verfügung wurde eine vorläufige Spülordnung für die Stauräume der Beschwerdeführerin angeordnet. Die Beschwerdeführerin hat weder im Verwaltungsverfahren noch in der Beschwerde bestritten, daß eine solche Maßnahme an sich geeignet ist, zumindest die Gefahr einer Schädigung der Unterlieger zu vermindern. Die vorläufige Spülordnung für die Stauräume der Beschwerdeführerin steht aber mit der endgültigen Bereinigung des festgestellten Übelstandes sowohl in einem sachlichen wie auch in einem rechtlichen Zusammenhang, weil nicht ausgeschlossen werden kann, daß die belangte Behörde die endgültige Spülordnung für die Stauräume in verfahrensrechtlicher Hinsicht auf die Vorschriften des § 68 Abs. 3 AVG. stützen kann. Es entspricht daher der angefochtene Bescheid auch in dieser Richtung der bestehenden Rechtslage.

Ergibt sich aber, daß die durch den angefochtenen Bescheid erlassene vorläufige Ordnung für die Spülung der Stauräume der Beschwerdeführerin dem Gesetz entspricht, dann war es entbehrlich, außer auf § 122 WRG. noch auf andere gesetzliche Bestimmungen Bezug zu nehmen. Denn die Regelung einstweiliger Verfügungen im Bereiche des Wasserrechtes erfolgt ausschließlich in dieser Gesetzesstelle."

## Nr. 358: zu § 122 WRG.

VwGH. 6. Oktober 1960, Slg. N. F. Nr. 5384/A:

Durch die Aufhebung einer zur Wahrung öffentlicher Interessen von Amts wegen erlassenen einstweiligen Verfügung kann niemand in seinen gesetzlich geschützten Rechten verletzt werden.

## Nr. 359: zu § 122 Abs. 1 WRG.

VerfGH. 17. Juni 1968, B 396/67:

1. Nach Abs. 1 zweiter Satz ist die Zuständigkeit des LH. zur Erlassung einer einstweiligen Verfügung in erster Instanz nur dann gegeben, wenn er die nach § 99 oder nach § 100 zuständige Wasserrechtsbehörde ist.

2. Abs. 1 ermächtigt die jeweils zuständige Wasserrechtsbehörde zur Erlassung einstweiliger Verfügungen. Welche öffentliche Interessen oder Rechte Dritter bei Gefahr im Verzuge zu schützen sind, ergibt sich aus den materiell-rechtlichen Bestimmungen des WRG.

## Nr. 360: zu §§ 122 Abs. 3, 114 und 115 WRG.

VwGH. 4. März 1965, Zl. 1452/64:

Die vorzeitige Inangriffnahme eines bevorzugten Wasserbaues samt Eingriffen in fremde Rechte kann erst gestattet werden, wenn das Entschädigungsverfahren zumindest eingeleitet wurde.

## Nr. 361: zu § 122 Abs. 6 WRG. sowie § 76 AVG.

VwGH. 12. Juni 1958, Zl. 81/58:

Nur die Erlassung einer im Interesse einer Partei zu treffenden einstweiligen Verfügung kann von der Leistung einer Sicherstellung abhängig gemacht werden; die Vorschreibung einer Sicherstellung bei einstweiligen Verfügungen im öffentlichen Interesse ist ausgeschlossen.

2. Die Voraussetzung für die Vorschreibung zum Erlag eines entsprechenden Vorschusses nach § 76 Abs. 4 AVG. wenn eine Amtshandlung nicht ohne größere Barauslegung durchführbar ist, ist auch schon dann gegeben, wenn eine Partei des Verwaltungsverfahrens die Durchführung eines bestimmten Beweisverfahrens beantragt hat, das nicht ohne größere Barauslagen durchgeführt werden kann.

## Nr. 362: zu §§ 122 Abs. 7, 123 und 138 WRG.

VwGH. 27. September 1968, Zl. 1654/67:

Eine Verfügung nach § 122 Abs. 7 setzt voraus, daß Gefahr im Verzug gegeben ist und sie mit einer „endgültigen Verfügung" in irgendeinem Zusammenhang steht. Rechtsgrundlage für eine solche „endgültige Verfügung" ist § 138 Abs. 1.

„Nach § 122 Abs. 7 kann mit einer einstweiligen Verfügung auch die Vornahme von Ermittlungen und die vorläufige Aufbringung der Durchführungskosten angeordnet werden. Bei dieser Bestimmung handelt es sich um eine Ausnahme von dem in § 39 Abs. 2 AVG. allgemein aufgestellten Grundsatz, daß die Ermittlung des maßgeblichen Sachverhaltes Sache der erkennenden Behörde ist. Diese Bestimmung ist daher eng auszulegen. Aus der Verwendung der Worte ‚bei Gefahr im Verzuge' im Abs. 1 und ‚bei besonderer Dringlichkeit' im Abs. 3 dieser Gesetzesstelle ergibt sich, daß bei ihrer Anwendung eine Situation gegeben sein muß, die zur Abwehr einer bestehenden oder wahrscheinlichen Gefahr ein sofortiges behördliches Einschreiten erfordert. Daraus, daß es sich hier um eine einstweilige Verfügung handelt, folgt, daß in irgendeinem Zeitpunkt eine endgültige Verfügung nachfolgen muß, sofern sich nicht ergibt, daß eine Verfügung nicht mehr erforderlich ist. Für eine einstweilige Verfügung nach Abs. 7 kann die letztgenannte Voraussetzung allerdings nicht gefordert werden. Wohl aber muß auch für eine solche Verfügung das Erfordernis der ‚Gefahr im Verzuge' gegeben sein. Schließlich muß auch eine Verfügung nach der letztgenannten Gesetzesstelle mit einer ‚endgültigen Verfügung' in irgendeinem Zusammenhang stehen. Rechtsgrundlage für eine solche endgültige Verfügung kann im vorliegenden Fall nur die Bestimmung des § 138 Abs. 1 lit. a sein . . .

Im vorliegenden Fall haben die bisherigen Feststellungen der Behörde nicht ergeben, daß die Beschwerdeführerin irgendwelchen zum Schutze des Grundwassers erteilten Vorschreibungen nicht nachgekommen ist. Es konnte vielmehr nicht einmal festgestellt werden, daß eine Verunreinigung des Grundwassers vorliegt, anderenfalls der bekämpfte Auftrag nicht verständlich wäre. Ein solcher Sachverhalt reicht aber für eine einstweilige Verfügung nach § 122 Abs. 7 nicht aus. Es kann nämlich nicht der Sinn dieser Gesetzesstelle sein, der Behörde die Möglichkeit zu geben, von demjenigen, von dem sie annimmt, daß er eine Gewässerverunreinigung herbeiführt, Ermittlungen in der Richtung zu verlangen, daß eine Gewässerverunreinigung tatsächlich vorliege. Hiezu kommt noch, daß der Beschwerdeführerin aufgetragen wurde, Brunnen zu untersuchen, über die sie nicht verfügt. Nun kann aber nach allgemeinen Rechtsgrundsätzen ein Polizeibefehl nicht eine Verpflichtung auferlegen, hinsichtlich welcher der Verpflichtete erst die Zustimmung einer dritten Person benötigt."

## Nr. 363: zu § 123 WRG.

VwGH. 19. März 1959, Zl. 792/55:

**Mangelnder Anlaß zum wasserrechtsbehördlichen Einschreiten rechtfertigt Abweisung des Kostenersatzantrages.**

## Nr. 364: zu § 123 WRG. sowie § 76 AVG.

VwGH. 23. Juni 1960, Slg. N. F. Nr. 5327/A; 30. Jänner 1964, Zl. 1841/63:

Keine Vorschreibung von Kommissionsgebühren, wenn ein Ortsaugenschein wegen mangelnder Parteistellung oder zur Erlassung des auf Grund dieser Amtshandlung erteilten Auftrages nicht erforderlich war.

## Nr. 365: zu § 123 WRG.

VwGH. 9. März 1961, Zl. 107 und 224/60:

Ein Anzeigeleger ist nur dann als nicht sachfällig anzusehen, wenn die dem Wasserberechtigten bescheidmäßig auferlegten Maßnahmen auf eine der wr. Bewilligung nicht entsprechende Bedingung oder Erhaltung einer Wasseranlage zurückzuführen waren.

## Nr. 366: zu §§ 127, 9 und 38 WRG.

VwGH. 6. März 1958, Slg. N. F. Nr. 4597/A:

Eine Anschüttung zum Zwecke der Ablagerung von Gleisbettungsrückständen ist keine Eisenbahnanlage im Sinne des Eisenbahngesetzes. Kann durch sie infolge eines Zusammenhanges mit öffentlichen Gewässern oder fremden Privatgewässern eine Überschwemmung fremder Grundstücke herbeigeführt werden, bedarf sie einer Bewilligung nach dem WRG.

## Nr. 367: zu §§ 127, 102 und 107 WRG.

VwGH. 22. Juni 1962, Slg. N. F. Nr. 5832/A:

Den Einzelorganen der Bundesbahndirektionen steht im Rahmen der ihnen dienstlich zugewiesenen Aufgaben das Recht zu, im wr. Verfahren die Interessen des Unternehmens „Österreichische Bundesbahnen" in deren Namen geltend zu machen, ohne daß sie einer Vollmacht bedürfen.

## Nr. 368: zu §§ 127 und 32 WRG.

VerfGH. 5. Oktober 1967, B 60/67:

Der Bau eines bahnfremden Unternehmens — Tankstelle —, der weder mittelbar noch unmittelbar dem Eisenbahnverkehr dient, wird nicht deshalb zur Eisenbahnanlage, weil er auf einem gem. § 1 EisenbahnbuchV., BGBl. Nr. 77/1930, im Eisenbahnbuch eingetragenen Grundstück errichtet wird.

## Nr. 369: zu §§ 130 ff., 49, 98 und 122 WRG. sowie Art. 144 B.-VG.

VerfGH. 15. Dezember 1966, B 15/66, Slg. Nr. F. Nr. 5432 (Zurückweisung einer Beschwerde gegen eine örtliche Anordnung eines Baubezirksamtes):

Zur Rechtsnatur einer Anordnung von dringenden Maßnahmen zum Schutz vor weiteren Hochwässern durch ein Baubezirksamt; von einer faktischen Amtshandlung kann dann keine Rede sein, wenn ein Landeswasserbaubezirksamt handelt, dem keine Befehls- oder Zwangsgewalt zukommt, und nichts darauf hindeutet, daß die Maßnahme in der Absicht getroffen wurde, sich behördlichen Charakter anzumaßen und in Anwendung hoheitlicher Gewalt die erforderlich erscheinende Maßnahme zu treffen und außerdem die Maßnahmen auch nicht im Auftrag einer Behörde getroffen worden ist.

Nr. 370: zu §§ 132, 36 und 89 WRG.

OGH. 24. Jänner 1964, 12 Ob 262/63:

Der Wassermeister und Kassier eines nö. Wasserleitungsverbandes ist Beamter im Sinne der §§ 101, 181 StG.

Nr. 371: zu § 137 WRG.

VwGH. 23. Jänner 1959, Zl. 2077/58:

Die Behauptung, zur Zeit nicht die zur Sanierung erforderlichen Mittel zu besitzen, kann nicht als erfolgreicher Antritt des Entlastungsbeweises angesehen werden.

Nr. 372: zu § 137 WRG.

VwGH. 8. März 1960, Zl. 981/59:

Es genügt nicht, daß der Verpflichtete dem Baumeister den Auftrag „zur Entsprechung" erteilt, er muß sich auch davon überzeugen, ob dieser dem Auftrag tatsächlich nachgekommen ist.

Ebensowenig reicht es aus, der Behörde bloß mitzuteilen, daß keinerlei Gebrechen festgestellt werden konnten.

Nr. 373: zu § 137 WRG.

VwGH. 9. Feber 1961, Slg. N. F. Nr. 5495/A:

1. Strafrechtliche Verfolgbarkeit einer unmittelbaren Einleitung von Abwässern in ein öffentliches Gewässer ohne wr. Bewilligung.

2. Es ist abwegig, Notstand für eine beträchtliche Zeit andauernde Unterlassung der zur Erlangung einer Bewilligung notwendigen Schritte annehmen zu wollen.

Nr. 374: zu § 137 WRG.

VwGH. 11. April 1962, Zl. 220/62; 8. April 1964, Zl. 28/63; VerfGH. 27. Juni 1962, B 330/61:

1. Keine Verletzung des Gleichheitssatzes, wenn die Behörde, den Bestimmungen des Gesetzes entsprechend, eine Strafe verhängt, in gleichartigen Fällen jedoch nicht einschreitet.

2. Die Tatsache einer durch gewisse Zeit geübten Duldung von Verwaltungsübertretungen vermag an sich weder die Gesetzesvorschrift aufzuheben noch einen Schuldausschließungsgrund zu bilden.

3. Das Vertrauen der Bevölkerung in die Rechtsstaatlichkeit der Verwaltung wird jedoch beeinträchtigt, wenn die Öffentlichkeit feststellen müßte, daß die pflichtgemäße Ahndung von Rechtsverletzungen nicht gleichmäßig erfolgt.

Nr. 375: zu §§ 137 und 31 WRG.

VwGH. 25. Oktober 1962, Zl. 860/62:

Der Wasserberechtigte und sein Betriebsleiter sind bei mangelnder Sorgfalt in der Beaufsichtigung des Betriebes oder in der Auswahl oder Überwachung der Aufsichtspersonen (culpa in eligendo et custodiendo) auch dann strafbar, wenn der Täter nicht bestraft werden kann.

# Nr. 376: zu §§ 137 und 32 WRG.

VwGH. 30. Jänner 1964, Zl. 391/63:

Nach dem festgestellten Sachverhalt, wonach von der Ladefläche des Lastkraftwagens des Beschwerdeführers in dessen Anwesenheit von zwei Männern aus Behältern Abfälle in das Gewässer eingebracht wurden, kann nicht zweifelhaft sein, daß eine solche Handlung von den unmittelbaren Tätern nur auf Einwirkung des Beschwerdeführers und somit vorsätzlich gesetzt werden konnte — wenn man nicht überhaupt eine Mittäterschaft des Beschwerdeführers annimmt — und daß hiebei nach dem natürlichen Lauf der Dinge mit wesentlich nachteiligen Einwirkungen auf die Beschaffenheit der Gewässer zu rechnen ist.

# Nr. 377: zu § 137 WRG.

VwGH. 30. April 1964, Slg. N. F. Nr. 6328/A:

Die Strafvorschrift des § 137 Abs. 3 kann gegenüber einem Betriebsleiter auf den konsenslosen Betrieb einer Anlage nicht angewendet werden, weil die strafbare Handlung nicht „beim" Betrieb, sondern durch den konsenslosen Betrieb der Wasseranlage begangen wird und ein „Wasserberechtigter" nicht vorhanden ist, den die Strafe samt seinem Betriebsleiter treffen könnte.

# Nr. 378: zu § 137 WRG. sowie § 5 VStG.

VwGH. 8. Oktober 1964, Slg. N. F. Nr. 6453/A:

Die Unkenntnis des Gesetzes kann nur dann als unverschuldet angesehen werden, wenn jemandem die Verwaltungsvorschrift trotz Anwendung der nach seinen Verhältnissen erforderlichen Sorgfalt unbekannt geblieben ist. Müssen einer Person nach ihren Verhältnissen Zweifel über die wr. Bewilligungspflicht von Anlagen aufkommen, dann ist sie verhalten, hierüber bei der zuständigen Behörde Auskunft einzuholen. In der Unterlassung dieser Erkundigung liegt ein Verschulden, welches die Anwendung des § 5 Abs. 2 VStG. ausschließt.

# Nr. 379: zu § 137 WRG. sowie §§ 5 und 7 VStG.

VwGH. 29. Oktober 1964, Zl. 896/64:

1. Gewässerverunreinigungen sind reine Ungehorsamsdelikte im Sinne des § 5 Abs. 1 VStG., bei denen der Eintritt eines Schadens oder einer Gefahr nicht erforderlich ist.

2. Täter ist derjenige, der unmittelbar oder mittelbar die bewilligungspflichtige Handlung ohne eine solche Bewilligung vorgenommen hat. Häufig ist dabei derjenige der Täter, der verpflichtet gewesen wäre, um die behördliche Bewilligung anzusuchen, also der Auftraggeber, während der Ausführende als Unternehmer nur Gehilfe im Sinne des § 76 VStG. ist.

# Nr. 380: zu §§ 138 und 38 WRG.

VerfGH. 31. Mai 1958, B 26/58, Slg. N. F. Nr. 3342:

Auftrag zur Entfernung eines Bauwerkes nach dem WRG. Unsachliche Motive einer anderen als der entscheidenden Behörde begründen keine Gleichheitsverletzung.

## Nr. 381: zu §§ 138 und 50 WRG.

VwGH. 19. März 1959, Slg. N. F. Nr. 4913/A:

Als eigenmächtige Neuerung im Sinne des § 138 muß es auch angesehen werden, wenn eine Anlage, die einer wr. Bewilligung bedarf, nach Erlöschen dieser Bewilligung weiter benutzt wird.

## Nr. 382: zu §§ 138 und 12 WGR.

VwGH. 23. Juni 1960, Slg. N. F. Nr. 5327/A; 2. Feber 1967, Zl. 1830/66:

1. „Gefährdeter und Verletzter" im Sinne des § 138 Abs. 1 ist nur derjenige, in dessen Rechte durch die eigenmächtige Neuerung oder die unterlassene Arbeit eingegriffen wird. Als solche Rechte kommen nur die in § 12 Abs. 2 angeführten Rechte in Betracht.
2. Der Gefährdete kann nur die Beseitigung der Neuerung verlangen, nicht aber die Feststellung des Erlöschens oder den Widerruf einer Wasserberechtigung oder die Ausscheidung aus dem öffentlichen Wassergute.
3. Die Anwendung des § 138 verlangt, daß eine Übertretung von Vorschriften des WRG. vorliegt.

## Nr. 383: zu § 138 WRG.

VwGH. 7. Juli 1960, Zl. 2662/59:

Bei der Beurteilung der Frage der wirtschaftlichen Zumutbarkeit behördlicher Aufträge können nur objektive Gesichtspunkte maßgebend sein, auf die finanzielle Leistungsfähigkeit des Verpflichteten kommt es dabei nicht an.

## Nr. 384: zu §§ 138, 12, 19, 26 und 98 WRG.

OGH. 18. Oktober 1961, SZ. XXXIV 148:

Die Ausdehnung des Wasserbezuges durch eigenmächtigen Anschluß einer Rohrabzweigung an eine Wasserleitung auf einer im Miteigentum stehenden Liegenschaft durch einen Miteigentümer ist auf dem Rechtsweg zu bekämpfen.

## Nr. 385: zu §§ 138, 8, 9 und 15 WRG.

VwGH. 20. September 1962, Slg. N. F. Nr. 5864/A:

Fischereirechte können durch die Bewilligung einer Wasserbenutzung nicht verletzt werden. Sie gehören daher auch nicht zu jenen Rechten, die zufolge ihrer Beeinträchtigung und daraus resultierender Schadensfolgen eine Überschreitung des Gemeingebrauches im Sinne des § 8 und damit die Bewilligungspflicht nach § 9 anzuzeigen vemögen.

## Nr. 386: zu §§ 138, 9, 14, 26 und 32 WRG.

OGH. 16. Jänner 1962, SZ. XXXV 3:

Aktivlegitimation des Inhabers einer auf fremder Liegenschaft errichteten Garage zur Klage auf Feststellung, daß dem in Ansehung dieser Liegenschaft als dienstbaren Grundstückes Wasserleitungsberechtigten kein den Garagenbetrieb betreffendes Untersagungsrecht zusteht.

### Nr. 387: zu §§ 138, 32 und 137 WRG.

VwGH. 21. Feber 1963, Slg. N. F. Nr. 5976/A:

Eine Übertretung des § 138 Abs. 1, der die Wasserrechtsbehörde ermächtigt, außerhalb eines Strafverfahrens und unabhängig davon denjenigen, die die Bestimmungen des WRG. übertreten haben, die Durchführung bestimmter Maßnahmen aufzutragen, ist nicht möglich, weil diese Gesetzesstelle weder ein Gebot noch ein Verbot an normunterworfene Personen enthält.

### Nr. 388: zu § 138 WRG.

VwGH. 9. Mai 1963, Zl. 545/62:

Einem wasserpolizeilichen Einschreiten nach § 138 Abs. 2 kommt nur dann der Charakter eines der Rechtskraft und Vollstreckbarkeit fähigen Bescheides zu, wenn die einer eigenmächtigen Neuerung bezichtigte Partei vor die Alternative gestellt wird, innerhalb bestimmter Frist entweder um die erforderliche wr. Bewilligung nachträglich anzusuchen oder aber die Neuerung zu beseitigen.

### Nr. 389: zu §§ 138, 32 und 123 WRG. sowie § 76 AVG.

VwGH. 30. Jänner 1964, Slg. N. F. Nr. 6222/A; 2. Juni 1966, Zl. 229/66:

Die Tatsache, daß eine Gewässerverunreinigung offenbar durch den Betrieb des Beschwerdeführers hervorgerufen bzw. daß an verschiedenen Stellen des Bodens Verunreinigungen durch Mineralöl festgestellt wurden, betrifft lediglich die Frage des Verschuldens des Beschwerdeführers hinsichtlich der Kostenersatzpflicht nach § 76 AVG.

### Nr. 390: zu § 138 Abs. 2 WRG.

VwGH. 1. Oktober 1964, Zl. 499/64:

Da die Wiederherstellung eines „gesetzmäßigen Zustandes" begriffsnotwendig die Konsequenz in sich birgt, daß dadurch fremde Rechte nicht in gesetzwidriger Art berührt werden können, mangelt Dritten in einem solchen Verfahren die Parteistellung. Es handelt sich nur um ein Verfahren zwischen der Wasserrechtsbehörde und der Partei als Störerin der gesetzlichen Ordnung.

### Nr. 391: zu §§ 138 und 32 WRG., § 76 AVG.

VwGH. 2. Juni 1966, Zl. 229/66:

1. Zur Erteilung eines auf § 138 gestützten Auftrages, um die nachträgliche wr. Bewilligung für eine Mineralöllagerung anzusuchen, bedarf es keiner Gutachten zur Feststellung des ursächlichen Zusammenhanges zwischen dieser Öllagerung und einer etwaigen Verunreinigung des Grundwassers.

2. Ein Verschulden im Sinne des § 76 Abs. 2 AVG. liegt vor, wenn für eine Mineralöllagerung nicht auch eine wr. Bewilligung nach § 32 WRG. erwirkt wird.

## Nr. 392: zu § 139 WRG.

VwGH. 27. Feber 1964, Zl. 1326/63:

Nach Abs. 2 hervorgegangene Wasserverbände sind als Zwangsverbände anzusehen.

## Nr. 393: zu §§ 139 und 141 WRG.

OGH. 2. April 1964, 6 Ob 42/64:

Bis zur selbst- oder amtswegigen Änderung bleiben auch bei den in Wassergenossenschaften umgebildeten ehemaligen Wasserwerksgenossenchaften die früheren Satzungen weiterhin in Geltung.

# INHALTSVERZEICHNIS

## A. Übersicht der angeführten Gesetze und Gesetzesstellen

§  60: Nr. 132, 191, 192, 193, 194, 195, 196, 197, 198, 199, 207, 259, 291, 301,
303, 317
§  61: Nr. 200
§  63: Nr. 199, 201
§  64: Nr. 71, 194, 202, 203, 204, 205
§  65: Nr. 206, 207
§  70: Nr. 208, 231
§  74: Nr. 85, 209, 210, 239
§  75: Nr. 216
§  77: Nr. 211, 222
§  78: Nr. 212, 213, 214, 215, 218, 239
§  82: Nr. 216, 217
§  83: Nr. 218
§  84: Nr. 219, 220
§  85: Nr. 221, 222, 223, 225
§  86: Nr. 224
§  89: Nr. 268
§  93: Nr. 212, 225, 226
§  96: Nr. 226
§  97: Nr. 212, 225, 226
§  98: Nr. 21, 64, 80, 101, 117, 121, 144, 146, 162, 165, 204, 221, 223, 227,
228, 229, 230, 231, 232, 233, 234, 235, 274, 346, 357
§  99: Nr. 146, 225, 236, 237, 238, 239, 244, 369
§ 100: Nr. 35, 67, 68, 206, 240, 241, 260, 300, 302, 336
§ 101: Nr. 242, 243, 244, 245, 246
§ 102: Nr. 15, 17, 41, 43, 45, 48, 49, 56, 59, 127, 149, 157, 158, 247, 248, 249, 250,
251, 252, 253, 254, 255, 256, 257, 258, 259, 260, 261, 262, 263, 264, 297,
332, 338, 367
§ 103: Nr. 47, 265, 266, 267
§ 104: Nr. 256, 279
§ 105: Nr. 41, 48, 68, 150, 203, 268, 269, 270, 271, 272, 273, 274, 275, 276, 277,
278, 279, 280, 299, 308
§ 106: Nr. 279
§ 107: Nr. 44, 205, 247, 255, 281, 283, 284, 285, 286, 287, 288, 289, 290, 291, 292,
293, 294, 295, 296, 297, 315, 317, 332, 356, 357
§ 108: Nr. 299
§ 109: Nr. 67, 68, 300, 337
§ 111; Abs. 1: Nr. 110, 300, 301, 302, 303, 304, 305, 306, 307, 308, 309, 310, 311,
312, 313, 314, 315, 316, 317, 318, 319, 320, 355, 357
§ 111 Abs. 3: Nr. 86, 291, 321, 322, 323, 324, 325, 326, 327, 328, 329, 330
§ 111 Abs. 4: Nr. 198, 317, 346
§ 112: Nr. 69, 88, 331, 332, 333
§ 113: Nr. 24, 47, 59, 334, 335
§ 114: Nr. 35, 86, 194, 206, 260, 302, 336, 360
§ 115: Nr. 35, 67, 68, 246, 260, 336, 337, 338, 360
§ 117: Nr. 17, 54, 77, 78, 131, 132, 149, 194, 205, 207, 245, 301, 303, 313, 326,
339, 340, 341, 342, 343, 344, 345, 346, 347, 348
§ 118: Nr. 195, 344, 349, 350, 351, 352, 353
§ 120: Nr. 354
§ 121: Nr. 10, 44, 145, 255, 335, 356
§ 122: Nr. 86, 103, 357, 358, 359, 360, 361, 362, 369
§ 123: Nr. 98, 131, 362, 363, 364, 365, 389
§ 124: Nr. 72, 147, 247, 257, 258, 260
§ 127: Nr. 120, 366, 367, 368

# B. Alphabetisch geordnetes Stichwortverzeichnis
## mit Angabe der Entscheidungsnummern

SCHRIFTENREIHE
DES ÖSTERREICHISCHEN WASSERWIRTSCHAFTSVERBANDES

H. 17 **Kieser, A.:** Gewässerkundliche Grundlagen der Anlagen und Projekte der Vorarlberger Illwerke AG. III + 36 S., 21 Abb. 1949. S 7,20.

H. 18 **Steinwender, A.:** Über Düsen, Wasserstrahlpumpen und Heber. III+74 S., 33 Abb. 1950. S 14,40.

H. 19 **Fritsch, J.:** Der heutige Stand der Massenbetontechnik. 37 S., 15 Abb. 1950. S 12,—.

H. 20 **Baumann, F.:** Vom älteren Flußbau in Österreich. IV + 44 S., 10 Abb. 1951. S 14,40.

H. 21 **Kieser, A.:** Die „Kernring-Auskleidung" im Druckstollen „Kops-Vallüla" der Vorarlberger Illwerke AG. III + 31. S., 12 Abb. 1950. S 10,—.

H. 22 **Vas, O.:** Probleme der Kraftwasserwirtschaft in Mitteleuropa. III + 60 S., 27 Abb. 1952. S 16,—.

H. 23 **Grengg, H.:** Das Großspeicherwerk Glockner-Kaprun. V + 35 S., 10 Abb. 1952. S 14,—.

H. 24 **Fritsch, J.:** Amerikanischer Talsperrenbau. III + 51 S., 22 Abb. 1952. S 20,—.

H. 25 **Liepolt, R.:** Abwasserwirtschaft in Österreich. **Koziel, O.:** Abwasserwirtschaft in Kärnten.    V + 40 S., 10 Abb. 1953. S 18,—.

H. 26/27 **Grabmayr, P.:** Wasserrechtliche Berufungsentscheidungen und Erkenntnisse 1949 bis 1952. III + 73 S. 1953. S 30,—.

H. 28/29 **Hartig, E.:** Internationale Wasserwirtschaft und internationales Recht. 102 S. 1955. S 42,—.

H. 30 **Vas, O.:** Wasserkraft- und Elektrizitätswirtschaft in der Zweiten Republik. 48 S., 39 Tafelbilder, 9 Abb., 9 Tab. 1956. S 36,—.

H. 31 **Lernhart, A.:** Untersuchungen zur Erweiterung der Wasserversorgung Wiens. (Vergriffen.)

H. 32/33 **Kresser, W.:** Die Hochwässer der Donau. (Vergriffen.)

H. 34 **Fritsch J., W. Steinböck, A. Wogrin:** Fortschritte in der Betontechnik des Massenbetonbaues. (Vergriffen.)

H. 35 **Rotter, E.:** Anwendung von Spritzbeton. 44 S., 5 Abb., 19 Taf., 2 Maßzeichnungen im Anhang. 2. Aufl. 1962. S 60,—.

H. 36/37 **Grabmayr, P.:** Wasserrechtliche Entscheidungen 1953 bis 1957. (Vergr.)

H. 38 **Lanser, O.:** Beiträge zur Hydrologie der Gletschergewässer. (Vergr.)

H. 39 **Fritsch, J., E. Tremmel, A. Wogrin:** Der VI. Kongreß der Internationalen Talsperrenkommission. 56 S., 14 Bilder. 1959. S 45,—.

H. 40 **Die Salzburger Tagung 1959.** 50-Jahrfeier des Österreichischen Wasserwirtschaftsverbandes. 104 S., 2 Bildtaf. 1959. S 48,—.

H. 41 **Rémy-Berzencovich, E.:** Analyse des Feststofftriebes fließender Gewässer. 56 S., 18 Abb., 12 Tab. 1960. S 69,—.

H. 42 **Baumann, F.:** Vorgeschichtliches zum ostalpinen Flußbau. 52 S., 20 Abb., 1 Tab. 1960. S 72,—.

H. 43 **Seenschutz — Ergebnisse und Probleme.** 92 S., 1 Abb. 1961. S 60,—.

H. 44 **Gewässerreinhaltung.** 104 S., 10 Abb., 7 Tab. 1962. S 72,—.

H. 45 **Gewässerschutz in Kärnten.** 88 S., 20 Abb., 1963. S 85,—.

H. 46 **Die Donau als europäische Kraftwasserstraße.** 72 S., 40 Abb., 6 Tab. 1965. S 95,—.

H. 47 **Kar, J.:** Siedlungs- und Industrie-Wasserwirtschaft und Gewässerschutz in Österreich. 88 S., 18 Abb., 5 Tab. 1968. S 114,—.